〔清〕吴其濬 撰 欒保群 校注

植物名實圖考校注

中

中華書局

植物名實圖考卷之十四　隰草類

苧麻

苧麻，《别録》下品。陸璣《詩疏》：「紵，亦麻也。」《農政全書》謂「紵」從「絲」，非「苧」。北地寒，不宜。考《救荒本草》「苧根味甘，煮食甜美」，許州田園亦有種者。〔一〕蓋自淮而北，近時皆致力於棉花，禦寒時久而禦暑時暫，絺綌之用，〔二〕唯城市爲殷，故種蒔者少耳。野苧極繁，芟除爲難，不任績。山苧稍勁，花作長穗翹出，稍異。

雩婁農曰：徐元扈謂「北方無苧，《詩》『可以漚紵』，紵爲絲」。此誤也。苧，麻屬，故言漚，絲不可漚。菅、麻、苧皆草，絲則非其類。江南安慶、寧國、池州山地多有苧，要以江西、湖南及閩、粵爲盛。江西之撫州、建昌、寧都、廣信、贛州、南安、袁州苧最饒，〔三〕緝纑織線，〔四〕猶嘉、湖之治絲。〔五〕宜黄之「機上白」，〔六〕市者鶩其名，然非佳品。寧都州俗無不緝麻之家，敏者一日可績三四兩，鈍者亦兩以上。請織匠織成布，一機長者十餘丈，短者亦十丈以上。四五兩織成一丈布者爲最細，次六七兩，次八九兩，則粗矣。夏布墟則安福鄉之會同集，〔七〕仁義鄉之固厚集，懷德鄉之璜溪集，在城則軍山集，每月集期，土人商賈雜遝如雲。計城鄉所産，歲鬻數十萬緡，女紅之利普矣。《石城縣志》亦曰：「石邑夏布，歲出數十萬疋，外貿吴、越、燕、亳間。贛州各邑皆業苧，閩賈於二月時放苧錢，夏秋收苧，歸而造布，然不如寧都布潔白細密。苧以瘦韌潔白爲上，其黄者曰『糙麻』。婦功間日緝濯柔細，經時累月，織成一衣，曰『女兒布』，苧之精者無逾此，居人服之，商賈不可得也。」湖南則瀏陽、湘鄉、攸縣、茶陵、醴陵皆麻鄉。往時巴陵、道州、武陵、郴州皆貢綀紵，〔八〕今則並瀏陽上供亦裁。肥地苧深四五尺，剥至三四次，擇避風處蒔之。夏有苧市，捆載以售。《溪蠻叢笑》云：「漢傳載『闌干』，闌干，獠言『紵巾』。有績治細白苧麻，以旬月而成，名『娘子布』。」則亦「女兒布」之類，非僅獠俗也。苗人據矮機席地而織，設虚場，〔九〕以麻布易所無也。《寰宇記》：「宜州有都洛麻，狹幅布。」〔一〇〕今語曰「多羅麻」。《廣西志》：「梧州出絡布，以絡麻織成，因名。」並苧類也。《桂海虞衡志》：「綀子出兩江川峒，大略似苧布，有花紋者謂之花綀，彼人亦自貴重。」《嶺外代答》：「邕州左右江溪峒産苧麻，土人擇其細長者爲綀子，暑衣之輕涼離汗者也。花綀一端長四丈，重數十錢，卷入之小竹筒，尚有餘地。以染真紅，尤易著色。厥價不廉，稍細者一匹數十緡也。」粤之新會有細苧，蓋左思所謂「筒中黄潤」者。〔一一〕凡疊布必成箭，一箭十端。而葛之大者，率以兩端爲一連，苧則一端爲一連，他布則以六丈爲端，四丈爲疋，此其別也。《禹貢》曰「島夷卉服」，「《傳》曰島夷，南海島上夷也。卉，草也。卉服，葛越也。葛越，南方之布，以葛爲之，以其産於越，故曰『葛越』也。左思曰：『蕉葛升越，弱於羅紈。』」〔一二〕《正義》曰：「卉服。葛越，蕉竹之屬，越即苧麻也。」〔一三〕漢徐氏女贈其夫以越布，鄧后賜諸貴人白越是也。《漢書》云「粤地多果布之湊」，韋昭曰：「布，葛布也。」顔師古曰：「布謂諸雜細布皆是也。」其「黄潤」者，生苧也，細者爲絟，粗者爲苧。「苧」一作「紵」。《禹貢》曰「厥篚織貝」，〔一四〕《傳》曰：「織細紵也。」《疏》曰：「細紵，布也。」其曰花練，曰穀纑，曰細都，曰弱析，皆其類。志稱蠻布織「蕉竹」、「苧麻」、「都落」等。麻有青、黄、白、絡、火五種，黄、白曰「苧」，亦曰「白緒」，青、絡曰「麻」，火曰「火麻」。「都落」即「絡」也。馬援在交阯，嘗衣都布單衣。都布者，絡布也。絡者，言麻之可經可絡者也。其細者當暑服之，涼爽無油汗氣。練之柔熟，如椿椒、繭綢，可以禦冬。新興縣最盛，〔一五〕估人率以綿布易之。其女紅治絡麻者十之九，治苧者十之三，治蕉十之一，紡蠶作繭者千之一而已。又有「魚凍布」，莞中女子以絲兼紵爲之，柔滑而白若魚凍，謂紗羅多浣則黄，此布愈浣則愈白云。

〔一〕明許州在今河南許昌。

〔二〕葛布細者爲絺，粗者爲綌。

〔三〕袁州府，治所在今江西安源，轄宜春、分宜、萍鄉、萬載四縣。

〔四〕緝：析麻撚線。纑：麻縷。

〔五〕浙江嘉興、湖州。

〔六〕宜黄在江西。

〔七〕夏布墟：即專門流通夏布之定期市場。墟：即集市。

〔八〕練紵：粗紡之麻。

〔九〕「虚」字，疑是「墟」字之誤。

〔一〇〕宋宜州在今廣西。

〔一一〕「筒中黄潤」一語見揚雄《蜀都賦》，非左思賦。

〔一二〕以上所引爲孔穎達《疏》，文有删略。

〔一三〕上引爲《史記正義》中語。然「苧麻」原作「苧衫」。

〔一四〕「篚」，原本作「匪」，據《尚書·禹貢》改。

〔一五〕新興縣在今廣東。

苧麻〔一〕

〔一〕原本有圖無文。

苦芺

苦芺（ǎo），《别録》下品。李時珍以爲《爾雅》「鉤，芺」即此。今江西有一種野苦菜，南安謂之「地膽草」，與李説符。

甘蕉

甘蕉，《別録》下品。生嶺北者開花，花苞有露極甘，通呼「甘露」。生嶺南者有實，通呼「蕉子」。種類不一，具詳《桂海虞衡志》諸書。李時珍以甘露爲蘘荷，説本楊慎，殊不確。

馬鞭草

馬鞭草，《別録》下品。李時珍以爲即《圖經》「龍牙草」。處處有之，人皆知煎水以洗瘡毒。

牡蒿

牡蒿，《別録》下品。《爾雅》：「蔚，牡蒿。」陸璣《詩疏》以爲即「馬新蒿」。《本經》、《別録》分爲二物。《唐本草注》以爲「齊頭蒿」。李時珍所述形狀正似《救荒本草》之「水辣菜」。今澤瀕亦有之，微作蒿氣，姑存之。

蘆

蘆，《別録》下品。《夢溪筆談》以爲蘆、葦是一物，藥中宜用蘆，無用荻理。然今江南之荻通呼爲蘆，俗方殆無別也。毛晉《詩疏廣要》引證頗核，附以備考。〔一〕

雩婁農曰：强脆而心實者爲荻，柔纖而中虚者爲葦。澤國婦孺，瞭如菽麥。但南多荻，北多葦，北人植葦於污凹，曰「葦泊」；掘其芽爲疏，〔二〕曰「葦笋」；織其花爲屨，曰「葦絮」；緯之爲簾，曰「葦簿」；縷之爲藉，曰「蘆席」，以藩院曰「花障」，以幕屋曰「仰棚」；朽莖則以熅粟，新葉則以裹稷；提之爲籠，圍之爲囤；覆墻以禦雨，築基以避堿；〔三〕皆蘆之功也。大江之南，是多荻洲，爲柴爲炭，則竈窑所恃也；其灰可煨可烘，爲防爲築，則隄岸所亟也；其芽可食可飼。幽、燕以葦代竹，江、湖以荻代薪，故北宜葦而南宜蘆。又葦喜止水，荻喜急流，弱强異性，固自不同。

〔一〕見《植物名實圖考長編》卷九「蘆根」附録。《詩疏廣要》即《毛詩草木鳥獸蟲魚疏廣要》。

〔二〕疏：通「蔬」。

〔三〕堿：即鹽鹼之鹼。

鼠尾草

鼠尾草，《别録》下品。《爾雅》「葝，鼠尾」，注：「可以染皁草也。」《救荒本草》謂之「鼠菊」，葉可煠食。細核所繪形狀，與馬鞭草相仿彿。

龍常草

龍常草，《别録》有名未用。李時珍以爲即「粽心草」，龍鬚之小者。

苘麻

苘（qǐng）麻，《唐本草》始著録。今作「檾麻」，作繩索者，北地種之爲業。

雩婁農曰：《説文》：「檾，枲屬。」《周禮》「典枲，掌布緦、縷、紵之麻草之物」，〔一〕注：「麻，枲苴，草，葛蕢。」今枲苴已不列於穀食，衣棉花而絺葛、苧麻之爲用賤矣，獨檾以捆縛取用多，河濱數百里廣種之，以備隄工之購，與蜀黍之稭並亟。考《瓠子之歌》曰「搴長茭」，〔二〕《宋史·河渠志》曰「辮竹糾芟」，大要皆索草爲綯耳。檾之直既逾於草，〔三〕而經久豈止相什百？然昏墊之患不息，〔四〕漢武有曰：「爲我謂河伯兮何不仁。」〔五〕今齊、豫、揚州間，其「閭殫爲河」，〔六〕可勝紀哉！或謂隄防始於鯀，而舊説皆以爲鯀竊帝之息壤以堙洪水。〔七〕息壤在荆州，羅泌《路史》臚叙綦詳，〔八〕今《荆州志》亦載之，云：「非金非石，有篆不可識。昔歲大旱，邑人掘之，甫露其石屋，大風雨，江水驟漲，州幾爲魚。亟封之，水乃退。」其事甚恠。然則群山萬壑，下彝陵，〔九〕逾荆門，〔一〇〕而不横決郊郢、薳澨，〔一一〕與嶓冢、滄浪爭道者，〔一二〕其息壤之爲之耶？嗚呼！世無神禹，不能厮二渠以導九河，〔一三〕還之高地。儻復有息壤可竊，用塞衝決之口，其視以稭檾區區投黄金於虚牝者，〔一四〕其可同日語哉！

〔一〕「麻草」上「之」字原本闕，據《周禮·天官冢宰》補。

〔二〕見《史記·河渠書》。

〔三〕直：價值。

〔四〕昏墊：水災。

〔五〕見《瓠子之歌》。

〔六〕州閭盡陷爲河。語見《瓠子之歌》。

〔七〕《山海經·海内經》：「洪水滔天，鯀竊帝之息壤以堙洪水，不待帝命。帝令祝融殺鯀于羽郊。」息壤：息生之土，長而不窮者也。

〔八〕見《路史》卷四十七「息壤」條。

〔九〕在今湖北宜昌。

〔一〇〕今湖北荆門。

〔一一〕今湖北鍾祥及京山。

〔一二〕此嶓冢、滄浪皆指漢水。

〔一三〕「斷二渠」見《史記·河渠書》。斷：疏導也。

〔一四〕虚牝：無底的空洞。

蒲公草

蒲公草，《唐本草》始著録。即「蒲公英」也。《野菜譜》謂之「白鼓釘」，又有「孛孛丁」、「黄花郎」、「黄狗頭」諸名。俚醫以爲治腫毒要藥。淮、江以南，四時皆有，取採良便。

鱧腸

鱧腸,《唐本草》始著録。即「旱蓮草」。李時珍謂有兩種,白花者爲鱧腸,黄、紫花而結房如蓮房者爲「小連翹」。《救荒本草》「蓮子草,結實如蓮房」,即此。

三白草

三白草,《唐本草》始著録。《酉陽雜俎》亦載之。形狀詳《本草綱目》。湖南俚醫治筋骨及婦人調經多用之。

雩婁農曰:三白草,江南農候也。〔一〕余驗之,其葉白,不愆於素,〔二〕移植過時,乃不復白,不似他草木花可遲早也。望杏瞻蒲,〔三〕此爲的矣。陶、蘇皆未識。蘇所説乃馬蓼有黑點者。此草喜近水濱,江右、湘南土醫習用其方,多於《本草綱目》所載。大約江南諸藥,惟陳藏器搜羅最博核,惜不盡得其圖。《嘉祐本草》引列而未能詳釋,半爲有名未用,可謂遺憾。

〔一〕農候:與農事相關之物候。

〔二〕《左傳》宣公十一年:「事三旬而成,不愆於素。」即與素定之期不相差也。

〔三〕五代後蜀主孟昶《勸農詔》云:「望杏敦耕,瞻蒲勸穡。」望杏:望杏花之盛落而候農時,如杏花如何而可耕、杏花如何而可種之類。蒲:菖蒲。菖者百草之先生,以其生長定農候。

水蓼

水蓼,《爾雅》「薔,虞蓼」,注:「澤蓼。」《唐本草》始別出。與陸生者同,唯隨水深淺有大小耳。俚醫以陸生者爲「麯蓼」，不入藥；生水中者爲「地蓼」，能治跌打損傷，通筋骨，方書不載。

劉寄奴

劉寄奴，《南史》載宋高祖射蛇事，故名「劉寄奴」。〔一〕《唐本草》始著録，所述形狀與《本草綱目》微相類。今江西、湖南人皆識之。《蜀本草》「葉似菊花，白色」，與《救荒本草》「野生薑，一名劉寄奴」相類，蓋別一種，即「菊葉蒿」也。南方草藥治損傷有效者，多呼「劉寄奴」，別無他名，皆附於後。

〔一〕《南史·宋武帝紀》：劉裕小名寄奴，微時伐荻新洲，見大蛇長數丈，射之，傷。明日復至洲，聞有杵臼聲，見童子數人擣藥。問其故，答曰：「我王爲劉寄奴所射，合散傅之。」帝叱之，皆散去，乃收藥而反。此藥即「劉寄奴」。

劉寄奴又一種。

劉寄奴，即「野生薑」。《蜀本草》以爲「劉寄奴葉如菊，排生，莖、花俱如蒿，而花色白，結黃白小蒴，俗呼『菊葉蒿』」。

龍葵

龍葵，《唐本草》始著録。李時珍以爲《圖經》「老鴉眼睛草」。俚醫亦曰「天泡果」，其赤者爲「龍珠」，處處有之。

狗舌草

狗舌草，《唐本草》始著録。有小毒，塗瘡殺蟲。按圖多相肖而無的識，存原圖以備考。

莪蒿

莪（é）蒿，《詩經》「菁菁者莪」，陸《疏》：「莪，蒿也。」《爾雅》「莪，羅郭」，注：「蘪蒿。」《本草拾遺》始著録。《本草綱目》以爲即「抱娘蒿」，《救荒本草》作「抪娘蒿」。葉碎，茸細如鍼，色黄緑，嫩則可食，與陸《疏》符合。《埤雅》以角蒿爲「蘪蒿」，殊爲臆説。

鼠麯草

鼠麯（qū）草，《本草拾遺》始著録。李時珍以爲即《别録》「鼠耳」、《藥對》「佛耳草」。《酉陽雜俎》「蚍蜉酒，鼠耳也」，即此。今江西、湖南皆呼爲「水蟻草」，或即「蚍蜉酒」之意。煎餅猶用之。

雩婁農曰：鼠麴染糯作餻，色深緑，湘中春時粥於市。〔一〕五溪尚中尤重之，〔二〕清明時必採製以祀其先，名之曰「青」，其意以爲親没後又復見春草青青矣。嗚呼！「雨露既濡，君子履之，必有怵惕之心」，〔三〕彼雖蠻獠，其報本追遠，有異性乎？宋徽宗有詩曰：「鼠耳初生認禁煙。」〔四〕寒食賜火，〔五〕戚里尋春，〔六〕《清明上河圖》中一段美景，不知南渡後遥憶帝京景

物，猶有廟貌如故，鍾簴不移之念否！〔七〕

〔一〕粥：通「鬻」，賣也。
〔二〕五溪：指西溪（今西水）、辰溪（今錦江）、無溪（今舞水）、雄溪（今巫水）、清溪（今清水江）。五溪流域所在諸峒實遍布於湘、黔、雲、貴數省。
〔三〕見《禮記·祭義》。
〔四〕據《詞苑叢談》，徽宗北行遇清明詩作「茸母初生認禁煙」。茸母即鼠麴草。
〔五〕唐時清明，取榆柳之火以賜近臣。
〔六〕戚里：外戚所居之地。
〔七〕鍾簴：懸鍾之架。皇帝祖廟設鍾簴，祭祀時奏樂用。《舊唐書·于公異傳》：「興元元年，收京城。公異爲露布上行在，云：『臣已肅清宮禁，祗奉寢園，鍾簴不移，廟貌如故。』德宗覽之，泣下不自勝。」

搥胡根

搥胡根，《本草拾遺》始著録。今江西、湖南亦有之，俗皆謂之「土當歸」。根似麥門冬而微黄，亦甜。

鴨跖草

鴨跖草，《本草拾遺》始著録。《救荒本草》謂之「竹節菜」，一名「翠蝴蝶」，又名「笪竹葉」，可食。今皆呼爲「淡竹」，無竹處亦用之。

鬼鍼草

鬼鍼草，《本草拾遺》始著録。秋時莖端有鍼四出，刺人衣，今北地猶謂之「鬼鍼」。

毛蓼

毛蓼，《本草拾遺》始著録。主治癰腫、疽瘻，引膿生肌，今俚醫亦用之。其穗細長，花紅，冬初尚開，葉厚有毛，俗呼爲「白馬鞭」。

地楊梅

地楊梅，《本草拾遺》始著録，云「如莎草，有子似楊梅」。今小草中有之，治痢亦同。按圖似即水濱「水楊柳」，與原説不肖，姑存之以備考。

蟹菜

蟹（zǎn）菜，《本草拾遺》始著録。李時珍以其似益母草，白花，遂以爲「白花益母草」。然原書謂「味甜有汁」，則非益母一類。存原圖俟考。

莤

莤（yóu），《爾雅》「莤，蔓于」，注：「多生水中，一名『軒于』。」《本草拾遺》：「生水田中，狀如結縷草而長，馬食之。」李時珍併入《别録》有名未用之「馬唐」，又以爲即「薰蕕」之「蕕」，恐未確。江西水茜草極多，作志者多以爲即「蔓草」。按「蔓」亦非草名。

雩婁農曰：子産曰：「吾臭味也，而敢有差池？」〔一〕《大學》曰：「如惡惡臭。」臭必惡而後屏，〔二〕非與香對稱。周人尚臭，「臭陰」、「臭陽」、「灌用鬯臭」，〔三〕皆芳氣也。薰、蕕有臭，後人以蕕爲穢草，然則薰之臭亦穢耶？〔四〕寇宗奭以《拾遺》之「水蕕」釋薰蕕，孫公《談圃》以「香薷」爲茜，二説皆未知所本，然《談圃》説長。李時珍宗《衍義》而駁之，蓋未深考。

〔一〕《左傳》襄公二十二年：鄭子産對晉人，曰：「謂我敝邑，邇在晉國，譬諸草木，吾臭味也，而何敢差池？」

〔二〕屏：摒棄。

〔三〕皆見《禮記・郊特牲》。

〔四〕《左傳》僖公四年：「一薰一蕕，十年尚猶有臭。」薰：香草。蕕：臭草。

紅花

紅花，《漢書》作「紅藍花」，種以爲業。〔一〕《開寶本草》始著録。今爲治血要藥。《救荒本草》：「葉可煠食。」出西藏者爲「藏紅花」，即《本草綱目》「番紅花」。

雩婁農曰：紅藍，湖南多藝之，洛陽賈販於吴越，歲獲數十萬緡，其利與棉花侔，故俗諺有「紅白花以染物，其直同於所染」。〔二〕然歷久不渝，紅既正色，又不爲燥濕寒暑變節，有士君子之行，顧價必善，或歲不登則益貴。江以南煮蘇方木浸之以爲樸，而潤色以紅藍，色近紫有耀，價貶易售，其殆士之乏其實而鶩其名以自衒者。然風日炎曝，雨黴沾濕，輒斑駁點涴，失其所耀，婦稚皆賤之。有其始不能要其終，求與黑、黄、蒼、藍爲伍而不可得，非所謂「的然而日亡」者歟？〔三〕故君子著誠而袪僞。

〔一〕此處有誤。《漢書》無「紅藍花」之文。《史記·貨殖列傳》「千畝卮茜」，《集解》徐廣曰：「卮音支，鮮支也。茜音倩，一名紅藍，其花染繒赤黄也。」疑吴氏指此而誤記爲《漢書》。

〔二〕此言以紅白花染物，成本甚高。

〔三〕《禮記·中庸》：「故君子之道闇然而日章，小人之道的然而日亡。」的：明亮，鮮明。此言小人之光耀，隨時間而愈暗淡。

燈心草

燈心草，《開寶本草》始著録。草以爲席，瓤以爲燈炷。〔一〕江西澤畔極多。細莖緑潤，夏從莖傍開花如穗，長不及寸，微似莎草花。俚醫謂之「水燈心」，蓋野生者性尤清涼。

〔一〕燈炷：即燈芯、油捻。

穀精草

穀精草，《開寶本草》始著録。《本草綱目》述狀頗確。今以爲治目疾要藥。

狼杷草

狼杷（pá）草，宋《開寶》始著録。療血痢至精。《爾雅》「欔，烏階」，注：「烏杷也。子連著狀如杷，〔一〕可以染皁。」疏：「今俗謂之『狼杷』是也。」李時珍併入《拾遺》「郎耶」，亦可，但欔杷注釋甚晰，改「杷」爲「罷」，出於臆斷，亦近輕侮。〔二〕

〔一〕如杷：如杷齒也。

〔二〕李時珍《本草綱目》卷十六「郎耶草」下云：「此即陳藏器《本草》『郎耶草』也。閩人呼爺爲『郎罷』，則『狼杷』當作『郎罷』，乃通。」

木賊

木賊，《嘉祐本草》始著録。今惟治目醫用之。《物類相感志》：「木賊軟牙。」〔一〕蓋治木角之工所恃以爲光滑者。通呼爲「節節草」，亦肖其形。

〔一〕可使牙變軟，一説可使牙黄者變白。

黄蜀葵

黄蜀葵，《嘉祐本草》始著録。與蜀葵絶不類，俗通呼爲「棉花葵」，以其色似木棉花也。花浸油塗湯火傷效，亦爲瘡家要藥。

萱草

萱草，《詩經》作「藼」。〔一〕《嘉祐本草》始著録。有單瓣、重瓣。兗州、亳州種以爲菜。〔二〕皋蘇蠲忿，萱草忘憂，〔三〕《爾雅翼》以「焉得藼草」謂：「安得善忘之草？世豈有此物哉？萱、藼同音，遂以命名。但《説文》『藼，令人忘憂草』。引《詩》作『藼』，又作『蕿』，則忘憂之名，其來已古。」《南方草木狀》：「水葱，花、葉皆如鹿葱，出始興。婦人佩其花生男，非鹿葱也。」則所謂宜男者，又他屬矣。〔四〕萱與鹿葱一類。晏元獻云：〔五〕「鹿葱花中有鹿斑文，〔六〕與萱小同大異。」則是以層多有點者爲鹿葱，單瓣者爲萱。《群芳譜》有黄、白、紅、紫、麝香數種，然皆以黄色分淺深。蜜萱，色如蜜，淺黄色；黄紫則深黄而近赤。至謂鹿葱葉枯而後花，花五六朵並開於頂，得毋以石蒜之黄花者爲鹿葱耶？忘憂宜男，鄉曲托興，〔七〕何容刻舟膠柱？世但知呼萱草，摘花作蔬，惟滇南婦稚皆指多層者爲鹿葱。邊地人質，〔八〕其名宜有所自。

雩婁農曰：宋林洪《萱草贊序》：「何處順宰六合時常食此，無亦邊事未平，憂心不忘耶？」余觀丁謂之南竄也，其詩曰「草解忘憂憂底事」，丁蓋不知憂底事！〔九〕

〔一〕按《衛風·伯兮》「焉得諼草，言樹之背」，作「諼」。

〔二〕「亳」，原本誤作「毫」，據文意改。

〔三〕「皋蘇蠲忿」之説不確。按嵇康《養生論》：「合歡蠲忿，萱草忘憂。」而王朗《與魏太子書》云：

「萱草忘憂，皋蘇釋勞。」

〔四〕萱草又名「宜男草」。

〔五〕晏殊謚元獻。原本誤作「晏文獻」。

〔六〕「文」，原本誤作「又」，據《雲麓漫鈔》卷四改。

〔七〕見本書卷一「苡薏」條注〔五〕。

〔八〕質：質樸。

〔九〕丁謂，宋真宗時奸臣，多智謀，而爲人狡詐貪婪，與王欽若等合稱「五鬼」，後被貶崖州。

海金沙

海金沙，《嘉祐本草》始著録。江西、湖南多有之。俚醫習用，如《本草綱目》主治。

鷄冠

鷄冠，《嘉祐本草》始著録。俚醫亦多以治紅白痢、崩帶血症。其性極峻，虚弱者慎之。

胡盧巴

胡盧巴，《嘉祐本草》始著録。《圖經》云生廣州，蓋番蘆菔子種之而生，不具形狀。

火炭母草

火炭母草，《宋圖經》始著録。今南安平野有之，形狀與圖極符。俗呼爲「烏炭子」，以其子青黑如炭。小兒食之，冬秋初尚茂。俚醫亦用以洗毒消腫。

小青

小青，《宋圖經》始著録，亦無形狀。今江西、湖南多有之，生沙壖地，高不盈尺。開小粉紅花，尖瓣下垂，冬結紅實，俗呼「矮茶」。性寒。俚醫用治腫毒、血痢，解虵毒、救中暑皆效。

雩婁農曰：此草短而淩冬，命曰「小青」，微之也。然粉花丹實，彌滿阬谷，而移植輒不茂。百尺之松，盈握之梅，斷而揉之，盤屈於尊缶間，〔一〕以供世俗之狎玩，彼干霄傲雪之概亦安在哉？此小草乃有介然不可易者，因爲謌曰：「猗彼寸莖，被於陵阿。根髮如寄，葉棱不柯。生機斯淺，渺此么麽。從其么麽，霜霰若何？彼爾者華，其實則赤。在瘠而豐，處沃而腊。亦既封之，其葉有澤。雖則有澤，終不我懌。不懌奈何，亦返其初。巖巖苦霧，萋萋紫蕪。如鷦懸苕，〔二〕如鳩搶榆。〔三〕以生以蕃，何罦何罬。」〔四〕

〔一〕尊缶：此處指較小的銅陶容器。

〔二〕鷦鷯小鳥，長不過三寸，常懸茅葦爲巢。苕：花穗。

〔三〕《莊子·逍遥遊》：蜩與鷽鳩曰：「我決起而飛，搶榆枋，時則不至而控於地而已矣。」

〔四〕罦、罬爲羅網、樊籠。所需有限，没有奢望，自由自在地生存繁衍，何必入那些牢籠束縛？

地蜈蚣草

《本草綱目》：地蜈蚣草，生村落堘野間，左蔓延右，右蔓延左，其葉密而對生如蜈蚣形，其穗亦長，俗呼「過路蜈蚣」，其延上樹者呼「飛天蜈蚣」。根、苗皆可用，氣味苦寒無毒。主治解諸毒及大便不通，搗汁療癰腫，搗塗并末服，能消毒排膿。蜈蚣傷者，入鹽少許搗塗，或末傅之。按：此草，湖南田野多有之，俚醫以爲通經行血之藥。《宋圖經》：「地蜈蚣，生江寧州村落間。〔一〕鄉人云水磨塗腫毒，醫方鮮用。」即此草也。李時珍遺未引及。

〔一〕宋江寧州治所在今南京，轄江寧、上元、溧水等縣。

攀倒甑

《圖經》：「攀倒甑（zèng），生宜州郊野。味苦，辛寒。主解利、風壅、熱盛、煩渴、狂語。春夏採葉研搗，冷水浸，絞汁服之，甚效。其莖葉如薄荷，一名『接骨草』，一名『斑杖莖』。」按：攀倒甑，湖南土呼「攀刀峻」，聲之轉也。形正似大葉薄荷，莖圓，枝微紫，對節生葉，梢頭開小黄白花如粟米。俚醫云性涼，能除瘴，與《圖經》主治亦同。《新化縣志》作「斑刀箭」，飼牛易肥，諺云：「要牛健，斑刀箭。」

秦州無心草

《宋圖經》：「無心草，生商州及秦州。〔一〕性温，無毒。主積血，逐氣塊，宜筋節，補虚損，潤顔色，療澼洩、腹痛。三月開花，五月結實，六七月採根、苗，陰乾用之。」

〔一〕宋商州治上洛，在今陝西商洛，轄上洛、商洛、洛南、豐陽、上津五縣。

麗春草

《圖經》：「麗春草，味甘，微温，無毒。出檀嵎山川谷。檀嵎山在高密界。〔一〕河南淮陽郡、潁川及譙郡、汝南郡等並呼爲龍羊草，河北近山鄴郡、汲郡名『蕒蘭艾』。上黨紫團山亦有，名『定參草』。一名『仙女蒿』。今所在有。甚療㾮黄，人莫能知。唐天寶中，因潁川楊正進名醫嘗用有效，單服之，主療黄疸等。其方云：麗春草療因時患傷熱變成㾮黄，遍身壯熱，小便黄赤，眼如金色而又青黑，心頭氣痛，遶心如刺，頭旋欲倒，兼脇下有瘕氣及黄疸等，經用有驗。其藥，春三月採花陰乾，有前病者取花一升，擣爲散，每平明空腹，取三方寸匕，和生麻油一盞頓服之，日惟一服，隔五日再進，以知爲度。其根療黄疸，患黄疸者擣根取汁一盞，空腹頓服之，服訖須臾即利三兩行，其疾立已。一劑不能全愈，隔七日更一劑，永瘥。忌酒、麪、猪、魚、蒜、粉、酪等。」

游默齋《花譜》：「麗春紫二品，深者鬚青，淡者鬚黄。白亦二品，葉大者微碧，葉細者竊黄。而竊黄尤奇，素衣黄裏芳秀，茸若新鵝之毳。竊紅似芍藥中粉紅樓，特差小，視凡花之粉紅十倍。」

《本草綱目》李時珍曰：「此草有殊功，而不著其形狀。今罌粟亦名『麗春草』，『九仙子』亦名『仙女嬌』，與此同名，恐非一物也。當俟博訪。」

〔一〕今山東高密。

水英

《圖經》：「水英，味苦，性寒，無毒。元生永陽池澤及河海邊。臨汝人呼爲『牛葒草』，河北信都人名『水節』，河内連内黄呼爲『水棘』，劍南遂寧等郡名『龍移草』。蜀郡人採其花合面藥。淮南諸郡名『海荏』。嶺南亦有，土地尤宜，莖葉肥大，名『海精木』，亦名『魚精草』。所在皆有。單服之，療刲痛等。其方云：水英主丈夫婦人無故兩脚腫滿，連刲脛中痛、屈伸急强者，名骨風，其疾不宜針刺及灸，亦不宜服藥，惟單煮此藥浸之，不經五日即差，數用神驗。其藥春取苗，夏採莖、葉及花，秋冬用根。患前病者，每日取五六斤，以水一石，煮取三斗，及熱，浸脚兼淋膝上，日夜三四，頻日用之，以差爲度。若腫甚者，即於前方加生椒目三升，加水一大斗，依前煮取汁，將淋瘡腫，隨湯消散，候腫消，即摩粉避風乃良。忌油膩、蒜、生菜、猪、魚肉等。」

按：「水英」當對「陸英」而言。滇南有草，絶類蒴藋而實黑，莖中有紅汁，俗名「血滿草」，浸脚氣濕腫甚效，或即此。别入「草藥」，按圖形不類也。

見腫消

《圖經》：「見腫消，生筠州。〔一〕味酸澀，有微毒。治狗咬瘡，消癰腫。春生苗，葉、莖紫色，高一二尺。葉似桑而光，面青紫赤色。採無時。土人多以生苗葉爛搗貼瘡。」

〔一〕宋筠州，治所在今江西高安。

九牛草

《圖經》：「九牛草，生筠州山岡上。味微苦，有小毒。解風勞，治身體痛。二月生苗，獨莖高一尺。葉似艾葉，圓而長，背有白毛，面青。五月採，與甘草同煎服，不入衆藥用。」李時珍斥《蒙筌》以爲「蘄艾」之誤，〔二〕甚確。余至瑞州，訪之未得。《滇本草》有「九古牛草」，「味苦，性寒，走肝經，筋骨疼，通經絡，破血，散瘰癧，攻癰疽紅腫，又治跌打損傷」。治症相類，未知即此草否也。仍分圖之。

〔二〕《蒙筌》即《本草蒙筌》，明陳嘉謨撰。

曲節草

《圖經》：「曲節草，生均州。〔一〕味甘平，無毒。治發背瘡，消癰腫，拔毒。四月生苗，莖方色青有節。七月、八月著花似薄荷，結子無用。葉似劉寄奴青軟。一名『蛇藍』，一名『緑豆青』，一名『六月凌』。五月、六月採莖、葉陰乾，與甘草作末，米汁調服。」李時珍以爲「六月霜」。不知何草。按「鬼箭羽」，湖南呼爲「六月冷」，亦結青實，或恐一物。原圖不晰，存以備考。

〔二〕今湖北丹江口市。

陰地厥

陰地厥，《宋圖經》收之，云「生鄧州内鄉山谷。〔一〕葉似青蒿，莖青紫色，花作小穗微黄」。按圖不作穗形。李時珍云江浙有之，引《聖濟總録》，治男婦後胸膈虚熱、吐血。依原圖繪以俟訪。

〔一〕「州」，原本誤作「川」，據文意改。

水甘草

《圖經》：「水甘草，生筠州。味甘無毒。治小兒風熱、丹毒瘡，與甘草同煎飲服。春生苗，莖青色，葉如楊柳。多生水際。無花。十月、八月採，彼土人多單服，不入衆藥。」

竹頭草

李衎《竹譜》：「竹頭草，在處有之。枝如萮。葉長五七寸，寬一寸許，有細勒道，望之如篠竹。叢叢秋生，白花如菰蔣狀。〔一〕或云無竹處卒欲煮藥，取此藥以代之。其性與澹竹同，今東陽酒匠直呼此爲『澹竹葉』。〔二〕每歲夏伏採之。」按：陸《疏》：「芩草，莖如釵股，葉如竹。蔓生澤中下地鹹處，爲草真實，牛馬皆喜食之。」按其形狀，與此正合。牛馬皆喜食，信然。此草，《本草》諸書不載，故注《詩》者皆無引據。毛晉云「藥中黄芩」，與陸《疏》不同種。又按：蕺菜亦名岑草，其葉亦不似竹。

〔一〕蔣即菰。參見卷十八「菰」條。

〔二〕「直」，原本誤作「真」，據《竹譜》改。

篣竹

李衎《竹譜》：「篣竹，喜生池塘及路傍。莖細節高，近下曲屈，狀若狗脚。南土多茅少草，馬見此物，必欲食之。」

迎春花

《本草綱目》：「迎春花，處處人家栽插之。叢生，高者二三尺。方莖厚葉，葉如初生小椒葉而無齒，面青，背淡。對節生小枝，一枝三葉。正月初開小花，狀如瑞香花，黄色，不結實。葉氣味苦濇。平，無毒。主治腫毒、惡瘡，陰乾研末，酒服二三錢，出汗便瘥。」《滇志》云：「花黄色，與梅同時，故名『金梅』。」

千年艾

《本草綱目》：「千年艾，出武當太和山中。小莖高尺許。其根如蓬蒿。其葉長寸餘，無尖椏，面青，背白。秋開黄花，如野菊而小，結實如青珠丹顆之狀。三伏日采葉暴乾，葉不似艾而作艾香，搓之即碎，不似艾葉成茸也。羽流以充方物。〔一〕葉氣味辛，微苦，温，無毒。主治男子虚寒、婦人血氣諸痛，水煎服之。」按《南越筆記》：「洋艾，本不甚高，宜種盆盎，緑葉茸茸如車蓋。可療疾，兼卻火灾。」當即此草。而俗間以廣中所植皆呼爲「洋」，作記者仍其陋習，殆未深考。今京師多蓄於煖室，經冬不凋，尚呼爲「蘄艾」。

〔一〕羽流：道士之流。方物：此指方術之藥物。

翦春羅

《證治要訣》：「火帶瘡遶腰生者，採翦春羅花葉擣爛，蜜調塗之，爲末亦可。」

《本草綱目》李時珍曰：「翦春羅，二月生，苗高尺餘。柔莖緑葉，葉對生抱莖。入夏開花深紅色，花大如錢，凡六出，周迴如翦成可愛。結實大如豆，内有細子。人家多種之爲玩。又有『翦紅紗花』，莖高三尺，夏秋開花，狀如石竹花而稍大，四圍如翦，鮮紅可愛，結穗亦如石竹穗，中有細子。方書不見用者。其功亦應利小便、主癰腫也。」

李衎《竹譜》：「篛竹，生江浙、廣右、永湘間甚多。枝間有節，有葉似桃。其花如石竹差大，丹紅一色。人家盆檻内亦有種者，俗名『翦春羅』。」按：江西、湖南多呼爲「翦金花」，又「雄黄花」，以其色名之。

箬

箬（ruò），古今以爲笠蓬，亦呼爲蓧，禦濕所亟。《本草綱目》始著録。棄物有殊功，故備載諸方，以著「無棄菅蒯」之義。

雩婁農曰：箬之用廣矣。笠以禦雨，篷以行舟，裹以避濕，摘以習書。《南史》：徐伯珍少孤貧，學書無紙，常以竹箭、箬葉、甘焦學書。葉如竹與蘆，而用勝於竹、蘆。乃字書皆未詳及，《説文》「若」訓「擇菜」，餘皆以箬訓竹，篛訓筍，唯詩家間有詠及耳。夫杜若既無定詁，〔一〕若木乃涉荒渺，〔二〕文人摭撦，如數家珍，而民間日用之物，忽焉不察，非所謂畫家喜畫鬼神而不畫犬耶？李時珍採以入藥，品其氣味，臚其治療，拔真才於灌莽，祓濯而薰盥之，脱堂阜於縲絏，〔三〕握齪蔑於庭階，〔四〕得一知己，沉淪者亦良幸矣。吾前過章貢山中，捋之擷之於蕪穢蒙密間，始識其全體。土人皆呼爲「遼葉」。李時珍謂「其葉疎遼，故名」。按字書「藔，樹葉疎也」，則亦可作「藔」。吾謂凡物之遯遠者皆曰遼：火燎於原，其光遠也；窗疎曰寮，目朗曰瞭，其見遠也；山民曰獠，外之至矣。此草不生平原而遠依山澤，謂之曰遼，亦外之而已。夫物爲人所外而有殊功，古所云「破天荒」者，非此類耶？蓽門窐竇之人而皆陵其上，其難爲上矣。春秋世禄，恃以爲獄，烏可爲訓。〔五〕

〔一〕詳見卷二十三「杜若」條。

〔二〕若木：見於《山海經·大荒北經》、《離騷》。

〔三〕齊管仲被俘，至堂阜，鮑叔拔而浴之三，然後引見桓公。
〔四〕見卷十一「大薊」條注〔四〕。
〔五〕春秋時貴族世襲爵禄，恃此以定人之貴賤賢不肖，豈可爲訓？

淡竹葉

淡竹葉，詳《本草綱目》。今江西、湖南原野多有之。考古方淡竹葉，《夢溪筆談》謂對「苦竹」而言，或又謂自有一種「淡竹」。唯李時珍以此草定爲「淡竹葉」。又有「竹頭草」，與此相類，《竹譜》亦謂可代淡竹葉。

半邊蓮

半邊蓮，詳《本草綱目》。其花如馬蘭，只有半邊。俚醫亦用之。

鹿蹄草

鹿蹄草，《本草綱目》本軒轅述《寶藏論》收入「隰草」。闕氣味，蓋亦未經嘗也。主治金瘡、蛇犬咬毒。有圖存之。

水楊梅

水楊梅，《本草綱目》始著録。按圖亦與水濱水楊相類，生子微似楊梅，老則飛絮，俗無「水楊梅」之名，恐即一物，而兩存圖之。

紫花地丁

《本草綱目》：「紫花地丁，處處有之。其葉似柳而微細，夏開紫花結角。平地生者起莖，溝壑邊生者起蔓。《普濟方》云：鄉村籬落生者，夏秋開小白花，如鈴兒倒垂，葉微似木香花之葉。此與紫花者相戾，恐别一種也。氣味苦辛，寒，無毒。主治一切癰疽發背、疔腫、瘰癧、無名腫毒、惡瘡。」

按：各處所産紫花地丁皆不同，此又一種，依原圖繪之。

常州菩薩草

《宋圖經》：「菩薩草，生江、浙州郡，近京亦有之。味苦，無毒。中諸藥食毒者，酒研服之。又治諸蟲蛇傷，飲其汁及研傅之良。亦名『天□』，〔一〕主婦人妊娠咳嗽，擣篩蜜丸，服之立效。此草凌冬不凋，秋中有花直出，赤子似蒴頭。冬月採根用。」

〔一〕「天□」，原本「天」下一字爲空。按《四庫》本《證類本草》卷三十引《圖經》作「尺二」。

密州胡堇草

《宋圖經》：「胡堇草，生密州東武山田中。〔一〕味辛，滑，無毒。主五臟榮衛，肌肉皮膚中瘀血，止疼痛，散血，絞汁塗金瘡。科葉似小堇菜。花紫色，似翹軺花。一枝七葉，花出三兩莖。春採苗，使時擣篩，與松枝、乳香、花桑、柴炭、亂髮灰同熬如彈丸大，如有打撲損、筋骨折傷及惡癰癤腫破，以熱酒摩一彈丸服之，其疼痛立止。」

〔一〕宋密州治所在今山東諸城。

常州石逍遥草

《宋圖經》：「石逍遥草，生常州。味苦，微寒，無毒。療癱瘓諸風、手足不遂。其草冬夏常有，無花實，生亦不多。採無時，俗用擣爲末，煉蜜丸如梧桐子大，酒服二十粒，日三服，百日差。久服益血輕身。初服微有頭疼，無害。」

秦州苦芥子

《宋圖經》：「苦芥子，生秦州。苗長一尺已來，枝、莖青色。葉如柳。開白花似榆莢，〔一〕其子黑色。味苦，大寒，無毒。明眼目，治血風煩躁。」

〔一〕「莢」，原本誤作「英」，據《證類本草》引《圖經》改。

密州翦刀草

《宋圖經》：「翦刀草，生江、湖及京東近水河溝沙磧中。味甘微苦，寒，無毒。葉如翦刀形，莖莖似嫩蒲，又似三棱苗，甚軟，其色深青緑。每叢十餘莖，内抽出一兩莖，上分枝，開小白花，四瓣，蘂深黄色。根大者如杏，小者如杏核，色白而瑩滑。五月、六月、七月採葉，正月、二月採根。一名『慈菰』，一名『地栗』，一名『河鳧茨』。土人爛擣其莖葉如泥，塗傅諸惡瘡腫及小兒遊瘤、丹毒。以冷水調此草膏化如糊，以雞羽掃上，腫便消退，其效殊佳。根煮熟，味甚甘甜，時人作果子，常食無毒。福州别有一種，小異，三月生花，四時採根、葉，亦治癰腫。」

臨江軍田母草

《宋圖經》：「田母草，生臨江軍。〔一〕性涼。無花實。二月採根用，主煩熱及小兒風熱，用之尤効。」

〔一〕宋臨江軍，治所在今江西樟樹市臨江鎮，轄清江、新淦、新喻三縣。

南恩州布里草

《宋圖經》：「布里草，生南恩州原野中。〔一〕味苦，寒，有小毒。治皮膚瘡疥。莖高三四尺，葉似李而大。至夏不花而實，食之令人瀉。不拘時採根，割取皮，焙乾爲末，油和塗瘡疥，殺蟲。」

〔一〕宋南恩州，治所在今廣東陽江，轄陽江、陽春、恩平。

鼎州地芙蓉

《宋圖經》：「地芙蓉，生鼎州。〔一〕味辛，平，無毒。花主惡瘡，葉以傅貼腫毒。九月採。」

〔一〕宋鼎州在今湖南常德。

信州黄花了

《宋圖經》：「黄花了，生信州。春生青葉，至三月而有花，似辣菜花，黄色，至秋中結實。採無時，療咽喉、口齒。」

信州田麻

《宋圖經》：「田麻，生信州田野及溝澗傍。春、夏生青葉，七月、八月中生小莢子。冬三月採葉，療癰癤腫毒。」

植物名實圖考卷之十五　隰草類

竹葉麥冬草

竹葉麥冬草，生贛州、吉安荒田中。細莖拖地，短節小葉，似秋時小竹。梢開小紅白花，成簇。余以十月後船行章江，霜草就枯，場圃濯濯，荒草中見有紅萼新嬌，取視得此。後詢之建昌土醫，云：「可瀉心火，功同麥冬。」東海之棗，妄言妄對，〔一〕姑存其說。但小草凌冬，得霜而葩，或與秋菊同其喜涼畏炎之性。

〔一〕《史記·封禪書》：漢武帝時，方士李少君言於上曰：「臣嘗遊海上，見安期生，安期生食巨棗，大如瓜。」武帝遂遣人往海上求神仙。

瓜子金

瓜子金，江西、湖南多有之。一名「金鎖匙」，一名「神砂草」，一名「地藤草」。高四五寸，長根短莖，數莖爲叢。葉如瓜子而長，唯有直紋一綫。葉間開小圓紫花，中有紫蕊。氣味甘。俚醫以爲破血、起傷、通關、止痛之藥，多蓄之。雲南名「紫花地丁」。《滇南本草》：紫花地丁，味苦，性寒，破血解諸毒，攻癰疽、腫毒，治疥癩癬瘡，治小兒走馬牙疳潰爛。用紫花地丁新瓦焙爲末，搽患處效。

蝦鬚草

蝦鬚草，生陰濕地，處處有之。細莖淡赭色，柔弱不能植立。葉似萹蓄而薄，色亦淡緑，梢葉更細。葉間莖端出小枝，開三瓣淡粉紅花，瓣大如粟。性涼。

奶花草

奶花草，田塍陰濕處皆有之。形狀似小蟲兒卧單，而莖赤。葉稍大，斷之，有白汁。同鯽魚煮服，通乳有效。按：《嘉祐本草》：「地錦，莖赤葉青，紫紅花，細實。」當即此草。李時珍誤以小蟲兒卧單併爲一條，乃云「黄花，黑實」，與《圖經》相戾。今俗方治血病，不甚採用；而通乳，則里嫗皆識，故標「奶花」之名以著其功用云。

公草母草

公草、母草，産湖南田野間。高五六寸，緑莖細弱，似鵝兒腸而不引蔓。公草葉尖，長半寸許，附莖，三葉攢生。葉間梢頭復發細長莖，開小緑黄花，大如黍米，落落清疎。母草葉短微寬，兩葉對生，葉間抽短莖，一莖一花。俚醫以治跌打，並入婦科，通經絡。二草齊用，單用不驗。

八字草

八字草，産建昌。小草蔓生，莖細如髮，本紅梢緑，微有毛。一枝三葉，似三葉酸而更小。

葉極稀疎。土人搗碎敷漆瘡。按：《本草拾遺》：「漆姑草，如鼠跡大，生堦墀間陰處。氣辛烈。挼敷漆瘡，亦主溪毒。」主治既同，形亦相類，而《本草》不圖其形，未敢遽定。

夏無蹤

夏無蹤，産寧都。小草也。一莖一葉，葉如葵，多缺，有毛而小如錢，高數寸。長根多鬚。生治手指毒。又一種紫背，根如小麥冬者，同名異類。

天蓬草

天蓬草，一名「涼帽草」，生建昌河壖。鋪地，細莖如亂髮，百餘莖爲族。莖端有葉三兩片，如初生小柳葉。黑根粗如指。土人以洗腫毒。

天蓬草又一種。

天蓬草，比前一種莖赤而韌。附莖對葉，梢開小白花如菊，根細短。

粟米草

粟米草，江西田野中有之。鋪地，細莖似萹蓄而瘦，有節。三四葉攢生一處。梢端葉間開小黄花如粟。近根色淡紅，根亦細韌。

瓜槌草

瓜槌草，一名「牛毛黏」，生陰濕地及花盆中。高三四寸，細如亂絲，微似天門冬而小矮，糾結成簇。梢端葉際結小實如珠，上擎纍纍。瓜槌、牛毛皆以形名。或云能利小便。雲南謂之「珍珠草」，俗方以治小兒乳積。《滇南本草》：「珍珠草，味辛，性温。治面寒痛。新瓦焙爲末，熱燒酒服。」

飄拂草

飄拂草，南方墻陰砌下多有之。如初發小茅草，高四五寸。春時抽小莖，結實圓如粟米，生青老赭。或云煎水飲能利小便。

水線草

水線草，生水濱，處處有之。叢生，細莖如線，高五六寸。葉亦細長。莖間結青實如菉豆大，頗似牛毛黏，而莖稍韌，葉微大。赭根有鬚。俚醫以洗無名腫毒。

畫眉草

畫眉草，撫州山坡有之。如初生茅草，高三四寸。秋時抽葶，發小穗數十條，淡紫色，似蓼而小，殊有動摇之致。或云可治跌打損傷。亦名「榧子草」。

絆根草

絆根草，平野水澤皆有。俚醫謂之「塹頭草」。扁者白根，有鬚者、味甜者可用；圓者生水邊，味淡者不可用。治跌打損傷、破皮止血。寸節生根，志書多以爲即蔓草。《爾雅》「茜，蔓于」，或即此。《本草衍義》謂即「薰蕕」之「蕕」，恐未的。

水蜈蚣

水蜈蚣，生沙洲，處處有之。横根赭色多鬚，微似蜈蚣形。發青苗如茅芽，高三四寸。抽莖結青毬，如指頂大。莖上復生細葉三四片。俚醫以爲殺蟲、敗毒之藥。按：《本草拾遺》：「地楊梅，苗如莎草，四五月有子，似楊梅。」形頗相肖，唯主治赤白痢不同。但濕地小草多利濕，當可通用。

無名一種

生吉安田野中。〔一〕細莖高三四寸，對葉如初生榆葉。十月中開小粉紅花，瓣大如米。蓋春草冬暖而已開花。

〔一〕原本無題名，「生」上有三字空格。下幾篇同。

無名一種

生贛州沙田中。宛似小麥門冬，高六七寸。有横根細鬚。攢之抽葶，冬結圓實，亦如麥門冬而黑紫色。

無名一種

江西平野有之。高四五寸，緑莖細柔。附莖生葉，如初生小菊葉。葉間開五圓瓣小白花，如梅花而小。

無名一種

生南康洲渚間。小草鋪地，細莖淡赭色。葉大如指，面濃緑，背淡青，而尖微紅，無紋理，宛似小桃。

仙人掌

《嶺南雜記》：「仙人掌，人家種於田畔以止牛踐，種於牆頭亦辟火災。無葉，枝青嫩而扁厚有刺。每層有數枝，杈枒而生，絶無可觀。其汁入目，使人失明。」《南安府志》：「《三國志》載『孫皓時有菜生工人吴平家，高四尺，厚三分，如枇杷形，上廣尺八寸，下莖廣三寸，兩邊生緑葉。東觀案圖，作平慮草』。按此即今『仙人掌』，人呼爲『老鴉舌』。郡中有高至八九尺及丈許者。」《桂平縣志》：「龍舌，青色，皮厚有脂，婦人取以澤髮，種土牆上可以辟火。《通志》附『仙人掌』下，當是潯州土名。」《南越筆記》：「瓊州有仙人掌，自下而上，一枝一掌，無花葉，可以辟火。」

臣謹按：《南安志》據《吴志》以仙人掌爲即「平慮」，〔一〕足稱該洽。《南越筆記》云「廣州種以辟火」，殆即昔所謂「慎火樹」者。臣前在京師曾見之，生葉成簇，新緑深齒，綴於掌邊。道光乙未，供奉内廷，上命内侍出此草示臣，勅臣詳考，以補《群芳譜》所未備。惜彼時未檢及《吴志》，深慙疎陋。又據内侍口述，此草頃在禁籞，〔二〕忽開花，色如芙蓉，大若月季，禁中皆稱

「仙人掌上玉芙蓉」云。向陽花木，雨露曲承，舒葩獻媚，物理常然，固不足言異徵也。越八年，臣備員湘撫，繪《草木圖》敬述斯事，以見無知之物，偶經宸顧，尚能效靈。忝竊槐棘，〔三〕有慙葵藿，亦恐草木笑人。又三年，臣移撫雲南，檢《滇志》云「仙人掌肥厚多刺，相接成枝，花名玉英，色紅黄，實如小瓜，可食」。節署頗多，大者高及人肩。春末夏初開花結實，俱如志所述，因俾畫手補繪。迴憶持節嶺嶠，〔四〕依光禁籞，皆目覩斯卉。萬里昆明，與奇葩異萼晨夕染濡，蓋是夙緣。獨怪嶺南紀載殊不周詳，豈秉筆者未及審核？抑滇産異於他處耶？臣謹識。

〔一〕「慮」，原本誤作「露」，前《南安府志》引作「慮」，《三國志》本文亦作「慮」，據改。

〔二〕禁籞：本指宫墻，代指宫禁。

〔三〕按《周禮·秋官司寇》記外朝之法，面植三槐，左右各九棘，爲三公九卿之位。後即以「槐棘」代指公卿之位。

〔四〕嶺嶠：泛指五嶺地區。

萬年青

《花鏡》：「萬年青，一名蒀。闊葉叢生，深緑色，冬夏不萎。吴中人家多種之，以其盛衰占休咎。造屋、移居、行聘、治壙、小兒初生，一切喜事無不用之，以爲祥瑞口號。至於結姻幣聘，雖不取生者，亦必剪造綾絹，肖其形以代之。又與吉祥草、葱、松四品並列盆中，亦俗套也。種法：於春、秋二分時分栽盆内，置之背陰處。俗云四月十四是神仙生日，當删剪舊葉，擲之通衢，令人踐踏，則新葉發生必盛。喜壅肥土，澆用冷茶。」按：九江俚醫以治無名腫毒、疔瘡、牙痛，隱其名爲「開口劍」，或謂能治蛇傷，亦呼爲「斬蛇劍」。

牛黄繖

牛黄繖，江西、湖南有之。一名「千層喜」。長葉緑脆，紋脈潤，層層抽長，如抱焦心，長者可三四尺，斷之有涎絲。俚醫以治腫毒，目爲難得之藥。亦間有花，即廣中「文殊蘭」。踰嶺經冬葉隕，故少花。其葉甚長。仍兩圖之。又滇南有「佛手蘭」，葉亦相類。

金不换

金不换，江西、湖南皆有之。葉似羊蹄菜而圓，無花實。或呼爲「土大黄」。性涼。俚醫以治無名腫毒，消血熱。葉敷瘡。根止吐血，同猪肉煮服。

筋骨草

筋骨草，産南康平野。春時鋪地生。葉如芥菜葉，面緑，背紫，面上有白毛一縷，茸茸如刺。抽葶發小葉，花生葉際，相間開放。葉紫花白，花如益母，遥望蓬蓬，白如積灰，亦呼爲「石灰菜」。俚醫用之養筋、和血、散寒，酒煎服。鄉人亦掘以飼豕。

見血青

見血青，生江西建昌平野。亦名「白頭翁」。初生鋪地。葉如白菜，長三四寸，深齒柔嫩，光潤無皺。中抽數葶，逐節開白花，頗似益母草。花蒂有毛茸茸，又頂梢花白，故有「白頭翁」之名。俚醫擣敷瘡毒，殆亦蘩菜之類。

見腫消

見腫消，産南昌。鋪地生。葉如芥菜，多皺而尖長，又似初生天名精葉，亦狹，中有白脉一道。根如初生小蘿菔，直下無鬚，赭褐色，有横紋。南昌俚醫蓄之以治腫毒。

魚公草

魚公草，江西、湖南有之。緑莖叢生。莖有細毛，附莖生葉，長如芍藥葉，有斜齒，歷落如鋸。俚醫云性寒。一名「青魚膽」。能通肢節、止痛、行血。

野白菊花

野白菊花，處處平野有之。緑莖圓細，葉如鳳仙、劉寄奴，不對生。梢端開花，宛如野菊，白瓣黄心，大如五銖錢。俚醫云性涼，亦可煎洗無名腫毒。

野芝麻

野芝麻，臨江、九江山圃中極多。春時叢生。方莖四棱，棱青，莖微紫。對節生葉，深齒細紋，略似麻葉，本平末尖，面青背淡，微有澀毛。繞節開花，色白，皆上矗，長幾半寸，上瓣下覆如勺，下瓣圓小雙歧，兩旁短缺如禽張口。中森扁鬚，隨上瓣彎垂，如舌抵上齶，星星黑點。花萼尖絲，如針攢簇。葉、莖味淡，微辛，作芝麻氣而更膩。湖南圃中尤多，芟夷不盡，或即呼爲「白花益母草」。

鶴草

鶴草，江西平野多有之。一名「灑線花」，或即呼爲「沙參」。長根細白，葉似枸杞而小。秋開五瓣長白花，下作細筩，瓣梢有齒如剪。按：《救荒本草》沙參有數種，此殆細葉開白花者。

劉海節菊

劉海節菊，似黄花劉寄奴，而莖葉細瘦，花亦無長蕊。建昌俚醫採根治風火。

白頭婁

白頭婁（pó），生長沙山坡間。細莖直上，高二三尺。長葉對生，疎紋微齒，上下葉相距甚疎。梢頭發葶，開小長白花，攢簇稠密，一望如雪，故有「白頭」之名。性涼。

天水蟻草

天水蟻草，生湖南平野。荆、湘間呼「鼠麴草」爲「水蟻草」，蓋與《酉陽雜俎》以鼠麴爲蚍蜉酒同義。〔一〕此草葉有白毛，極似鼠麴，而莖硬如蒿，亦微作蒿氣，高二尺許。俚醫以爲補筋骨之藥。

〔一〕《酉陽雜俎》原文作「蚍蜉酒草，一曰鼠耳，象形也」。

黄花龍芽

黄花龍芽，湖南園圃中多有之。高三四尺，緑莖如蒿，長葉花叉，皺紋如馬鞭草而大，色稍淡。莖葉皆微有毛澀。秋開五瓣黄花，瓣小如粟，長枝分叉，點綴頗繁。俚醫與龍芽草同用。按：縣志中多云黄花龍芽勝於紫花者，湖南謂《救荒本草》中龍芽草爲「毛脚茵」，則黄花當以毛脚茵爲正，而俚醫無别。

黄花龍芽 又一種。

黄花龍芽，生嶽麓。比前一種莖矮而黄，直硬有節，亦有毛。脚葉微瘦，餘皆四五葉攢生一處，細尖有歧，如初生蔞蒿。梢開小黄花，攢如黄粟米。蓋一類，而生於山陸，故肥瘦不同。

金窪耳

金窪（wā）耳，産湖南長沙山坡。高二尺餘，獨莖褐紫，參差生葉。葉如鳳仙花葉，面青，背白，微齒。秋開黄花如寒菊下垂，旁莖弱欹，故有是名。俚醫云性涼，能除瘴氣。按：《黔書》有「黄花根」，能除蠱瘴氣味，或相近。

土豨薟

土豨（xī）薟（xiān），生南昌園圃中。紅莖對葉，葉如鳳仙花葉而無齒。梢端葉際發細葶，柔嫩如絲，開黄花如寒菊，緑跗如蠅足抱之。土人或即以代豨薟。

田皁角

田皁角，江西、湖南坡阜多有之。叢生。緑莖，葉如夜合樹葉，極小而密，亦能開合。夏開黄花如豆花，秋結角如菉豆，圓滿下垂。土人以其形如皁角樹，故名。俚醫以爲去風、殺蟲之藥。

七籬笆

七籬笆，生建昌。細莖翠緑，近根微紅。葉如小竹枝，梢三葉，旁枝二葉對生，共成七葉，狀亦娉婷。土醫以根治煩熱。

水麻艻

水麻艻（tiáo），生建昌。叢生。莖如蓼，淡紅色，緑節。葉三叉，前尖長，後短，面緑，背淡，有毛。俚醫擣漿，以新汲水冲服，療痧症。　按：《本草綱目》有「牛脂艻」，無形狀。草藥多有以「艻」名者。

釣魚竿

《簡易草藥》：「釣魚竿，一名『逍遥竹』，一名『一枝箭』。治跌打損傷、筋骨痛疼要藥。清明前後有之，夏至後即難尋覓。」　按：此草，建昌俗呼「了鳥竹」，細莖亭亭，對葉稀疏，似竹而瘦，中惟直紋一道。土醫以治勞傷。

臭牡丹

臭牡丹，江西、湖南田野廢圃皆有之。一名「臭楓根」，一名「大紅袍」。高可三四尺。圓葉有尖，如紫荆葉而薄，又似油桐葉而小。梢端葉頗紅，就梢葉内開五瓣淡紫花，成攢，頗似繡毬，而鬚長如聚針。南安人取其根煎洗脚腫。其氣近臭，京師呼爲「臭八寶」，或僞爲洋繡毬售之。湖南俚醫云：煮烏雞同食，去頭昏，亦治毒瘡，消腫，止痛。

斑珠科

斑珠科，生長沙平野。一叢數十莖，高尺餘。枝杈繁密，三葉攢生，極似雞眼草。俚醫以除火毒。

鐵馬鞭

鐵馬鞭，生長沙岡阜。緑莖横枝，長弱如蔓。三葉攢生，似落花生葉而小，面青，背白。莖、葉皆有微毛。俚醫以爲散血之藥。

葉下珠

葉下珠，江西、湖南砌下墻陰多有之。高四五寸，宛如初出夜合樹芽。葉亦晝開夜合。葉下順莖結子如粟，生黄熟紫。俚醫云：性涼，能除瘴氣。

臭節草

臭節草，生建昌。獨莖細緑，葉長圓如瓜子形，頂微缺，面深緑，背灰白。三葉攢生，中大旁小，一莖之上，小大葉相間，頗繁碎。土醫採根擣漿，洗腫毒有效。

臨時救

臨時救，江西、湖南田塍山足皆有之。春發弱莖，就地平鋪。厚葉緑軟，尖圓，微似杏葉而無齒。莖端攢聚，二四對生，下大上小。花生葉際，黄瓣五出，紅心，頗似磬口臘梅，中有黄白一縷吐出。土醫以治跌損，云傷重垂斃，灌敷皆可活，故名。

救命王

救命王，湘南平隰廢圃多有之。叢生，十數莖爲族，高五六寸。一莖三葉。初生時頗似蛇莓葉，漸大長七八分，深齒濃緑，微似刺榆。俚醫以治跌打全科，擣碎用童便或回龍湯沖服，雖年久重傷，皆能有效。

鹿角草

鹿角草，產建昌。或謂之「草麥冬」，葉根俱似麥門冬，而柴硬與萱草根相類。土人取根煎水，亦可退熱。　按：《本草綱目》「擿胡根」與此草甚肖，惟擿胡葉寬大如萱草，頗柔潤，根味甘，似天門冬。又一種「竹葉草」，根亦如麥冬。昔人謂麥冬有數種，皆其同類。

天草萍

天草萍，產建昌。赭根横短，抽莖如萱草莖。就莖發葉，亦如萱草而狹。莖上開花，作苞如蘭花蓇葖。建昌俚醫用之，未及詢其所治何病。

盤龍參

盤龍參，袁州、衡州山坡皆有之。長葉如初生萱草而脆肥。春時抽葶發苞，如辮繩斜糾。開小粉紅花，大如小豆瓣，有細齒，上翹，中吐白蕊。根有黏汁。衡州俚醫用之，滇南以治陰虚之症。其根似天門冬而微細色黄。

虵包五披風

虵包五披風，江西、湖南有之。柔莖叢生。一莖五葉，略似蛇莓而大。葉、莖俱有毛如刺。抽葶生小葉，發杈開小緑花，尖瓣，多少不匀，中露黄蕊如粟。黑根粗鬚似仙茅。俚醫用治咳嗽。

植物名實圖考卷之十六　石草類

石斛

石斛，《本經》上品。今山石上多有之。開花如甌蘭而小，其長者爲木斛。又有一種，扁莖有節如竹葉，亦寬大，高尺餘，即《竹譜》所謂「懸竹」，衡山人呼爲「千年竹」，置之笥中，經時不乾，得水即活。

卷柏

卷柏，《本經》上品。詳《宋圖經》。〔一〕今山石間多有之。

〔一〕「經」字原缺。

石韋

石韋，《本經》中品。種類殊多。今以面緑背有黄毛、柔韌如韋者爲石韋，〔一〕餘皆仍俗名以別之。

〔一〕韋：皮革。

石長生

石長生，《本經》下品。陶隱居云：「似蕨而細如龍鬚草，黑如光漆。」今蕨地多有之。

酢漿草

酢漿草，《唐本草》始著録。即「三葉酸漿」。生山石間，葉大如錢。

老蝸生

老蝸生，生長沙田塍。鋪地細蔓。似三葉酸漿，而蔓赭葉小，根大如指，微硬。俚醫以治損傷。

石胡荽

石胡荽，《四聲本草》收之。即「鵝不食草」，詳《本草綱目》。以治目翳，研末嗅之。《簡易草藥》有「滿天星」、「沙飛草」、「地胡椒」、「大救駕」諸名，亦治跌打損傷。或云能治痧症，蓋取其辛能開竅。

骨碎補

骨碎補，《本草拾遺》謂之「猴薑」。開元時，〔一〕以其主傷折，補骨碎，命名。凡古木、陰地皆有之。

〔一〕按《證類本草》引陳藏器云，「開元時」作「開元皇帝」。

草石蠶

草石蠶，《本草拾遺》始著録。山石上多有之。毛莖如蠶，葉如卷栢。乾瘁，得濕則生。俚醫呼爲「返魂草」。《本草綱目》附注「菜部」石蠶下，蓋未的識。

金星草

金星草，《嘉祐本草》：「即石韋之有金星者。」石草結子，大率相類，即貫衆等亦然。凡俗名「金星」者皆以此。

金星草又一種。

金星草，生山石間。横根多鬚，抽莖生葉，如貫衆而多齒，似狗脊而齒尖。葉背金星極多，蓋狗脊之别種。

鵝掌金星草

鵝掌金星草，生建昌山石間。横根。一莖一葉，葉如鵝掌，有金星。《滇本草》謂之「七星草」，云此草形如雞脚，上有黄點，貼石生。味甘，性寒無毒。治五淋、白濁，又包敷無名大瘡，神效，又熨臍治陰寒。

石龍

石龍，一名「石茶」。横根叢生。一莖一葉，高三四寸。葉如茶而厚如石韋，重疊堆砌。李時珍謂石韋「有如杏葉」者，殆即此。

劍丹

劍丹，生贛州山石上。叢生。長葉如初生萵苣，面緑，背淡，亦有金星如骨牌點。治跌打損傷，酒煎服。

飛刀劍

飛刀劍，生南安。即石韋之瘦細者，亦有金星。俚醫以治痰火，同瘦猪肉蒸服。

金交翦

金交翦，生建昌。横根生。葉似石韋而小，亦有金星。功同石韋。

過壇龍

過壇龍，生南安。似鐵角鳳尾草，長莖分枝，葉稍大，蓋一類。治瘡毒，研末傅之，瘡破不可擦。

鐵角鳳尾草

鐵角鳳尾草，生建昌山石上。高四五寸，叢生。紫莖，對葉排生，生如指肚大，而末作細齒，背有細子，小如粟。治紅白痢，連根葉酒煎服。嶽麓亦多有之。

紫背金牛

紫背金牛，生四川山石間。似鐵角鳳尾草，而葉微團，面緑，背紫。抽莖開小紫花，微似薄荷花。按：《宋圖經》有「紫金牛」，似小青，與此異。

水龍骨

水龍骨，生山石間。圓根横出，分杈藍白色，多斑，破之有絲。疎鬚數莖，抽莖紅紫。一莖一葉，葉長厚如石韋，分破如猴薑而圓，有紫紋。主治腰痛，酒煎服。

水石韋

水石韋，生山石間。横根赭色。一莖一葉，長如石韋。而葉薄軟，面緑，背淡。一名「銀茶匙」，一名「牌坊草」。主治咳嗽，敷手指蛇頭。

鳳尾草

鳳尾草，生山石及陰濕處。有緑莖、紫莖者。一名「井闌草」，或謂之「石長生」。治五淋，止小便痛。

鳳了草

鳳了草，生廬山。横根黑圓多鬚，紫莖似蕨，而葉長大對生。蓋即大蕨之類。

地膽

地膽，産大庾嶺。或呼爲「録段草」。高三寸許，葉如水竹子葉而寬厚。面緑，有直紋，紫白圓點相間；背紫，光滑可愛。或云治婦科五心熱症。按：《南越筆記》有「還魂草」，一名「地膽」，葉如芥，花如地茶，以蛤試之，能取死回生。産陽江山中。未知即此否。

雙蝴蝶

雙蝴蝶，建昌山石向陰處有之。葉長圓，二寸餘，有尖，二四對生，兩大兩小。面青藍，有碎斜紋；背紅紫，有金綫四五縷。兩長葉鋪地如蝶翅，兩小葉横出如蝶腹及首尾，短根數縷如足，極爲奇詭。搗敷諸毒。見日即萎。

紫背金盤

《宋圖經》：「紫背金盤，生施州。苗高一尺以來，葉背紫無花。」李時珍謂湖湘水石處有之。今湖南所産，引紫蔓長尺餘，葉背紫面緑，有圓齒。土名「破血丹」。與《圖經》主治婦人血氣痛、能消胎氣相符。李時珍所云「蔓似黄絲」，恐非此種。

虎耳草

虎耳草，《本草綱目》始著録。栽種者多白紋，自生山石間者淡緑色，有白毛，卻少細紋。治聤耳，〔一〕過用，或成聾閉，喉閉無音。用以代茶，亦治吐血。《簡易草藥》名爲「系系葉」。

〔一〕聤耳：耳道流膿。

巖白菜

巖白菜，生山石有溜處。鋪生如白菜。面緑，背黄，有毛茸茸。治吐血有效。

呆白菜

呆白菜，生山石間。鋪生不植立，一名「矮白菜」。極似莙薘，長根數寸。主治吐血。

石弔蘭

石弔蘭，産廣信、寶慶山石上。横根赭色，高四五寸。就根發小莖，生葉四五。葉排生攢簇，光潤厚勁，有鋸齒，大而疎，面深緑，背淡，中唯直紋一縷。葉下生長鬚數條，就石上生根。土人採治通肢節、跌打、酒病。

七星蓮

七星蓮，生長沙山石上。鋪地引蔓，與石弔蘭相似。而葉闊薄，有白脈，本細末團，圓齒。亂根如短髮。又從葉下生蔓，四面傍引。從蔓上生葉，葉下復生根鬚。一叢居中，六叢環外，根既别植，蔓仍牽帶，故有「七星」之名。俚醫以治紅白痢。

石花蓮

石花蓮，生南安。鋪地生，短莖。長葉似地黄葉而尖。面濃緑，有直紋極細，上浮白茸；

背青灰色，濃赭紋，亦有毛。根不甚長，極稠密，黑赭相間。氣味寒，主治心氣疼痛、湯火、刀槍，煎服。

牛耳草

牛耳草，生山石間。鋪生。葉如葵而不圓，多深齒，而有直紋隆起。細根成簇。夏抽葶開花。治跌打損傷。湖南謂之「翻魂草」。《滇本草》謂之「石胆草」，云：「生石上，貼石而生，開花形似車前草，味甘，無毒。同文蛤爲末，烏鬚良，葉搗爛敷瘡，神效。」按此花作筩子，内微白，外紫，下一瓣長，旁兩瓣短，上一瓣又短，皆連而不坼，如翦缺然。葶高二三寸，花朵下垂。置之石盎拳石間，殊有致。

千重塔

千重塔，江西山中近石處皆有之。細莖密葉，叢生，高五六寸。葉微似落帚而短，稍寬。土人云：同螺蚌肉煎水服，能治咳嗽。

千層塔

千層塔，生山石間。蔓生，緑莖。小葉攢生，四面如刺，間有長葉，及梢頭葉俱如初生柳葉。可煎洗腫毒、跌打及鼻孔作痒。

風蘭

風蘭，産閩、粤，江西贛南山中亦有之。一名「弔蘭」。根露石上，莖葉向下倒卷而上，高四五寸。扁葉長二寸許，雙合不舒。五月開花，似石斛，瓣與心均微似蘭而小。以竹筐懸之檐間，得風露之氣，自生自開，或寄生老樹上。

石蘭

石蘭，南安山石上有之。横根，先作一蔕如麥門冬，色緑，蔕上發兩小葉，葉中抽小莖。開花瓣如甌蘭而短，心紅瓣緑，與甌蘭無異。花罷結實，仍如門冬，累累相連。蓋即石斛一種。

石豆

石豆，生山石間。似瓜子金，硬莖。初生一蔕大如豆，上發一葉如瓜子，微長而圓，厚分許。一名「石仙桃」，一名「魚鱉草」。性與瓜子金同。

瓜子金

瓜子金，山石上皆有之。毛根如猴薑，横蔓細莖。葉如瓜子稍長，厚一二分，背有黄點。治風損，煎酒冲白糖服。

地柏葉

地柏葉，湖南山坡多有之。高四五寸，細莖。花、葉似側柏而光，色亦淡緑。四五莖作小叢，蓋與卷柏、千年松同類，而生於土，不生於石。俚醫用以去肺風。

萬年柏

萬年柏，生山石間。高三四寸，細莖光黑。葉如地柏葉而硬，面緑，背白，如紙剪成。可爲盆玩。

萬年松

萬年松，産峨眉山。置之篋中經年，得水即生。彼處以充饋問。其似柏葉爲「千年柏」，深山亦多有之。李時珍以釋《别録》「玉柏」，但與紫花不符。

鹿茸草

鹿茸草，生山石上。高四五寸，柔莖極嫩，白茸如粉。四面生葉，攢密上抱。葉纖如小指甲。春開四瓣桃紅花，三瓣似海棠花，微尖下垂，一瓣上翕，兩邊交掩，黄心全露。《進賢縣志》録入「藥類」，不著功用。《别録》：「玉柏，生石上，如松，高五六寸，紫花。用莖、葉。」殆此類也。又《廬山志》：「千年艾，觸油即萎。」此草色白如艾，是矣。

石龍牙草

石龍牙草，生山石上。根如小半夏。春無葉有花，細莖如絲，參差開五瓣小白花，花罷黄鬚下垂。高三四寸，小草尤纖。

筋骨草

筋骨草，生山溪間。緑蔓茸毛，就莖生杈，長至數尺，著地生根，頭緒繁挐，如人筋絡。俚醫以爲調和筋骨之藥，名爲「小伸筋」。秋時莖梢發白芽，宛如小牙。滇南謂之「過山龍」。端午日，玀玀採以入市鬻之，云小兒是日煎水作浴湯，不生瘡毒、受濕痒。

牛毛松

牛毛松，生山石上。高三四寸。數十莖爲叢。葉細如毛，而硬似刺松。梢頭春開小黄花。置之巾箱，得雨可活。俚醫以治跌損。

佛甲草

佛甲草，《宋圖經》始收之。南方屋上墻頭至多，北方罕見。詳《本草綱目》。今人亦以治湯火灼瘡。

佛甲草又一種。

佛甲草，生山石上及瓦上。莖葉淡緑，高三四寸。葉如小匙，大若指頂，微有白粉，厚脆。夏開黄花，五瓣微尖。與前一種以莖不紫、葉不尖爲别。根亦微香。

水仙

水仙花，《本草會編》始收之。俗謂其根有毒，而《衛生易簡方》「療婦人五心發熱，同乾荷葉、赤芍等分爲末，白湯服之」，恐未可信。其花不藉土而活，應入「石草」。

烏韭

烏韭，《本經》下品。又名「石髮」。生石上及木間陰處，青翠茸茸，似苔而非苔也。

馬勃

馬勃，《别録》下品。生濕地及腐木上。紫色，虚軟，狀如狗肝，大如升斗。爲清肺、治咽痛要藥。

垣衣

垣衣，《别録》中品。在瓦曰「屋遊」。苔類。主治大略相同。

昨葉何草

昨葉何草，即瓦松。《唐本草》始著録。惟此草俗云有大毒，未可輕服。燒灰沐髮，搗塗湯火傷，皆常用之。且南北老屋皆生，而《唐本》獨云生上黨屋上，初生如蓬，高尺餘，遠望如松栽，酸平，無毒。余至晉，見此草果與他處有異。秋時作粉紅花，極繁，五瓣，白鬚，黑蕊數點，陽驕瓦灼，益復郁茂。蓋山西風烈，屋上皆落土尺許，草生其上，無異岡脊，氣飽霜露，味兼土木，較之鱗次雨飄、〔一〕僅藉濕潤而生，其性狀固不得同耳。

〔一〕鱗次：指瓦礲。

石蘂

石蘂，《本草拾遺》始著録。李時珍以爲即《别録》「石濡」。生高山石上，苔衣類也。狀如花蘂，故名。

地衣

地衣，《本草拾遺》始著録。即陰濕地苔蘚經日曬起皮者，故名「仰天皮」。治中暑、陰瘡、雀盲，又主馬反花瘡，〔一〕生油調傅。

〔一〕反花瘡：肉反散如花狀，故名。

離鬲草

離鬲草，味辛寒，有小毒。主瘰癧、丹毒、小兒無辜寒熱、大腹痞、滿痰、飲膈、上熱，生研絞汁服一合，當吐出胸膈間宿物。生人家階庭濕處，高三二寸，苗葉似冪歷。去瘧爲上。江東有之，北土無。

仙人草

仙人草，主小兒酢瘡，煮湯浴，亦擣傅之。酢瘡頭小而硬，小兒此瘡或有不因藥而自差者。當丹毒入腹，必危，可預飲冷藥以防之，兼用此草洗瘡。亦明目、去膚瞖，挼汁滴目中。生階庭間，高二三寸，葉細，有鴈齒，似離鬲草。北地不生也。

螺厴草

《本草拾遺》：「螺厴（yǎn）草，蔓生石上。葉狀似螺厴，微帶赤色而光如鏡，背有少毛。小草也。氣味辛。主治癰腫、風疹、脚氣腫，擣爛傅之，亦煮湯洗腫處。」按《救荒本草》有「螺靨兒」，形狀不相類，恐非一種。

列當

列當，《開寶本草》始著録：「生原州、〔一〕秦州等州。即草蓯蓉。治勞傷，補腰腎，代肉蓯蓉。」即此。

〔一〕宋原州，在今寧夏固原。

土馬騣

土馬騣（zōng），《嘉祐本草》始著録。垣衣生於土牆頭上者，性能敗熱毒。

河中府地柏

《宋圖經》：「地柏，生蜀中山谷，河中府亦有之。〔一〕根黄，狀如絲。莖細，上有黄點子，無花葉。三月生，長四五寸許。四月採，暴乾用。蜀中九月藥市多有貨之。主臟毒，下血神速，其方與黄耆等分末之，米飲服二錢。蜀人甚神此方，誠有效也。」

〔一〕宋河中府，在今山西南部，治所在今山西永濟，轄河東、猗氏、臨晉等縣。

施州崖椶

《宋圖經》：「崖椶（zōng），生施州石崖上。味甘辛，性温，無毒。苗高一尺已來。四季有葉無花。彼土醫人採根，與半天迴、雞翁藤、野蘭根等四味淨洗焙乾，去麄皮，等分擣羅，温酒調服二錢匕，療婦人血氣并五勞七傷。婦人服，忌雞、魚、濕麪。丈夫服，無所忌。」

秦州百乳草

《宋圖經》：「百乳草，生河中府、秦州、劍州。〔一〕根黄白色，形如瓦松。莖、葉俱青，有如松葉。無花。三月生苗，四月長及五六寸許。四時採其根晒乾，用下乳，亦通順血脉，調氣甚佳。亦謂之『百蕊草』。」

〔一〕宋秦州，在今甘肅南部，治天水。宋劍州，在今四川北部，治在普安，今劍閣。

施州紅茂草

《宋圖經》：「紅茂草，生施州。又名『地没藥』，又名『長生草』。四季枝葉繁盛，故有『長生』之名。大涼，味苦。春採根、葉焙乾，擣羅爲末，冷水調，貼癰疽瘡腫。」

施州紫背金盤草

《宋圖經》：「紫背金盤草，生施州。苗高一尺已來。葉背紫面青。根味辛澀，性熱，無毒。採無時。土人單用此物，洗淨去麄皮，焙乾擣羅，温酒調服半錢匕。婦人血氣，能消胎氣，孕婦不可服。忌雞、魚、濕麪、羊血。」

福州石垂

《宋圖經》：「石垂，生福州山中。三月有花。四月採子，焙乾，生擣羅蜜丸。彼人用治蠱毒甚佳。」

植物名實圖考卷之十七　石草類　水草類

翠雲草

翠雲草，生山石間。綠莖小葉，青翠可愛。《群芳譜》録之。人多種於石供及陰濕地爲玩。〔一〕江西土醫謂之「龍鬚」，滇南謂之「劍柏」，皆云能舒筋絡。

〔一〕石供：觀賞石。

瓶爾小草

瓶爾小草，生雲南山石間。一莖一葉，高二三寸。葉似馬蹄有尖，光綠無紋。就莖作小穗，色綠微黃，貼葉如著。

石盆草

石盆草，生雲南山石間。鋪地長葉，禿歧拖蔓，色紫。葉如馬齒莧，微長，頂有小缺。綠蒂白花。

地盆草

地盆草，生雲南山石間。鋪地生葉，粗澀如芥菜。紫莛高四五寸，開花如牛耳草，而色更紫。

石松

石松，生雲南山石間。矮草大根，長葉攢簇似羅漢松葉。葉脱剩莖，粗痕如錯。

金絲矮它它

金絲矮它它，生雲南山石間。莖、葉皆如蕨而高不逾尺，横根。一莖一臼，臼皆突起如節。土醫以治筋骨、痰火。

石蝴蝶

石蝴蝶，生雲南山石間。小草高三四寸，如初生車前草。葉有圓齒。細莛，開五瓣茄色花，瓣不分拆，三大兩小，綴以紫心白蕊，可植石盆爲玩。

碎補

碎補，生雲南山石間。横根叢莖，莖極勁細。葉如前胡、藁本輩。石草似此種者甚多，而葉細碎無逾於此。

黑牛筋

黑牛筋，生雲南山石間。粗莖鋪地，逐節生枝。小葉木强，大體類絡石。開五瓣白花，紅苞如珠。

蜈蚣草

蜈蚣草，生雲南山石間。赭根糾互，硬枝橫鋪。密葉如鋸，背有金星。其性應與石韋相類。

石筋草

石筋草，生滇南山石間。叢生易繁，紫緑圓莖。葉似烏藥葉，淡緑深紋，勁脆有光。葉間抽細紫莖，開青白花，碎如黍米，微帶紫色。《滇本草》：「性微温，味辛酸。主治風寒濕痺、筋骨疼痛、痰火、痿軟、手足麻痺，活筋舒絡，方中用之良效。」

紫背鹿銜草

紫背鹿銜草，生昆明山石間。如初生水竹子，葉細長，莖紫，微有毛。初生葉背亦紫。得濕即活，人家屋瓦上多種之。夏秋間，稍端葉際作扁苞如水竹子，中開三圓瓣，碧藍花，絨心一簇，長三四分，正如翦繒綃爲之，上綴黄點，耐久不斂。蘚花苔繡，長伴階除，秋雨蕭條，稍堪拈笑。

象鼻草

象鼻草，生雲南。一名「象鼻蓮」。初生如舌，厚潤有刺。兩葉對生，高可尺餘，邊微内翕。外葉冬瘁，内葉即生。栽之盆玩，喜陰畏暵，蓋即與仙人掌相類。《雲南府志》：「可治丹毒。」

産大理者，夏發莖，開小尖瓣黄花如穗。性涼，敷湯火傷良。」

對葉草

對葉草，生雲南山石上。根如麥門冬，累綴成簇，下有短鬚甚硬。根上生葉如指甲，雙雙對生。冬開小白花，四瓣，作穗長二三分。與瓜子金相類而花異，性亦應同石斛。

樹頭花

樹頭花，雲南老屋木板上皆有之。開三瓣紫花。《古今圖書集成》：「順寧府産『樹頭花』，〔三一〕年久枯樹上所生，狀似吉祥草而葉稍大。開花如穗，一莖有花十餘朵，香遜幽蘭。」狀頗相類。

〔三一〕順寧府在雲南，治在今鳳慶。

金蘭

金蘭，即石斛之一種。花如蘭而瓣肥短，色金黄，有光灼灼。開足則扁闊，口哆中露紅紋，尤艷。凡斛花皆就莖生柄，此花從梢端發杈生枝，一枝多至六七朵，與他斛異。滇南植之屋瓦上極繁，且賣其花以插鬢。滇有五色石斛，此其一也。

石交

石交，生雲南山坡。高尺餘，褐莖如木，交互相糾。初附莖生葉，漸出嫩枝，三葉一簇，面緑，背紫，大者如豆，小者如胡麻，參差疏密，自然成致。《滇本草》：「性温，味苦辣，有小毒。走筋絡，治膈氣痛、冷寒攻心、胃氣疼、腹脹，發散瘡毒。」

豆瓣緑

豆瓣緑，生雲南山石間。小草高數寸，莖葉緑脆。每四葉攢生一層，大如豆瓣，厚澤類佛指甲。梢端發小穗，長數分，亦脆。土醫云：性寒，治跌打。順寧有製爲膏，服之或有騐。惟滇南凡草性滋養者皆曰「鹿銜」，誕詞殊未可信，姑存其方。

六味鹿銜草膏

六味鹿銜草，皆生順寧縣瑟陰洞林岩。扳岩採取豆瓣鹿銜草、紫背鹿銜草、岩背鹿銜草、石斛鹿銜草、竹葉鹿銜草、龜背鹿銜草六味，加大茯苓，用桑柴合煎，去渣，更加别藥，熬一日夜，冰餹融膏。性平和，男女老幼皆可服。忌酸冷。治痰火，用苧根酒服。年老虚弱，頭暈眼花，用福圓大棗湯服。年幼先天不足、五癆七傷，火酒調服。患病日久，難以起欠，福圓大棗、茯苓姜湯服。此膏長服，益壽延年，鬚髮轉黑。

草血竭

草血竭，一名「回頭草」。生雲南山石間。亂根細如團髮，色黑。横生長柄，長葉微似石韋而柔，面緑，背淡，柄微紫。春發葶，開花成穗，如小白蓼花。《滇本草》：「味辛苦微濇，性温。寬中，消食，化痞，治胃疼、寒濕、浮腫、癥瘕、淤血。」男婦痞塊癥瘕積聚：草血竭一錢，焙末，砂糖熱酒服。氣盛者加檳榔台烏。寒濕浮腫：草血竭、茴香根、草果子共爲細末，煮鰌魚吃三四次，效。

郁松

郁松，生蒙自縣山中。緑莖，細葉，蒙茸荏柔，一叢數本，經冬不萎，故名爲「松」，而枝葉俱扁。土醫採治牙痛，無論風、火、蟲蝕，揉熟塞入患處，即止。

鏡面草

鏡面草，生雲南圃中。根莖黑糙。附莖附根發葉，葉極似蕁，光滑厚脆，故有「鏡面」之名。《雲南志》録之，云可治丹毒。此草性形大致同虎耳草。

石風丹

石風丹，生大理府。似石韋，有莖，梢開青花，作穗如狗尾草。俚醫用之，云性温，味苦，無毒，通行十二經絡，養血舒肝，益氣滋腎，入筋袪風，入骨除濕。蓋亦草血竭一類。

一把傘

一把傘，生大理府石上。似峨眉萬年松而葉圓。俚醫用之，云味甘濇，性温，入足少陰，補腰腎，壯元陽。

地捲草

地捲草，即石上青苔濕氣凝結成片，與「仰天皮」相似。面青黑，背白，蓋即石耳之類。《滇本草》：「味甘，性温，無毒。生石上，或貼地上。緑色細葉，自捲成蟲形。一名『蟲草』，一名『抓地松』。採取治一切跌打損傷筋骨如神。不可生用，生則破血。夷人呼爲『石青苔』，治鼻血效。」

石龍尾

石龍尾，生雲南山石上。獨莖，細葉四面攢生，高四五寸。頗似初生青蒿而無枝叉。大致如石松等，而莖肥葉濃，性應相類。

過山龍

過山龍，一名「骨碎補」，似猴薑而色紫有毛。雲南極多。味苦，性温。補腎，治耳鳴及腎虚、久瀉。

玉芙蓉

玉芙蓉，生大理府。形似楓、松樹脂，黄白色，如牙相粘，得火可然。俚醫云：味微甘，無毒，治腸痔瀉血。

獨牛

獨牛，生雲南山石間。初生一葉似秋海棠葉，而光滑無鋸齒，淡緑厚脆，疎紋數道，面有紫暈如指印痕。莖高三四寸，從莖上發苞開花。花亦似海棠，只二瓣，黄心一簇。盆石間植之，有別趣，且耐久。

半把繖一名雄過山。

半把繖，生雲南山石上。横根黑鬚如亂髮。莖端生葉，長二三寸，披垂如繖而闕其半，背有點如金星。

大風草

大風草，石韋之類，而葉長尺許，薄脆，横直紋皆類蕉葉，背有白緑點。蓋無風自摇者。

骨碎補

骨碎補，與猴薑一類。惟猴薑扁闊，骨碎補圓長，滇之採藥者别之。

還陽草

還陽草，大體類鳳尾草。細莖如漆，横根多毛，殆石長生之類。

石龍參

石龍參，生昆明山石間。一莖一葉，如荇葉。根白，有黑横紋，宛似小蠶，復有長鬚十數條。

小扁豆

小扁豆，生雲南山石上，長三四寸。紅莖對葉，開小紫花。作穗，結實如扁豆，極小。

子午蓮

子午蓮，滇曰「玼碧花」，生澤陂中。葉似蓴有歧，背殷紅。秋開花作綠苞，四坼爲跗，如大綠瓣，内舒千層白花如西番菊，黄心亦作千瓣，大似寒菊。《浪穹縣志》：〔一〕「莖長六七丈，氣清芬，采而烹之，味美於蓴。八月花開滿湖，湖名玼碧以此。」按《本草拾遺》：「萍蓬草，葉大如荇，花亦黄。」李時珍謂：「葉似荇而大，其花布葉數重，當夏晝開花，夜縮入水，晝復出。」則此草其即萍蓬耶？

〔一〕浪穹：即今雲南大理洱源縣。玼碧湖即在縣内。

馬尿花

馬尿花，生昆明海中，〔一〕近華浦尤多。葉如荇，而背凸起，厚脆無骨。數莖爲族，或挺出水面。抽短莛，開三瓣白花，相疊微皺。一名「水旋覆」。《滇本草》：「味苦微鹹，性微寒。治婦人赤白帶下。」按《野菜贊》云：「油灼灼，蘋類，圓大一缺，背點如水泡。一名『芣菜』。沸湯過去苦澀，須薑醋。宜作乾菜，根甚肥美。」即此草也。

〔一〕昆明滇池或稱滇海。

海菜

海菜，生雲南水中。長莖長葉，葉似車前葉而大，皆藏水内。抽莛作長苞，十數花同一苞。

花開則出於水面，三瓣色白，瓣中凹，視之如『六』，大如杯，多皺而薄。黄蕊素萼，照燿漣漪。花罷，結尖角，數角彎翹如龍爪，故又名「龍爪菜」。水瀕人摘其莖煠食之。《蒙自縣志》：「莖頭開花無葉，長丈餘，細如釵股。卷而束之，以鬻於市，曰『海菜』，可瀹而食。」蓋未見植根水底、漾葉波際也。《滇海虞衡志》以爲其根即蓴，則並不識蓴。考《唐本草》有「蓱菜葉」，似澤瀉而小，形差相類，語既未詳，圖亦失真，不併入。

滇海水仙花

滇海水仙花，生海濱，鋪生。長葉如車前草而瘦，粗厚澀紋，層層攢密。夏抽葶，開粉紅花，微似報春花，團簇作毬，映水可愛。疑即龍舌草之類。根甚茸細。

水毛花

水毛花，生滇海濱。三棱叢生，如初生茭蒲，高二三尺。梢下開青黄花，似燈心草，微大。一莖一花，根如茅根。

水金鳳

水金鳳，生雲南水澤畔。葉、莖俱似鳳仙花。葉色深緑。《滇南本草》：「味辛，性寒。洗筋骨疼痛、疥癩癬瘡，殆能去濕。夏秋時葉梢生細枝，一枝數花，亦似鳳仙，而有紫、黄數種，尤耐久。」

水朝陽草

水朝陽草，生雲南海邊。獨莖柔緑。葉如金鳳花葉而肥短，細紋密齒。梢端開花黄瓣，如千層菊，大如小杯。繁心孕實，密葉承跗，掩映蓼浦，欹側金盆，澤畔縟絢，不亞江南菰蘆中矣。《滇本草》：「味甘辛，無毒，性熱。似鼓鎚草，包葉而生花，子朝陽生，故名。採煮靈砂成丹，名『純陽丹』，救一切病，其效如神云。」

水朝陽花

水朝陽花，生雲南海中。獨莖高四五尺。附莖對葉，柔緑有毛。梢葉間開四瓣長箭紫花，圓小嬌艷，映日有光。《滇本草》有「水朝陽草」，與此異。此草花罷結角，細長寸許，老則迸裂，白絮茸茸，如婆婆針線包而短，〔一〕應亦可敷刀瘡。

〔一〕「針」，原本誤作「計」，據文意改。

薺米

薺米，生陂塘。直隸謂之「薺米」，固始謂之「茶菱」，江西義寧謂之「藻心」。蔓生水中，長柄圓葉，似初生小葵而扁。一邊生葉，一邊結箭子，長四五分，端有三叉，俗亦呼「三叉草」。箭内實如蓮，鬚長二寸許。以芝麻拌熖，香氣撲鼻，可以飣盤，亦用爲茶素，潔馨頗宜脾胃。

牙齒草

牙齒草，生雲南水中。長根横生，紫莖。一枝一葉，葉如竹，光滑如荇。開花作小黄穗。

《滇本草》：「味苦澀。止赤白痢、大腸下血、婦人赤崩帶下、恶血。」

植物名實圖考卷之十八　水草類

澤瀉

澤瀉，《本經》上品。《救荒本草》謂之「水蓄菜」。葉可煠食。《撫州志》：「臨川産澤瀉，其根圓白如小蒜。」

菖蒲

菖蒲，《本經》上品。石菖蒲也。凡生名山深僻處者，一寸皆不止九節。今人以小盆蒔之，愈剪愈矮，故有「錢蒲」諸名。

雩婁農曰：沈存中謂「蓀」即今菖蒲，〔一〕而《抱朴子》謂菖蒲須得石上一寸九節，紫花尤善。〔二〕菖蒲無花，忽逢異萼，其可遇不可必得者耶？然《平泉草木記》又謂茅山谿中有谿蓀，其花紫色，〔三〕則似非靈芝天花、神仙奇藥矣。若如陶隱居所云，「谿蓀根形氣色極似石上菖蒲，而葉如蒲無脊，俗人誤呼此爲石上菖蒲」，〔四〕按其形狀，乃似今之「吉祥草」，不入藥餌，沈説正是。隱居所謂「俗誤」，而《抱朴子》乃併二物爲一彙耶？《離騷草木疏》引證極博，不無調停。詩人行吟，徒揣色相，仙人服餌，尤務詭奇，隱居此注，似爲的矣。

〔一〕《夢溪筆談》卷三作「所謂蘭蓀，即今菖蒲是也」。

〔二〕見《内篇・仙藥》。

〔三〕唐李德裕《平泉草木記》有《芳蓀》詩，自注云：「茅山溪中謂之溪蓀，其花紫色。」

〔四〕陶隱居此句後尚有「謬矣」二字。

香蒲

香蒲，《本經》上品。其花爲「蒲黄」，俗名「蒲棒」。《唐本草注》：「根可葅者爲『香蒲』，菖蒲爲『臭蒲』。」李時珍謂：「香蒲有脊而柔，泥菖蒲根大節白而疎，水菖蒲根瘦節赤稍密，即『溪蓀』云。」

雩婁農曰：蒲槌怒擎，池中物耳，而《本草》以爲「香」。《楚詞》「豈維紉夫蕙茝」，〔一〕舊説皆以茝爲白芷，獨《草木疏》據《説文》「楚蘺，晉虈，齊茝」之説，以爲即「莞，苻蘺」，乃「莞蒲」也。然則蒲爲香草信矣。出汙不染，沁粉屑金，媲之蓮芰芝蘭，縱不隣其發越，亦當結此幽貞。吴氏之説，獨標穎異，故不糠粃其言。〔二〕

〔一〕「維」，原本誤作「獨」，據《離騷》改。

〔二〕吴氏：指撰《離騷草木疏》之宋吴仁傑。其説見《離騷草木疏》卷一「茝藥」條，詞繁不引。

水萍

水萍，《本經》中品。《爾雅》：「萍，蓱。」「其大者蘋。」〔一〕《吴普本草》始别出蘋，即俗呼「田字草」。

〔一〕此四字爲《爾雅》郭注。

蘋

蘋，四葉合成一葉如「田」字形。或以其開小白花，因呼「白蘋」。或謂生水中者爲「白蘋」，生陸地者爲「青蘋」。水生者可茹云。

海藻

海藻，《本經》中品。《爾雅》「薚，海藻」，注：「如亂髮，生海中。」蓋即俗呼「頭髮菜」之類。又《拾遺》有「海藴」，藴訓亂絲，亦其類也。

羊蹄

羊蹄，《本經》下品。《詩經》「言采其蓫」，〔一〕陸《疏》：「蓫，牛頽。揚州人謂之『羊蹄』。」〔二〕毛《傳》：「蓫，惡菜。」《爾雅》「蕢，牛蘈」郭注未指爲「蓫」，所述狀亦與羊蹄稍異。今通呼「牛舌科」，亦曰「牛舌大黄」。子名「金蕎麥」，以治癬疥。

〔一〕見《小雅·我行其野》。

〔三〕「羊」，原本誤作「牛」，據陸璣《詩疏》改。

酸模

酸模，陶隱居云：「一種極似羊蹄而味醋，呼爲『酸模』。亦療疥。」〔一〕《日華子》始著録。《本草拾遺》以爲即「山大黄」，引《爾雅》「須，薞蕪」郭注「似羊蹄而稍細，味酸可食」爲證，亦可通。但《詩經》「采葑」毛《傳》：「葑，須也。」鄭注《坊記》以葑爲蔓菁。掌禹錫之説本此，李時珍駁之，過矣。〔二〕

〔一〕此爲陶隱居注《本草》「羊蹄」語。

〔二〕《本草綱目》卷十九「酸模」條：「時珍曰：『薞蕪』乃『酸模』之音轉，『酸模』又『酸母』之轉，皆以味而名，與三葉酸母草同名。掌禹錫以薞蕪爲蔓菁菜，誤矣。」

陟釐

陟釐，《别録》下品。即「側理」，海中苔纏牽如絲綿之狀。以爲紙，〔一〕亦可乾爲脯。

〔一〕即「側理紙」。

石髮

石髮，原附「海藻」下。《本草綱目》始分條。生海中，曰「龍鬚菜」，與石衣同名。〔一〕司馬温公詩：「萬古風濤浸石巖，老苔垂足細藍鬖。傳聞海底珠無數，何事從來散不簪。」〔二〕蓋生海涯石上。今通呼「頭髮菜」。

〔一〕石衣亦名「石髮」。

〔二〕司馬光《詠石髮詩》三首之一。

昆布

昆布，《别録》中品。今治癭瘤、瘰癧多用之。

菰

菰（gū），《别録》下品。或謂之「茭」，亦謂之「蔣」。中心薹謂之「菰首」，俗呼「茭白」，亦曰「茭瓜」。《宋圖經》謂《爾雅》「出隧，蘧蔬」即此。〔一〕秋時結實，謂之「彫胡米」。《救荒本草》：「菰根，謂之茭笋。」今京師所謂「茭耳菜」也。《湘陰志》：「茭草吐穗，開小黄花，實結莖端，細子相膠，大如指，色黑。小兒剥出，煨熟食之，味亦香美，謂之茭杷。」即菰米也。

〔一〕「蔬」，原本誤作「疏」，據《爾雅·釋草》改。

蓴

蓴（chún），「别録」下品。《詩經》「言采其茆」，陸《疏》：「茆與荇菜相類，江東謂之『蓴菜』，或謂之『水葵』。」今吴中自春及秋皆可食。湖南春夏間有之，夏末已不中噉。昔人有謂張季鷹「秋風蓴鱸」及杜子美《祭房太尉》詩爲非蓴菜時者，蓋因湘中之蓴而致疑也。〔一〕

〔一〕《晉書·張翰傳》：張翰知世將亂，因見秋風起，乃思吴中菰菜、蓴羹、鱸魚膾，曰：「人生貴得適志，何能羈宦數千里以要名爵乎？」遂命駕而歸。杜甫祭房太尉者，指《祭故相國清河房公文》，中有「九月辛丑朔二十二日壬戌，京兆杜甫謹以醴酒茶藕蓴鯽之奠」之句（全文見《文苑英華》卷九百七十九）。吴氏誤以爲詩。按宋張邦基《墨莊漫録》卷四云：「杜子美祭房相國，九月用茶、藕、蓴、鯽之奠。蓴生於春，至秋則不可食，不知何謂？而晉張翰亦以秋風動而思菰菜、蓴羹、鱸鱠，鱸固秋物，而蓴不可曉也。」

莕菜

莕（xìng）菜，《爾雅》：「莕，接余。」陸璣《詩疏》謂可以按酒。《唐本草》云「鳧葵」，即此。《救荒本草》謂之「荇絲菜」，一名「金蓮兒」。《湘陰志》「水荷，莖葉柔滑，莖如釵股，根如蕅，人多以爲糝食」，亦即此類。

雩婁農曰：《詩傳》：〔一〕「茆，鳧葵。」「荇，接余。」二名瞭然。《唐本草注》以「猪蓴」爲荇，遂並鳧葵屬之，蓋誤以蓴爲荇也。《埤雅》從之，而鳧葵爲荇蓴通稱矣。物之在水者多名「鳧」，象鳧之出没波際耳。芍曰「鳧茈」，〔二〕人之泅水者亦曰「鳧」，其義同也。古人於菜之滑者多曰「葵」。終葵葉不似葵，其滑同也。二物處水而滑，故名易淆。陸元恪云「可案酒」，後世食者絶鮮。《南史》沈顗「採蓴荇根供食」，〔三〕《救荒本草》「嫩苗煠熟」，皆爲荒計。《巖棲幽事》云「爛煮味如蜜，曰荇酥」，然亦得於所聞。

〔一〕此《詩傳》指朱熹《詩集傳》。

〔二〕見《爾雅·釋草》。

〔三〕《南史·沈顗傳》：「逢齊末兵荒，與家人并日而食。或有饋其粱肉者，閉門不受，唯採蓴荇根供食，以樵採自資，怡怡然恒不改其樂。」

蔛草

蔛（hú）草，《唐本草》始著録。葉似澤瀉，堪蒸啖。江南人用以蒸魚云。

紫菜

紫菜，《本草拾遺》始著録。諸家皆以「附石」。〔一〕正青色，乾之即紫，然自有一種青者，滇南謂之「石花菜」，深山石上多有之。或生海中者色紫，生山中色青耳。

〔一〕謂附石而生。

海藴

海藴，《本草拾遺》始著録。主治癭瘤、結氣在喉間，下水。蓋海藻之細如亂絲者。

海帶

海帶，《嘉祐本草》始著録。今以爲海錯，俗云食之能消痰、去痔。

鹿角菜

鹿角菜，《食性本草》始著録。《通志》以爲即「綸」。〔一〕李時珍所述即今「鹿角菜」，與原圖不甚符，存以俟考。

〔一〕見《通志·昆蟲草木略》。

石花菜

石花菜，《本草綱目》始著録。生海礁上，有紅、白二花，形如珊瑚，粗者爲「雞脚菜」。今海菜中有「鳳尾菜」，如珊瑚而扁，亦其類也。

藻

藻，《爾雅》「莙，牛藻」，注：「似藻而大。」陸璣《詩疏》：「有二種，一似蓬蒿，一如雞蘇，皆可爲茹。」《本草綱目》始收入「水草」。《湘陰志》：「馬藻，兩兩葉對生如馬齒。牛尾蘊，亦藻類，俗名『絲草』。」即大小二種也。

雩婁農曰：藻火絺繡，〔一〕尚矣。澗溪薀藻，可羞可薦。〔二〕後世屋上覆橑，〔三〕謂之藻井。以晝以織，名之曰罽，取其潔，取其文，取其禳火，不以賤而遺之也。魚朝恩有洞，〔四〕四壁夾安琉璃，板中貯水及魚藻，號魚藻洞，侈極矣，富者亦復效之。揚子云：「吾見斧藻其楶，未見斧藻其德。」〔五〕惟師曠云：「歲欲惡，惡草先生，惡草者藻也。」〔六〕藻爲惡草，豈以水潦將至之徵耶？凡浮生不根芰者，〔七〕生於萍藻。君子觀於藻，得澡身之義，〔八〕而戒其無根，則免於惡矣。

〔一〕古代官員衣服上所繡圖案。《書·益稷》：「宗彝、藻、火、粉米、黼黻、絺繡，以五采彰施於五色，作服。」

〔二〕《左傳》隱公三年：「苟有明信，澗溪沼沚之毛，蘋蘩薀藻之菜，筐筥錡釜之器，潢汙行潦之水，可薦於鬼神，可羞於王公。」

〔三〕橑：屋椽。

〔四〕魚朝恩爲唐肅宗時權宦。

〔五〕揚子《法言》原文爲「吾未見好斧藻其德若斧藻其楶者歟」。斧藻：雕飾梁棟。楶：柱頭斗拱。

〔六〕《師曠占》：「黃帝問師曠曰：吾欲知歲苦樂善惡，可知否？對曰：歲欲豐，甘草先生，甘草，薺也。歲欲苦，苦草先生，苦草，葶藶也。歲欲惡，惡草先生，惡草，水藻也。歲欲旱，旱草先生，旱草，蒺藜也。歲欲疫，病草先生，病草，艾也。」

〔七〕芰亦爲根。

〔八〕所謂「澡身而浴德」，儒者修身正己之意。

水豆兒

《救荒本草》：「水豆兒，一名『葳菜』，生陂塘水澤中。其莖葉比菹草又細，狀類細線，連綿不絕。根如釵股而色白。根下有豆，如退皮菉豆瓣，味甘。採秧及根豆，擇洗潔淨，煮食，生醃食亦可。」

黑三稜

《救荒本草》：「黑三稜，舊云河陝、江淮、荊襄間皆有之。今鄭州賈峪山澗水邊亦有。苗高三四尺，葉似菖蒲葉而厚大，背皆三稜劍脊。葉中攛葶，葶上結實，攢爲刺毬，狀如楮桃樣而尖。顆瓣甚多，其顆瓣形似草決明子而大，生則青，熟則紅黄色。根狀如烏梅而頗大，有鬚蔓延相連。比京三稜體微輕，治療並同。其葶味甜，根味苦，性平，無毒。採嫩葶剥去麄皮，煠熟，油鹽調食。」

水胡蘆苗

《救荒本草》：「水胡蘆苗，生水邊。就地拖蔓而生。每節間開四葉，而葉如指頂大。其葉尖上皆作三叉。味甜。採嫩秧連葉煠熟，水浸淘淨，油鹽調食。」

磚子苗

《救荒本草》：「磚子苗，一名『關子苗』，生水邊。苗似水葱，而麄大内實，又似蒲。葶梢開碎白花，結穗似水莎草，穗紫赤色，其子如黍粒大。根似蒲根而堅實，味甜，子味亦甜。採子磨麪食，及採根擇洗淨，換水煮食，或晒乾磨爲麪食亦可。」

魚蘘草

魚蘘（ráng）草，生湖北陂澤。獨莖，淡紫色，長葉如柳葉，圓齒黄筋。

水粟草

水粟草，生湖北陂澤。獨莖褐色。葉似菊而瘦，梢端開小黄花，如野菊而小。

植物名實圖考卷之十九　蔓草類

紅梅消

紅梅消，江西、湖南河濱多有之。細莖多刺，初生似叢，漸引長蔓可五六尺。一枝三葉，葉亦似藕田藨，初發面青背白，漸長背即淡青。三月間開小粉紅花，色似紅梅，不甚開放。下有緑蒂，就蒂結實如覆盆子，色鮮紅，纍纍滿枝，味酢甜，可食。按：藨屬甚多，李時珍亦未盡攷，故不云有紅花者。《辰谿縣志》：「山泡，有三月泡、大頭泡、田雞泡、扒船泡。」「泡」即「藨」，語音輕重耳。名隨地改，殆難全別。江西俚醫以紅梅消根浸酒，爲養筋、治血、消紅、退腫之藥。又取花汁入粉，可去雀斑。蓋色形味與蓬藟、覆盆相類，其功用應亦不遠。李時珍分別入藥、不入藥，亦只以《本草》所有者言之。而山鄉則可食者即多入藥，未可刻舟膠柱也。此草滇呼「紅瑣梅」，採作果食。湖南、北謂之「過江龍」。《簡易草藥》收之。其枝梢下垂，及地則生根，黔中謂之「倒築傘」。《遵義府志》「枝葉結子與薅秧藨絶似。枝末柱地則生根，復起再長，拄地復然。大者不知其本末所在，根可入藥」云。

潑盤

《救荒本草》：「潑盤，一名托盤。生汝南荒野中，陳、蔡間多有之。苗高五七寸，莖、葉有小刺。其葉彷彿似艾葉，稍團，葉背亦白。每三葉攢生一處。結子作穗，如半柹大，類小盤堆石榴顆狀。下有蔕承如柹蔕形。味甘酸，性温。以潑盤顆粒紅熟時採食之，彼土人取以當果。」

按：李時珍云：「一種蔓小於蓬藟，一枝三葉，葉面青背淡白，而微有毛。開小白花，四月實熟，其色紅如櫻桃者俗名藉田藨，即《爾雅》所謂『藨』者也。故郭璞註云：『藨即莓也。』子似覆盆而大，赤色，酢甜可食，此種不入藥用。」即此。

蚍附子

蚍附子，産建昌。蔓生，莖如初生小竹，有節。一枝三葉，葉長有尖，圓齒疎紋，對葉生鬚。鬚就地生根，大如麥冬。俚醫以治小兒退熱，止腹痛，取漿冲服。

大血藤

《宋圖經》：「血藤，生信州。葉如蔢蕳葉。根如大拇指，其色黄。五月採。行血，治氣塊，彼土人用之。」李時珍按虞摶云：血藤即過山龍，未知的否，姑附之茜草下。按：過山龍俗名甚多，不圖其形，無從審其是否。羅思舉《簡易草藥》：「大血藤，即『千年健』，汁漿即『見血飛』，又名『血竭』。雌、雄二本，治筋骨疼痛，追風，健腰膝。」今江西廬山多有之，土名「大活血」，蔓生，紫莖。一枝三葉，宛如一葉擘分，或半邊圓，或有角而方，無定形，光滑厚韌。根長數尺，外紫内白，有菊花心，掘出曝之，紫液津潤。浸酒一宿，紅豔如血，市醫常用之。廣西《梧州志》：「千年健，浸酒祛風延年。」彼中人以遺遠，束以色絲，頗似「降真香」。

三葉挐藤

三葉挐（rú）藤，生長沙山中。蔓生，黑莖。新蔓柔細，一枝三葉。葉長寸餘而末頗團，面青，背白，直横紋皆細。俚醫以爲治跌損，和筋骨之藥。

山木通

山木通，長沙山中有之。粗莖長蔓，三葉攢生一枝，光滑厚韌。葉際開花，花罷殘蕊茸茸，尚在莖上。俚醫用以通竅利水。按：《圖經》：「木通，一枝五葉，葉如石韋。此藤老，莖亦中空，葉亦似石韋，而只三葉，無實。」又别一種。

小木通

小木通，産湖口縣山中。〔一〕莖葉深緑，長蔓裊娜。每枝三葉，葉似馬兜鈴而細。俚醫用以利小便。按：俗間木通多種，以木通本功通利九竅，故藤本能利水者，多以「木通」名之。

〔一〕今江西湖口縣，在九江東。

大木通

大木通，産九江山中。一名「接骨丹」。粗藤如樹，短枝青緑，對葉排生，濃緑大齒。俚醫搗葉敷治脚瘡、爛毒；莖利小便。按：形狀與《本草》圖異。蘇頌引《燕吴行紀》：「揚州甘泉東院有通草，其形如椿子垂梢際。」所説不同，或别一物。此草頗似椿葉，惟大齒不類。

三加皮

三加皮，産建昌山中。大根赭黑似何首烏，叢生。細莖老赭新緑。對發短枝，一枝三葉，葉勁無齒，形似豆葉而長，面緑，背青白，中直脈紋亦稀疏。俚醫以治風氣，故名「三加皮」，非與一名「金鹽」之「五加皮」一類也。

石猴子

石猴子，産南安。蔓生，細莖。莖距根近處有粗節手指大，如麥門冬，黑褐色。節間有細鬚繚繞。短枝三葉，葉微似月季花葉。氣味甘温。土人取治跌打損傷、婦人經水不調，敷一切無名腫毒。按：《本草拾遺》：「江西山林間有草，生葉，頭有瘿，子似鶴卵，葉如柳，亦名『千金藤』。」或即此。

貼石龍

貼石龍，生南安。赤根無鬚，細莖青赤。一枝三葉，葉如柳葉。俚醫以治頭痛、腦風、牙痛，井水煎服。蛇咬，擦傷處，亦可服。

野扁豆

野扁豆，長沙坡阜有之。莖、葉俱似扁豆而小，開花亦如扁豆花而色黄，結扁角長寸許，子大如蒺藜。俚醫以洗無名腫毒。

九子羊

九子羊，産衡山。蔓生，細緑莖。葉如蛾眉豆葉，一枝或三葉，或五葉。秋開淡緑花如豆花，而内有郭如人耳，結短角。根圓如卵。數本同生，秋時掘取，輒得多枚。俚醫用之。

山豆

山豆，産寧都。赭莖小科，莖短而勁。一枝三葉，如豆葉而小，面青，背微白。秋結小角，長三四分，四五成簇，有豆兩粒。赭根如樹根，長四五寸。俚醫以治跌打，能行兩脚。與廣西「山豆根」主治異。

金線草

金線草，生長沙岡阜間。蔓生，方莖。四葉攢生一處。莖、葉皆有澀毛，棘人衣，與茜草同，唯葉大而圓爲異。考《本事方》：「剪草似茜，治血證極效。」此草能行血治腰痛，俚醫用之，或即《本事方》之「剪草」。湖南呼茜草皆曰「鋸子草」，二草形頗相類，而土人分辨甚晰。

五爪金龍

五爪金龍，産南安。横根抽莖，莖、葉俱緑。就莖生小枝，一枝五葉，分布如爪。葉長二寸許，本寬四五分，至末漸肥，復出長尖，細紋無齒。根褐色，硬如萆薢。

無名一種

江西、湖南多有之。〔一〕長蔓緣壁，圓節如竹，對節發小枝。五葉同生，似烏蘞苺而長，葉頭亦秃，深齒粗紋，厚澀如皺。節間有小鬚，粘壁如蠅足，與巴山虎相類。

〔一〕原本無篇名，「江」上有三字空格。

過山龍

過山龍，江西山中有之。根大如小兒臂，長硬赭黑。莖碧有節，附莖對葉，大如油桐，有歧不匀，粗紋大齒。俚醫以治閉腿風，敷腫毒。

山慈姑

山慈姑，江西、湖南皆有之。非花葉不相見者。蔓生緑莖。葉如蛾眉豆葉而圓大，深紋多皺。根大如拳，黑褐色，四圍有白鬚長寸餘，蓬茸如蝟。建昌土醫呼爲「金線弔蝦蟆」，微肖其形，以爲敗毒、通氣、散痰之藥。余曾求坐「拏草」於永豐令，以此草應命，殆未必確。

萬年藤

萬年藤，產建昌山中。蔓生硬莖，就莖兩葉對生，圓如馬蹄，有微尖，橫直細紋，梢葉有缺，頗似白英。赭根長尺許，圓節。俚醫以洗瘡毒，滋陰生涼。

大打藥

大打藥，產建昌山中。蔓生緑莖，紫節如竹，一葉一鬚，鬚赭色。葉圓大如馬蹄，有尖，緑潤疎紋。赭根長一二尺餘。俚醫以治打傷，取根一段，煎酒服。

鑽地風

鑽地風，長沙山中有之。蔓生褐莖，莖根一色，不堅實。葉如初生油桐葉而圓，碎紋細齒。俚醫以治筋骨，行脚氣。

飛來鶴

飛來鶴，生江西廬山。莖葉似旋花，惟葉紋深紫，嫩根紅潤，小如箸頭，與他種異。

金線壺盧

金線壺盧，生江西建昌山中。硬根勁蔓，俱黑赭色。嫩枝細緑。葉柄長韌，葉本圓缺如馬蹄，而末出長尖，中腰微凹，有似細腰壺盧。俚醫用根醋磨，敷乳吹。

稱鉤風

稱鉤風，江西有之。蔓延墻垣，緑莖柔韌。葉有尖而禿，澀糙，有直紋數縷。土人未知所用。

癩蝦蟇

癩蝦蟇，産南康、廬山。赭根細鬚，大如指。青莖蔓生。近根四葉對生，極似玉簪花葉而小。梢葉錯落，近葉發小枝，上綴青蓇葖，細如粟米，成穗，開五瓣小黄花。廬山靈藥，塞壑填谿，記載缺如，服食無方。余遣採訪，多不識名。偶逢樵牧，隨其指呼，姑紀形狀，以俟將來。

陰陽蓮

陰陽蓮，一名「大葉蓮」，産建昌山中。蔓生，細緑莖，淡紅節，有小刺。就節參差生葉，葉本如馬蹄，寬寸餘，末尖，長二寸許，面濃緑，背黄白，粗紋微澀。根大如指，横發枝蔓。俚醫以治婦科調經，取根、幹同桃仁煎酒服。

狂風藤

狂風藤，江西贛南山中有之。赭根緑莖，蔓生柔苒。參差生葉，長柄細韌，似山藥葉而長，僅有直紋數道。土人以治風疾。

金錢豹

金錢豹，産南安。蔓生，緑莖。葉圓而尖，近枝有微缺，深紋有皺，似牛皮凍葉而長。梢頭結實，赭殼纍纍，薄如蟬蜕，内含青子。土人以治嗽。又一種同名異類。余再至南安，遣人尋采，僅一見之。

金錢豹又一種。

金錢豹，亦生南贛。蔓生，緑莖細柔。葉似婆婆針線包而窄，有細齒。緑蔕紫花，花瓣層疊，下垂作箭子，微向外卷，不甚開放。與前一種名同類異。

挐藤

挐藤，一名「毛藤梨」，産南城麻姑山。黑莖。大葉如麻葉，深齒疎紋，葉端尖長。結青實，如棠梨而小。

石血

《宋圖經》：「石血，與絡石極相類，但葉頭尖而赤耳。」按：江西山坡及墻壁木石上極多，葉紅如霜葉，掩映緑卉，尤增鮮明。但細審其葉，一莖之上，或尖或團，團如人手指，尖如竹葉。秋時結長角如豇豆，長六七寸，初青後赤，破之有子如蘿藦子，半如鍼，半如絨，絨亦白軟。大約與絡石同種而結角則異，或以爲雌雄耳。

百脚蜈蚣

百脚蜈蚣，生江西廬山。緣石蔓衍，就莖生根，與絡石、木蓮同。葉似山藥，有細白紋，面緑，背淡。新莖亦緑。

千年不爛心

千年不爛心，產建昌山中。蔓生如木，根莖堅硬，就老莖發軟枝。附枝生葉，微似山藥葉，色淡緑，背青黄。秋結圓實攢簇，生碧熟紅。俚醫用之。

石盤龍

石盤龍，江西山中多有之。横根赭黑，絡石蔓衍，緑莖糾結。葉比木蓮小而尖，亦薄弱，面青，背黄緑。俚醫採根，同檳榔煎酒，治飽脹。

香藤

香藤，產南安。蔓生，褐莖有節，節間有鬚。葉如柳葉而寬，葉本有黑鬚數莖如椶。氣味甘温。主治和血、去風。

野杜仲

野杜仲，撫、建山中有之。蔓生盤屈，黑莖有星，勁脆如木。葉如橘葉而不光澤，疎紋無齒。短枝枯槎，頗似針刺。根亦堅實。俚醫以治腰痛，取皮浸酒，功似杜仲，故名。

廣香藤

廣香藤，產南安。緑葉毛澀，黄背赭紋，極似各樹寄生，惟褐莖長勁爲異。俚醫用以解毒、養血、清熱。

清風藤

《圖經》：「清風藤，生天台山中。其苗蔓延木上，四時常有。彼土人採其葉入藥，治風有效。」按：清風藤，近山處皆有之。羅師舉《草藥圖》云：「清風藤，又名『青藤』，其苗蔓延木上，〔一〕四時常青。采莖用治風疾、風濕。凡流注、歷節、鶴膝、麻痹、瘙痒、損傷、瘡腫，入酒藥中用。」南城縣「尋風藤」，即清風藤，蔓延屋上。土人取莖治風濕。余詢之南城人，云：「藤以貪緣楓樹而出樹梢者爲真，奪楓樹之精液，年深藤老，故治風有殊效，餘皆無力。」遣人求得，大抵與木蓮相類。厚葉木强，藤硬如木，粗可一握，黑子隆起，蓋即絡石一種，而所緣有異。又《本草拾遺》：「扶芳藤，以楓樹上者爲佳。」恐即一物。「清風」、「扶芳」，一音之轉，土音大率如此。

〔一〕「苗」，原本誤作「木」，據《證類本草》卷三十引《圖經》改。

南蛇藤

南蛇藤，生長沙山中。黑莖長韌，參差生葉。葉如南藤，面濃緑，背青白，光潤有齒。根、莖一色。根圓長，微似蛇，故名。俚醫以治無名腫毒，行血氣。

無名一種

江西山岡皆有之，〔一〕多與金剛草薢叢廁糾纏。緑莖柔細，一葉一鬚，長葉大齒，深紋粗澀。根紫黑色，大於萆薢而堅。按：《本草從新》有「開金鎖」，根、葉亦如萆薢、菝葜，皆此類。

〔一〕原本無篇名，「江」上有三字空格。

川山龍

川山龍，産南安。蔓生挺立，赤莖有星，參差生葉。葉圓而長，面緑，背青黄，直紋稀疎，圓齒不匀。根如老薑，褐黄色，赭鬚數莖。俚醫以爲跌打損傷要藥。

扳南根

扳南根，湖南園圃多有之。蔓生如葛，莖細而韌，葉亦似葛而小。褐根粗如巨擘，俚醫以治疔毒。江西呼爲「雞屎葛根」。按：蘇恭注「黄環」云：「今太常所收劍州者，皆雞屎葛根。」當即此。

鵝抱蛋

鵝抱蛋（dàn），生延昌山中。〔一〕蔓生，細莖有節，本紫梢緑。葉如菊葉，深齒如歧。葉下有附莖，葉寬三四分。根如麥冬而大，赭長有横黑紋，五六枚一窠。俚醫取根熬酒，云散寒氣，能補益。按：《宋圖經》有「鵝抱蔓」，似大豆，治熱毒。形與此異，主治亦別。

〔一〕清無延昌，疑是「建昌」之誤。

順筋藤

順筋藤，南安、長沙皆有之。蔓生繚曲，緑莖赤節，節間有緑鬚纏繞。葉如威靈仙葉，無歧，斜紋。葉間結小青實如豆。硬根赭紅色，磥砢盤錯，復有長葉攢之。氣味甘温。土人取通經絡、和血、温補。

紫金皮

紫金皮，江西山中多有之。蔓延林薄，紫根堅實，莖亦赭赤。葉如橘柚，光滑無齒。葉節間垂短莖，結青蒂，攢生十數子，圓紫如毬，鮮嫩有汁出。俚醫用根藤治飽脹、腹痛有效，兼通肢節。按：《宋圖經》有「紫金藤」，不具形狀。《和劑方》有「紫金藤丸」。

内風消

内風消，江西、湖南皆有之。蔓生紫莖，結實攢聚如毬，極類紫金皮，惟葉不攢排，有細齒，無光澤。俚醫以爲内托和血之藥。

無名一種

生撫州山坡。〔一〕蔓生，赭藤對葉，如柳葉而柔潤。秋結青實七八粒，圓簇下垂，頂有白暈。

〔一〕原本無篇名，「生」上有三字空格。

臭皮藤

臭皮藤，江西多有之。一名「臭莖子」，又名「迎風子」。蔓延墻屋，弱莖糾纏。葉圓如馬蹄而有尖，濃紋細密。秋結青黄實成簇，破之，有汁甚臭。土人以洗瘡毒。

牛皮凍

牛皮凍，湖南園圃林薄極多。蔓生緑莖，長葉如臘梅花葉，濃緑光亮。葉間秋開白筩子花，小瓣五出，微卷向外，黄紫色。結青實有汁。俚醫云：與「臭皮藤」一種，圓葉爲雌，長葉爲雄，用敷無名腫毒，兼補筋骨。

墓蓮藕

墓蓮藕，湖廣園圃中多有之。緑莖蔓延，附莖對葉如王瓜葉，微尖無毛。秋開五瓣小白花，數十朵攢簇。長根近尺，色赭。土人以治吐血。

雞矢藤

雞矢藤，産南安。蔓生，黄緑莖。葉長寸餘，後寬前尖，細紋無齒。藤梢秋結青黄實，硬殼有光，圓如菉豆，稍大，氣臭。俚醫以爲洗藥，解毒去風，清熱散寒。

金鐙藤

金鐙（dēng）藤，一名「毛芽藤」，南、贛皆有之。寄生樹上，無枝葉，横抽一短莖。結實密攢如落葵，而色青紫。土人採洗瘡毒，兼治痢證，同生薑煎服。

兩頭挐

兩頭挐，生廣信。草似野苧麻，有淡紅藤一縷寄生枝上，葢即毛芽藤生草上者。土醫以治跌打，利小便。

植物名實圖考卷之二十　蔓草

土茯苓

土茯苓，即「草禹餘糧」。《本草拾遺》始著録。《宋圖經》謂之「刺猪苓」，今通呼「冷飯團」。形狀、功用具《本草綱目》。近時以治惡瘡爲要藥，多以萆薢充之，或有以商陸根僞充者。萆薢去濕，性尚不遠，若商陸，則去水峻利，宜慎辨之。

雩婁農曰：土茯苓出近世。俗醫治惡疾、邀重利如操左券，〔一〕吾於是見造物之好生也，且旋賊之而旋生之也。五行遞嬗，遘厲紛拏，〔二〕人生口體之奉，所以戕其四端之性而誘之以四奸者，〔三〕蓋無一息之或逭。〔四〕乃病以歧黄未論之病，〔五〕即藥以農皇未嘗之藥。病既不擇人而生，藥亦不擇地而育，甚至垢腐潰臭，妻孥遠避，而醫者釁沐之，〔六〕而投以草木之滋，或起行屍而肉白骨，卒不使之盡戕其生，又非造物生機無一息之或停哉！夫萬物死於北，亦生於北。〔七〕《易》曰：「坎，勞卦也，萬物之所成終而成始也。」〔八〕造物既賊之而復生之，勞亦甚矣。非特此也，孟子曰：「天地之生也，一治一亂。」〔九〕在人則賊之生之，在天下則治之亂之，造物果何心哉？雖然，死至思生，亂極思治，造物之心亦人心耳。人勞勞於生死治亂之途，造物亦不得不勞之於生之、死之、治之、亂之之故。然則代造物而理物者，欲聽人物之擾攘而無所勞，焉得乎？

〔一〕惡疾及前言之惡瘡，皆指性病。
〔二〕遘厲：遭遇虐暴。
〔三〕四端：《孟子·公孫丑下》：「惻隱之心，仁之端也；羞惡之心，義之端也；辭讓之心，禮之端也；是非之心，智之端也。」四奸：《左傳》僖公二十四年：「耳不聽五聲之和爲聾，目不别五色之章爲昧，心不則德義之經爲頑，口不道忠信之言爲嚚。」
〔四〕一息：一剎那。逭：逃避。
〔五〕性病至明代始傳入中國。「歧」當作「岐」。岐黄：岐伯、黄帝。《黄帝内經》托黄帝與岐伯問答而成，後世即以岐、黄爲醫學之祖。
〔六〕舋沐：以香草塗其身而沐浴之。
〔七〕北爲萬物所歸，故云死於北；但亦爲一陽之始，故亦云生於北。
〔八〕引文有誤。按《易·説卦》原文爲：「坎者，水也，正北方之卦也，勞卦也，萬物之所歸也，故曰『勞乎坎』。艮，東北之卦也，萬物之所成終而所成始也，故曰『成言乎艮』。」
〔九〕《孟子·滕文公下》：「天下之生久矣，一治一亂。」

木蓮

木蓮，即「薜荔」。《本草拾遺》始著録。自江而南皆曰「木饅頭」，俗以其實中子浸汁，爲涼粉以解暑。《圖經》、《綱目》備載其功用，多驗。

雩婁農曰：薜荔，以《楚詞》屢及，詩人入詠，遂目爲香草。〔一〕今江南陰濕牆瓦，攀援殆遍，何曾有臭？〔二〕「罔薜荔兮爲帷」，〔三〕則山居柴扇石户間皆是矣。宋李彦發物供奉，大抵類朱勔，農不得之田，牛不得耕墾，殫財靡芻，力竭餓死，或自縊轅軛間。如「龍鱗薜荔」一本，輦致之費踰百萬，〔四〕不知此有何好而必輦致，非詩人口孽耶？徐鍇詩：〔五〕「雨久莓苔紫，〔六〕霜濃薜荔紅。」梅聖俞詩：「春城百花發，薜荔上陰階。」但誦好詩，那得不神往？密雨斜侵，窗户涼生，〔七〕時乎貧賤者盗天地之菁英以自適其適，富貴者又欲盗貧賤之逍遥以窮其所窮。漢武以蒟醬、蒲萄而開邊，魏太武以甘蔗而返旆，侈心之萌，誰能刃斬？克己復禮，仁也。楚靈王若能如此，豈其辱於乾谿？宋徽宗若能如此，豈至北以牛車？

按：薜荔，李時珍以爲即木蓮，而《圖經》以爲一類二種。滇南有一種，與木蓮絶相類，而葉、實皆略小，其即《圖經》所謂薜荔耶？《楚詞》「薜荔拍兮蕙綢」，〔八〕「罔薜荔兮爲帷」，皆言其能緣墻壁也。又曰「貫薜荔之落蕊」，木蓮花極細，詞人寓言，未可拘執。而注以爲「香草」，不知薜荔殊無氣味。釋《離騷》者斤斤於香草美人，拘文牽義，誠無當於格物耳。

《山海經》有「萆荔」，「狀如烏韭而生石上」，應是苔類。《漢書·房中歌》「都荔遂芳」方是香草，〔九〕非絡石蔓延山木者也。

〔一〕《離騷》：「貫薜荔之落蕊。」王逸注：「薜荔，香草也。」

〔二〕臭：氣味。

〔三〕見《九歌·湘君》。

〔四〕事見《宋史·楊戩傳》。

〔五〕「徐鍇」，原本誤作「徐諧」，據《全唐詩》改。

〔六〕「紫」，原本誤作「緑」，據《全唐詩》改。

〔七〕柳宗元《登柳州城樓》詩：「密雨斜侵薜荔墻。」方干《山中言事》詩：「窗户涼生薜荔風。」

〔八〕見《九歌·湘君》。

〔九〕見《漢書·禮樂志》引《安世房中歌》。

常春藤

常春藤，即土鼓藤。《本草拾遺》始著録。《日華子》以爲「龍鱗薜荔」。《談薈》以爲即「巴山虎」。今南北皆有之，結子圓碧如珠，與《拾遺》説符。功用長於治癰疽、腫毒。

雩婁農曰：京師浩穰，〔一〕營園亭者皆能致南中花木，即嶺嶠異産，亦時附婆羅船，〔二〕越重洋，隨拍趠風而達析津。〔三〕然冬寒，皆爲窟室以避霜雪。若薜荔、絡石之屬，緣牆壁而亘冬夏者，則天時地氣皆不宜之。惟常春藤被繚垣，帶怪石，緑葉匼匝，〔四〕爲庭樹之飾焉。細花惹蜂，青實啅雀，於藥果皆無取，然枝蔓下有細足黏甋䥡極牢，疾風甚雨，不能震撼。人之有牆，以蔽惡也，牆之隙壞，藤有賴焉。然則彼都人士庇焉而不縱尋斧焉，〔五〕宜矣。

〔一〕浩穰：盛大貌。

〔二〕婆羅船：南洋商船。

〔三〕析津：即今北京。

〔四〕匼匝：周匝環繞。

〔五〕尋斧：以斧斫芟。

千里及

千里及，《本草拾遺》始著録。《圖經》「千里光」、「千里及」形狀如一，李時珍併之，良是。其「黄花演」，花同葉異，則非一種。〔一〕今俚醫用以治目，呼爲「九里明」。

雩婁農曰：藥物異地則異名，而「千里光」之名起嶺嶠，〔二〕下豫章，逾彭蠡、洞庭，達於夜郎、牂牁，無弗同者，聞名而知其必有功於目已。其花黄如菊，盛於秋，得金氣，殆菊之别子耶？花老爲絮，則與蒲公英又類族也。滇醫以洗瘡毒，蓋以此。吾覩其物，而愧不能爲光明燭也，雖有良藥，其如余何？乃作詩曰：「登臨滇海，亦既覯止，悠悠極目，思在千里。左眄千里，洞庭始波，滔滔江漢，舟楫若何？右睇千里，一綫瀾滄，赤髮金齒，〔三〕逖矣窮荒。前望千里，九嶷蒼梧，愁雲曷極，海波天吳。〔四〕後顧千里，金沙岷江，東流不息，去矣吳艭。玉京何在，三萬六千，白雲間之，衆星醉天。露冷之柏，霜隕之桑，安得神瞳，闚彼帝鄉。英光遡逌，〔五〕與爾實族，且信人言，以拭吾目。」

〔一〕蘇頌以爲「黄花演」即「千里及」。

〔二〕嶺嶠：泛指五嶺一帶。

〔三〕《滇略》言雲南茶山里麻之外有野人，赤髮黄睛。金齒則爲雲南地名。

〔四〕天吳爲水神。《山海經·海外東經》：「朝陽之谷，神曰天吳，是爲水伯。在䖝䖝北兩水間。其爲獸也，八首人面，八足八尾，皆青黄。」

〔五〕《爾雅》：「薢茩，芵茪。」注：「芵明也，葉鋭黄，赤華，實如山茱萸。或曰蔆也，關西謂之薢茩。」

榼藤子

榼（kē）藤子，即「象豆」，詳《南方草木狀》。《本草拾遺》、《開寶本草》始著録。《南越筆記》云：「子炒食味佳。」

雩婁農曰：余至粵，未得見斯藤。按記，子可食，膚可爲榼以貯藥，何造物憫斯人之勞，而爲之代斲也！蓏之實有匏焉，小以酌，大以濟。木之實有椰焉，小以飲，大以掬。古者祭祀器用匏，非僅尚其質，〔一〕亦以見天地之爲人計者纖悉俱備，用之以示報也。彼靡天地之物而不知天地之心，〔二〕必以暴殄致天罰。榼藤惜不植於嶺北。近世蜀中模柚皮以爲器，以無用爲用，且輕而潔。南嶽斷大竹以爲甑，至省工力。若而人也，以嘗巧也，不爲病矣。

〔一〕質：質樸。

〔二〕靡：靡費。

懸鉤子

懸鉤子，《本草拾遺》始著録。李時珍以爲即《爾雅》「葥，山莓」，郭注：「今之木莓也。」小樹高不盈丈，江南山中多有之。與楊梅同時熟，或亦呼爲「野楊梅」。

雩婁農曰：湖湘間莓至多，皆春時熟，然多蔓生。此草得之袁州，居然木也。嶺南及滇，蔓者皆類木，殊不易别。凡莓皆以果視之，不僅充猿糧而供扈粟矣。〔一〕山居之民，飲木葉，蔬澗毛，糗藤根，果實之具甘酸者，婦穉緣嶔巇而掇之，以爲佳品。其天性全而滋味薄，故能與猱鼯爭捷，而嵐氣不得刺其膚革。〔二〕通都大邑，甜榴好李，無非栽接，種則珍矣。譬如一麥，而有桃、李、柰三味焉，欲持此以證農皇所嘗之味，豈有合耶？

〔一〕《詩·小雅·小宛》：「交交桑扈，率場啄粟。」桑扈，鳥名，即竊脂。供扈粟即言供鳥所食。

〔二〕嵐氣：山嵐之瘴氣。

伏雞子根

伏雞子根，《本草拾遺》始著録。生天台山。根似烏形者良。治黄疸、瘧瘴、癰腫。

使君子

使君子，即「留求子」，形狀詳《南方草本狀》。《開寶本草》始著録。今以治小兒蚘蟲。實長如榧實。《本草衍義》謂「用肉，難得仁，蓋絶小」，殊未確。

雩婁農曰：藥之殺蟲者，味皆辛苦。留求子味至甘且馨，小兒嗜之，無推除之跡而殺蟲尤峻。〔一〕然則風雨和甘，皆可以化無形之害，不必隕霜降雪而後能殲蟊賊螟螣矣。三代以前，去惡如鋤草，朝野晏然而禍根已盡。三代以後，去惡如拔山，國法甫行而死灰復起。蓋和甘者所以植善類，善類長則稂莠消；霜雪者所以毒惡物，惡物不盡則禾黍不滋。且和甘之日長，則惡物無冀倖之心；霜雪之日短，則善類有孤孑之懼。稷、契升庸而共、兜自遠，〔二〕和甘之普被也；漢、唐廓清而讒險猶在，霜雪所不及也。雖然，苦之殺蟲，效可立見，甘之殺蟲，效必緩臻，是又王霸之分，而歡娱皞皞之異形矣。乃爲使君之贊曰：「彼使君兮，如風之東，披拂惠和，虺蜴遁窮。彼使君兮，如炎而潤，浸沐洗濯，跂喙恬順。彼使君兮，如霜而杲，惠我赤子，如在保抱。彼使君兮，如冽而曛，曝我窮黎，爲掃虻蚊。使君使君，飲之可醺，載含載吮，思我使君。」

〔一〕推除：即驅除。
〔二〕稷即后稷，名棄，舜用爲農官。契，舜命爲司徒，布五常之教。共指共工，兜爲驩兜，統指被舜放逐的「四凶」。

何首烏

何首烏，詳唐李翱《何首烏傳》。《開寶木草》始著録。有紅、白二種，近時以爲服食大藥。《救荒本草》：「根可煮食，花可煠食。俚醫以治癰疽、毒瘡，隱其名曰『紅内消』。」東坡尺牘以「用棗或黑豆蒸熟皆損其力」，〔一〕文與可詩亦云：「斷以苦竹刀，蒸曝凡九爲。夾羅下香屑，石蜜相和治。」〔二〕然則世傳「七寶美髯丹」，其功力不專在交藤矣。〔三〕近時價日增而藥益僞，其大者多補綴而成。以余所至，居處間皆紫緑雙蔓，貫籬縈砌，如拳如杯，抛擲屑越。〔四〕崑山以玉抵鵲，〔五〕又文與可所謂「蓋以多見賤，蓬藋同一虧」也。滇南大者數十斤，風戾經時，肉汁獨潤，然不聞有服食得上壽者，豈所忌魚肉未能盡絶，而炮製失其本性耶？三斗栲栳大，號山精，滇人得之，不必有緣，唯博善價羅穀事育耳。寇萊公服地黄蘿蔔，使髮早白，《聞見近録》作「服首烏而食三白」。〔六〕余怪近之服餌者髮輒易皤，殆緣於此，則亦讀《本草》未熟也。服食求仙，固爲妄説，節嗜通神，藥乃有效。醉飽中而乞靈草木，南轅北轍，相去益遠。若其活血治風之功，則明時懷州知州李治所傳一方，吾以爲不妄。〔七〕

〔一〕見《與周文之》。
〔二〕見文同《寄何首烏丸與友人》詩。下引句同。
〔三〕《本草綱目》卷十八上：嘉靖初，邵應節真人以七寶美髯丹方上進世宗皇帝，服餌有效，連生皇嗣，於是何首烏之方天下大行。
〔四〕屑越：輕易拋棄。
〔五〕《鹽鐵論·崇禮》：「崑山之旁，以玉璞抵烏鵲。」
〔六〕宋王鞏《聞見近録》：寇忠愍爲執政，尚少。上嘗語人曰：「寇準好宰相，但太少耳。」忠愍乃服何首烏而食三白，鬚髮遂變，於是拜相。
〔七〕李治爲宋懷州知州，非明代。按：李治與一武臣同官，怪其年七十而輕健，面如渥丹，能飲食。叩其術，則服首烏丸也，乃傳其方云云。方見《本草綱目》卷十八上。

木鼈子

木鼈（biē）子，《開寶本草》始著録。《圖經》云：「嶺南人取嫩實及苗、葉作茹蒸食。」藥肆唯販其核，形宛似鼈，大如錢。」《霏雪録》著其毒能殺人。俗傳丐者用以毒狗。《本草綱目》所列諸方，宜慎用之。又「番木鼈」，形狀、功用具《本草綱目》，亦云毒狗至死。

雩婁農曰：天之生物，非物物刻而雕之也。然覩斯物之類斯形也，其不疑爲般輸之肖物歟？〔一〕夫人，一類也，一物而備萬物者也，而心不同如其面。天下之人，固無有内外無弗類者。至人之視物，則飛潛動植，第以爲各從其類而已。然其牝牡之相依，巢穴之相聚，肥磽雨露之相養，彼一類也，又烏能無弗類耶？乃人與物，物與物，又往往離於其類而互爲類。虎頭燕頷、蠭目豺聲，人之類物者，亦既以其類類之。而羽淵之熊，〔二〕使君之虎，〔三〕夢之爲蝶，〔四〕肘之生柳，〔五〕方其類物也，不知其類人也。海上之國有長尾者，有比肩者，〔六〕有夜飛者，〔七〕有足如雞者，有頭如狗者，人之類耶？物之類耶？吾烏從類之耶？若乃馬之似鹿也，駮之似馬也，〔八〕獖獖之被髮也，〔九〕猩猩之能言也，〔一〇〕人都之燔炙也，〔一一〕天刑之弓矢也，〔一二〕人蕿之啼也，〔一三〕靈根之吠也，〔一四〕海上之樹實如嬰兒也，當道之梓精爲青牛也，〔一五〕笋之爲虵也，瓜之爲蝶也，蚓之爲百合也，縠之飛蟲也，葱韭之互變也，凡世之以此物類彼物者，皆物之異於其類而相類也。夷堅之志，〔一六〕恢詭神異，或以人類物，或物類人，或物類物，變化不類而成怪類，而鯤池之中，〔一七〕何有何無，凡陸居所有之類，無不類焉。豈天之生物固不可測，而坯陶模範，〔一八〕非物者之物物也，亦必有物焉爲之類族而成物耶？九疇之錫曰五行，金、木、水、火、土皆物也。〔一九〕《易》之策萬有一千五百二十，當萬物之數，而《説卦》一翼，〔二〇〕乾、坤、艮、巽、震、離、坤、兑所爲變動不居、周流六虚者，皆析而爲物。後世術者即五行八卦之物，以窮天下之物，而皆能物其物。如東方朔、趙達及管、郭輩，〔二一〕皆以其所知之物以類所不知之物。然則物之類而不類、不類而類者，豈非有物焉爲之參伍而錯綜其類耶？通其變，遂成天下之文。極其數，遂定天下之象。造物之與開物，均是物也。夫天地神鬼不可端倪而致之者，必以其物，則非物者必求其物之類類之。而偃師之爲人，〔二二〕墨子之爲鳶，〔二三〕以非其物而爲物，其亦有得於物物者之物歟？

又按：近世《信驗方》治舌長數寸，用番木鼈四兩，刮淨毛，切片，川蓮四錢，煎水，將舌浸良久，即收。蓋以異物治異病也。

〔一〕般輸：即公輸般，俗稱魯般者，古之巧匠。

〔二〕《左傳》昭公七年：「堯殛鯀于羽山，其神化爲黄熊，以入于羽淵。」

〔三〕梁任昉《述異記》：漢宣城守封邵化爲虎，食郡民。時語曰：「無作封使君，生不治民死食民。」

〔四〕《莊子·齊物論》：「昔者莊周夢爲胡蝶，栩栩然胡蝶也。自喻適志與，不知周也。俄然覺，則蘧蘧然周也。」

〔五〕《莊子·至樂》：「支離叔與滑介叔觀於冥伯之丘，崑崙之墟，黄帝之所休，俄而柳生其左肘。」

〔六〕比肩：指二人聯體。

〔七〕指飛頭蠻。桓譚《新論》：「南域有頭飛之夷。」《酉陽雜俎》前集卷四：嶺南溪洞中，往往有飛頭者，其人及夜，頭忽生翼，脱身而去，將曉飛還。

〔八〕《山海經·西山經》：駮，其狀如馬，白身黑尾，一角，虎牙爪，食虎豹，可以禦兵。

〔九〕獪獪即狒狒。《山海經·海内南經》有梟陽，郭璞《圖讚》云「嶲嶲怪獸，被髮操竹」。一説梟陽即狒狒。

〔一〇〕《水經·葉榆河》注云：「封谿縣有猩猩獸，形若黄狗，又狀貆豘。人面，頭顏端正。善與人言，音聲麗妙，如婦人好女對語交言，聞之無不酸楚。」

〔一一〕人都：見《酉陽雜俎》前集卷一：昔值洪水，人食都樹皮，餓死，化爲鳥都，皮骨爲猪都，婦女爲人都。燔炙：燒烤食物。

〔一二〕疑指《山海經》之刑天。《海外西經》：「形天與帝至此爭神，帝斷其首，葬之常羊之山，乃以乳爲目，以臍爲口，操干戚以舞。」

〔一三〕人蓡：即人參。宋姚寬《西溪叢語》：「土下有呼聲，掘之，得人參，如人形，四體備具，聲遂絶。」

〔一四〕靈根：指黄精、枸杞之類，根有犬形者。

〔一五〕晉干寶《搜神記》卷十八：秦時，武都故道有怒特祠。秦文公使士卒伐祠上梓樹，樹斷，有一青牛從樹中出，走入豐水中。

〔一六〕夷堅：人名。《列子·湯問》言世間怪人怪物：「大禹行而見之，伯益知而名之，夷堅聞而志之。」

〔一七〕鯤池：即大海。《莊子·逍遥游》：「窮髮之北有冥海者，天池也。有魚焉，其廣數千里，未有知其修者，其名爲鯤。」

〔一八〕此指天地之造物。

〔一九〕見《尚書·洪範》，天賜九疇，第一爲五行。

〔二〇〕孔子爲《易傳》十篇，稱「十翼」，《説卦》爲其一。

〔二一〕東方朔，《史記·滑稽列傳》、《漢書》本傳載其射覆事：武帝使諸數家射覆，置守宫盂下，諸家皆不能中。朔乃别蓍布卦而對曰：「臣以爲龍又無角，謂之爲蛇又有足，跂跂脈脈善緣壁，是非守宫即蜥蜴。」趙達，《三國志·吴書》有傳：治九宫一算之術，能應機立成，對問若神。至計飛蝗，射隱伏，無不中效。嘗事孫權，權嘗出師，令其推步，皆如其言。管輅，明《周易》，精風角、占、相之道，無不精微。事見《三國志·魏書》本傳。郭璞，《晉書》有傳，云：好經術，博學高才，詞賦爲中興之冠，妙於陰陽算曆，精五行、天文、卜筮之術，雖京房、管輅不能過。

〔二二〕《列子·湯問》：周穆王西巡狩，有偃師者獻假人，歌合律，舞應節，千變万化，惟意所適，王以爲實人也。

〔二三〕《列子·湯問》張湛注：「墨子作木鳶，飛三日不集。」

馬兜鈴

馬兜鈴，《開寶本草》始著録。俗皆呼爲「土青木香」，即《唐本草》「獨行根」也。俚醫亦曰「雲南根」。李時珍以爲即「都淋藤」。其形狀、功用具《圖經》。《救荒本草》云「葉可食」。今湖南山中多有之，唯花作筩，似角上彎，又似喇叭，色紫黑，與《圖經》「花如枸杞花」殊戾。其葉、實及仁俱無差，或一種而地産有異耶？

南藤

南藤，即丁公藤，事具《南史》：解叔謙得丁公藤漬酒，治母疾有神效。〔一〕《開寶本草》始著録。今江西、湖南市醫皆用以治風。亦呼「石南藤」，或作「藍藤」，音近而訛。

雩婁農曰：南藤，山中多有之，或謂之「搜山虎」，蓋言其疏風入筋絡也。解叔謙遇丁公，純孝所感，信矣，但丁公者，殆深山採藥之叟，非必神仙變化，而用南藤者亦未必自此始也。顧吾謂人子，平日不能知藥，臨時求之而不得，得之而不達，其敢以不能名之草木相嘗試乎？人神感格，渺不可憑，一息之緩，悔何及矣。雖然，天下豈有不悔之人子哉！

〔一〕《南史·孝義傳》：解叔謙，「母有疾，叔謙夜於庭中稽顙祈福，聞空中語云：『此病得丁公藤爲酒便差。』即訪醫及《本草注》，皆無識者。乃求訪至宜都郡，遥見山中一老公伐木，問其所用，答曰：『此丁公藤，療風尤驗。』叔謙便拜伏流涕，具言來意。此公愴然，以四段與之，並示以漬酒法。叔謙受之，顧視此人，不復知處」。

威靈仙

威靈仙，《開寶本草》始著録。有數種，《本草綱目》以鐵脚威靈仙堪用，餘不入藥。今俚醫都無分别。《救荒本草》所述形狀亦别一種。今但以鐵脚者屬《本草》，餘皆附「草藥」。近時庸醫遇瘧輒用，既不知其疎利過甚，又不辨其形狀，何似刺人而殺，委罪於藥？哀哉！《衍義》、

《綱目》論之詳矣，故備載以戒。

雩婁農曰：其力勁，故謚曰「威」；其效捷，故謚曰「靈」；威、靈合德，仙之上藥也。乃秘方傳而他族滋，則丹竈有外道矣。昔有石穴，候雲氣出，躡之則飛昇，相傳仙去者不知幾輩矣。穴之外暴骨如莽，皆曰仙者之委蜕也。〔一〕有覼之者，〔二〕乃巨虺之窟，〔三〕其雲氣則所噓之毒欱也。然則世之矜曰「仙」者，將毋有蘊虺蜴之毒者耶？

〔一〕委蜕：棄置的軀殼。

〔二〕覼：窺視。

〔三〕虺：毒蛇。

黄藥子

黄藥子，《開寶本草》始著録。沈括以爲即《爾雅》「蘦，大苦」，前此未有言及者。其根色黄，入染家用。味亦不甚苦。葉味酸，《救荒本草》「酸桶笋」即此，湖南謂之「酸桿」。其莖如蓼有斑，江西或謂之「斑根」。

雩婁農曰：甚矣，草木之同名異物，而多識之難也！郭景純以甘草釋大苦，而謂其葉如荷，〔一〕沈括駁之，〔二〕是矣。然沈所謂「黄藥」者，究不識其爲何産。李時珍以今之黄藥當之，而易「荷」爲「薄荷」，〔三〕則改竄而附會之矣。《宋圖經》謂忠州、萬州者莖似小桑，秦州謂之「紅藥」，施州謂之「赤藥」，葉似蕎麥，開白花。已明列數種，又引蘇恭「葉似杏，花紅白色，子肉味酸」之説，以爲不同，則又一種矣。李時珍所謂「黄藥」即今之「酸桿」，滇謂之「斑莊根」。俚醫習用，或以其根浸酒。《滇本草》云：「味苦澀，性寒，攻諸瘡毒，止咽喉痛，利小便，走經絡，治筋骨疼、痰火、痿耎、手足麻木、五淋白濁、婦人赤白帶下，治痔漏亦效。」與古方僅治項癭、咯血者不同。然則以李時珍所據之黄藥，而强以治古人所治之證，其能效乎？滇南又有一種與「斑莊」絶肖者，秋深開小白花，葉亦微似杏，土人謂之「扒毒散」，治惡瘡有殊效，插枝即生，人家多植之，或即蘇恭所謂「黄藥」者歟？若忠、萬、秦州所産，吾所未見，不敢臆揣，然皆非沈括所謂「葉似荷」者。〔四〕滇南又别有黄藥，乃極似山薯，而根圓多鬚，即湖南之「野山藥」。其白藥子，亦謂之黄藥，皆别圖。凡以著其物狀而附以俚醫之説，以見一物名同實異，不敢盡以古方所用必即此藥，以貽害於後世，庶合闕如之義云爾。〔五〕

〔一〕《爾雅·釋草》郭注云：「今甘草也。蔓延生。葉似荷，青黄，莖赤有節，節有枝相當。」

〔二〕沈駁云：「此乃黄藥也，其味極苦，故謂之大苦，非甘草也。」見《夢溪筆談·藥議》。

〔三〕此指《本草綱目》轉録《爾雅注》，改郭注之「荷」爲「薄荷」。

〔四〕此處筆誤。言「葉似荷」者乃郭璞，非沈括。

〔五〕知之則言，不知則不言。《論語·子路》：「君子於其所不知，蓋闕如也。」

山豆根

山豆根，《開寶本草》始著録。今以爲治喉痛要藥，以產廣西者良。江西、湖南别有「山豆」，皆以治喉之功得名，非一種。

雩婁農曰：甚矣，物之利於人者易於售僞，而欲利人者不可不博求而致意也！山豆根治喉痛，舉世知之賴之。然余所見江右、湘、滇之產，味皆薄，而與原圖異，而原圖又非「如小槐」者。〔一〕不至其地，烏知其是耶非耶？

〔一〕《圖經》言山豆根在「廣南者如小槐，高尺餘」。

預知子

預知子，《開寶本草》始著録。相傳取子二枚綴衣領上，遇有蠱毒，則聞其有聲，當預知之，〔一〕故有是名。《圖經》言之甚詳，但謂「蜀人貴重之，亦難得」。《蒙筌》則謂無其物。存原圖以俟訪。

雩婁農曰：「預知」之名甚奇，《蒙筌》汰之宜矣。但唐人有「知命丸」，服之無疾，如微覺脇痛，則知數將盡，服海藻湯下之。藥能預知，誠有之矣。夫蓂應月，〔二〕桐知閏，〔三〕亦預知也。甘草、苦草、病草皆能知歲，〔四〕非異卉也。蘘荷葉置席下，能知蠱者姓名，〔五〕其預知尤足異，何獨於預知子而疑之？雖然，草木預知者非一，而此藤獨得「預知」之名，則斯草之幸也。

乃以預知之故，既令聞者疑其名實之未副，且名可聞而實不可得見，豈以世爭貴重，搜掘無遺，預知者乃不能庇其本根，如古之喜談休咎者之卒不免耶？抑深藏榛蕪，識之者希，如真有道術之士遁跡韜晦，雖日雜市販稠衆之中，而終無蹤蹟者耶？是皆未可知也。

〔一〕「當」，原本誤作「嘗」，據《證類本草》卷十一改。

〔二〕《埤雅》卷十七：藕生應月，月生一節，閏輒益一。

〔三〕《埤雅》卷十四：舊說梧桐以知日月正閏。生十二葉，一邊有六葉，從下數一葉爲一月。有閏則生十三葉，視葉小者則知閏何月。

〔四〕見卷十八「藻」條注〔六〕。

〔五〕《齊民要術》卷三：「葛洪方曰：『人得蠱，欲知姓名者，取蘘荷葉著病人卧席下，立呼蠱主名也。』」

仙人掌草

《圖經》：「仙人掌草，生台州、〔一〕筠州。味微苦而澀，無毒。多於石壁上貼壁而生，如人掌，故以名之。葉細而長，春生，至冬獨青。無時採。彼土人與甘草浸酒服，治腸痔瀉血。不入衆藥使。」

明黄佐《仙人掌賦序》：「仙人掌者，奇草也，多貼石壁而生。惟羅浮黄龍金沙洞有之。葉勁而長，若齟齬狀。發苞時外類芋魁，内攢瓣如翠毬，各擎子珠如掌然。青赤轉黄，而有重殼，剖之，厚者在外如小椰，可爲匕勺，薄者在裏如銀杏衣，而裹圓肉。煨食之，味兼芡、栗，可補諸虚，久服輕身延年，俗呼爲『千歲子』云。移植惟宜沙土，粤州書院精舍中庭、後圃皆有之。予以其奇，賦焉。」

〔一〕宋台州，治在今浙江臨海，轄臨海、黄巖、寧海、天台、仙居五縣。

鵝抱

鵝抱，《宋圖經》「外類」：「生宜州山林下，附石。治風熱、咽喉腫痛，解毒箭，塗熱毒。」

獨用藤

獨用藤，《宋圖經》「外類」：「生施州，葉上有倒刺，主心氣痛。」

百棱藤

百棱藤，《宋圖經》「外類」：「生台州。治風痛、大風、瘡疾。亦作『百靈』。」

天仙藤

天仙藤，《宋圖經》「外類」：「生江、淮、浙東山中。治疝氣、妊娠腹痛，皆有方。」

金棱藤

金棱藤，《宋圖經》「外類」：「生施州。有葉無花，主筋骨疼痛。」

野猪尾

野猪尾，《宋圖經》「外類」：「生施州。有葉無花，主心氣痛，解熱毒。」

杜莖山

杜莖山，《宋圖經》「外類」：「生宜州。葉似苦蕒，花紫色，實如枸杞。味苦，性寒。主溫瘴、寒熱、煩渴、頭痛、心躁，擣葉酒浸，絞汁服，吐惡涎，效。」

土紅山

土紅山，《宋圖經》「外類」：「生福州及南恩州。高八九尺。葉似枇杷而小，無毛。白花如粟粒。味甘苦，微寒。主勞熱、瘴瘧。擣葉酒漬服。福州生者作藤似芙蓉，葉上青下白。擣根治勞瘴佳。」

芥心草

芥心草，《宋圖經》「外類」：「生淄州。引蔓白色。擣汁治瘡疥甚效。」

含春藤

含春藤，《宋圖經》「外類」：「生台州。蔓延木上。治風有效。」

大木皮

大木皮，《宋圖經》「外類」：「生施州。主療一切熱毒氣。」

石合草

石合草,《宋圖經》「外類」:「生施州。纏木作藤。葉爲末,調貼一切惡瘡及斂瘡口。」

祁婆藤

祁婆藤,《宋圖經》「外類」:「生天台山。主治風。」

瓜藤

瓜藤,《宋圖經》「外類」:「生施州。皮擣貼熱毒、惡瘡。」

紫金藤

紫金藤,《宋圖經》「外類」:「生福州。皮主丈夫腎氣。」

雞翁藤

雞翁藤,《宋圖經》「外類」:「生施州。蔓延大木。治勞傷、婦人血氣。」

烈節

烈節,《宋圖經》「外類」:「生榮州。〔一〕似丁公藤而細。主筋脈急痛、肢節風冷,作浴湯佳。」

〔一〕宋榮州,治所在今四川自貢,轄榮德、威遠、資官、應靈四縣。

馬接脚[一]

馬接脚，《宋圖經》「外類」：「生施州。皮治筋骨疼痛。」

〔一〕原本無此篇題，據正文補。

藤長苗

《救荒本草》：「藤長苗，又名『旋菜』，生密縣山坡中。拖蔓而生，苗長三四尺餘。莖有細毛，葉似滴滴金葉而窄小，頭頗齊。開五瓣粉紅大花。根似打碗花根。根、葉皆味甜。採嫩苗葉煠熟，水浸淘淨，油鹽調食。掘根換水煮熟，亦可食。」

狗筋蔓

《救荒本草》：「狗筋蔓，生中牟縣沙岡間。小科就地拖蔓生。葉似狗掉尾葉而短小，又似月芽菜葉，微尖艄而軟，亦多紋脈。兩葉對生，梢間開白花。其葉味苦。採葉煠熟，水浸淘去苦味，油鹽調食。」

絞股藍

《救荒本草》：「絞股藍，生田野中。延蔓而生。葉似小藍葉，短小軟薄，邊有鋸齒；又似痢見草，葉亦軟，淡緑，五葉攢生一處。開小花黄色，又有開白花者。結子如豌豆大，生則青色，熟則紫黑色。葉味甜。採葉煠熟，水浸去邪味、涎沫，淘洗淨，油鹽調食。」

牛皮消

《救荒本草》："牛皮消，生密縣野中。拕蔓而生，藤蔓長四五尺。葉似馬兜鈴葉，寬大而薄；又似何首烏葉，亦寬大。開白花，結小角兒。根類葛根而細小，皮黑肉白，味苦。採葉煠熟，水浸去苦味，油鹽調食。及取根去黑皮，切作片，換水煮去苦味，淘洗淨，再以水煮極熟，食之。"

猪腰子

猪腰子，《本草綱目》始著録。生柳州。蔓生，結莢，色紫肉堅，長三四寸。主一切瘡毒。

九仙子

九仙子，《本草綱目》收之。出均州太和山。治咽喉痛、散血。

杏葉草

《圖經》："杏葉草，生常州。味酸，無毒，主腸痔下血久不差者。一名『金盞草』。蔓生籬下，葉葉相對。秋後有子如雞頭實，其中變生一小蟲子，脱而能行。中夏採花用。"按圖非近時金盞花。

明州天花粉

《宋圖經》："天花粉，生明州。〔一〕味苦，寒毒。主消渴、身熱、煩滿、大熱，補氣安中，續絶傷，除腸中固熱、八疸、身面黄、唇乾口燥、短氣，通月水，止小便利。十一月、十二月採根用。"

按：此云「毒」，與瓜蔞根或異類。〔二〕

〔一〕宋明州，治在今浙江寧波，轄鄞、奉化、慈溪、定海、象山、昌國六縣。

〔二〕《本草綱目》卷十八上以天花粉爲栝樓（瓜蔞）之異名。

台州天壽根

《宋圖經》：「天壽根，出台州。每歲土貢。其性涼，堪治胸膈煩熱。彼土人常用有效。」

老鸛筋

《救荒本草》：「老鸛筋，生田野中。就地拕秧而生。莖微紫色，莖叉繁稠。葉似園荽葉而頭不尖，又似野胡蘿蔔葉而短小。葉間開五瓣小黄花。味甜。採嫩苗、葉煠熟，水浸去邪味，淘洗淨，油鹽調食。」

木羊角科

《救荒本草》：「木羊角科，又名『羊桃』，一名『小桃花』，生荒野中。紫莖，葉似初生桃葉，光俊，色微帶黄。枝間開紅、白花。結角似豇豆角，甚細而尖艄，每兩角並生一處。味微苦酸。採嫩梢葉煠熟，水浸淘淨，油鹽調食。嫩角亦可煠食。」按：《本草》所述「羊桃」皆「獼猴桃」。黔中以膠石者亦是其類。〔一〕造紙者所用又一種樹。此羊桃形狀正與陸《疏》符合。

〔一〕膠石：把石料粘到一起。

植物名實圖考卷之二十一　蔓草

奶樹

奶樹，産南安。蔓生。四葉攢聚莖端。緑苞開紫筩子花，如牽牛而短瓣。苞下復有青蒂，秋結實有子。蔓中白汁極濃，氣臭。根黄白色，横紋如上黨人葠，肥圓有瘰癧，大如拳。廣信土呼「山海螺」，象其根形。又名「乳夫人」。氣味甘熱。土人采根發乳汁。湖南衡山亦有之，極易繁衍。俚醫呼爲「牛附子」，能壯陽道。按：《南越筆記》：「有乳藤，如懸鉤倒掛。葉尖而長，斷之有白汁如乳。婦人産後，以藤搗汁，和米作粥食之，乳湩自通。」皆此類也。

土青木香

土青木香，長沙山坡間有之。蔓生細莖。葉、實皆與馬兜鈴同。根黄瘦，亦有香氣。俚醫以清火毒，通滯氣。唯開花作筩子形，本小末大，彎如牛角，尖梢上翹，紫黑頗濃，中露黄蕊，與馬兜鈴開花如枸杞者迥别。

尋骨風

尋骨風，湖南岳州有之。蔓生，葉如蘿藦，柔厚多毛，面緑，背白。秋結實，六棱，似使君子，色青黑，子如豆。

内風藤

内風藤，生湖南山坡。横根引蔓，俱赭色。葉如柳葉，有光而韌。以治内風，故名。

鐵掃帚

鐵掃帚，産建昌山中。蔓生。緑莖柔細糾結。葉長幾寸，後圓有缺，末尖相距稀闊。細根硬鬚，赭色稠密。俚醫以爲行血通骨節之藥，用根煎酒服。

涼帽纓

涼帽纓，生南安。細莖蔓生，葉大如大指，圓長有尖，淡赭。根蓬鬆如纓，故名。俚醫以治喉痛，消腫毒氣。味平温。「喉痛」，一作「喉病」。

倒掛藤

《本草拾遺》：「倒掛藤，味苦，無毒，主一切老血及産後諸疾，結痛血上欲死，煮汁服。生深山，如懸鉤，有逆刺倒掛於樹，葉尖而長也。」按：湖南嶽麓山有藤，土名「倒掛金鈎」，形狀正與此合。俚醫以爲散血達表之藥，主治亦同。

白龍鬚

白龍鬚，生長沙山中。緑莖細長，對葉疎闊。葉如子午花葉而尖瘦，細紋，無鋸齒。長根如蜈蚣形，四周密鬚如細辛、牛膝。俚醫以治痰氣。按：《宋圖經》：「白前，根長於細辛。今用蔓生者味苦，非真。」疑即此蔓生者。

大順筋藤

大順筋藤，生長沙嶽麓。緑莖赭節，弱蔓細圓。長葉寸許，本寬腰細，近梢長勾出尖，面黄緑，背青白，有直紋數縷。葉際出短莖，開五瓣小赭色花，一莖一花。根鬚繁稠，似牛膝而瘦。俚醫以治筋骨，通關節。

無名一種

饒州園圃籬落間有之。〔一〕蔓生細莖。長葉，本圓如馬蹄，末尖。開五瓣小紫花，成簇，極似枸杞。按：《宋圖經》云：「馬兜鈴，花如枸杞。」今馬兜鈴之名不一，凡圓實成串皆名之，此豈「花如枸杞」之一種耶？

〔一〕原本無篇名，「饒州」上有三字空格。

刺犁頭

刺犁頭，一名「虵不過」，一名「急改索」，一名「退血草」，江西、湖南多有之。蔓生。細莖，微刺茸密。莖、葉俱似蕎麥，開小粉紅花，成簇，無瓣。結碧實，有棱，不甚圓。每分杈處有圓葉一片，似蓼。江西刺船者多蓄之，以爲浴湯，云暑月無瘡癤。湖南俚醫以爲行血氣、治淋濁之藥。按：《宋圖經》：「成德軍所産萆薢，葉似蕎麥，子三稜。」殆即此草。其主治去濕、通利，亦與萆薢相近。

透骨消

透骨消，産南安。形狀俱同赤地利，唯赤莖爲異。俚醫以治損傷、活血、止痛、通關節，蓋一種也。按：李時珍以「五毒草」、「赤地利」併爲一條，但蔓草似蕎麥者亦非一類，色味既别，稱名互異。其外科敷洗，大略相通。若入飲劑，則經絡須分，故並存以俟詳考。

酸藤

酸藤，産建昌。蔓生。緑莖赤節，參差生葉。葉圓有缺，末尖，鋸齒深刻。對葉發短枝，開小白花如粟。結實大於龍葵，生青碧，熟深紫。土人以洗瘡毒。

野苦瓜

野苦瓜，産建昌。蔓生，細莖。一葉一鬚。葉作三角，有疎齒，微似苦瓜葉，無花杈。就莖發小枝，結青實有汁，大如衣扣，故又名「扣子草」。俚醫以治魚口便毒，爲洗藥。

野西瓜

野西瓜，贛南山坡中有之。蔓延林薄，細莖長鬚。葉作五叉，似西瓜、絲瓜葉，大者可寸許。秋結青白實，宛如蓮子，捻之中斷，内有清汁。俚醫以治火瘡，取漿收貯敷用。

鮎魚鬚

《救荒本草》：「鮎魚鬚，一名『龍鬚菜』，生鄭州賈峪山，及新鄭山野中亦有之。初生發筍，其後延蔓，生莖發葉。每葉間皆分出一小叉及出一絲蔓。葉似土茜葉而大，又似金剛刺葉，亦似牛尾菜葉，不澀而光澤。味甘。採嫩筍葉煠熟，油鹽調食。」按：《簡易草藥》：「金崗藤，本名『鮎魚鬚』，温平無毒，可做小菜喫。能通筋血，去死血，消腫痛。」又《湖北志》：「鰱魚鬚，藤本。初生茁土中，色紫，巔拳曲若魚鬚。炒肉殊妙。」

鰱魚鬚

鰱魚鬚，生建昌。蔓生，有節。葉如竹葉，紫根多鬚。土醫以治熱。鮎魚鬚以蔓名，此以根名。

金線弔烏龜

金線弔烏龜，江西、湖南皆有之。一名「山烏龜」。蔓生，細藤微赤。葉如小荷葉而後半不圓，末有微尖。長梗在葉中，似金蓮花葉。附莖開細紅白花，結長圓實，如豆成簇，生青，熟紅黄色。根大如拳。按：陳藏器云：「又一種似荷葉，只大如錢許，亦呼爲『千金藤』。」當即是此。患齒痛者，切其根貼齦上，即愈。兼能補腎養陰，爲俚醫要藥。

金蓮花

金蓮花，直隸圃中有之。蔓生，綠莖脆嫩。圓葉如荷，大如荇葉。開五瓣紅花，長鬚茸茸。花足有短柄，横翹如鳥尾。京師俗呼「大紅鳥」。山西五臺尤多，以爲佛地靈葩。性寒。或乾其花入茶甌中。插枝即生，不喜驕陽。《山西通志》：「金蓮花，一名『金芙蓉』，一名『旱地蓮』，出清涼山。金世宗嘗幸金蓮川。周伯琦紀行詩跋：〔一〕『金蓮川草多異花，有名金蓮花者，似荷而黄。』即此種也。」

〔一〕周伯琦：元末人，官至兵部侍郎。

小金瓜

小金瓜，長沙圃中多植之。蔓生。葉似苦瓜而小，亦少花杈。秋結實如金瓜，纍纍成簇，如雞心柹而更小，亦不正圓。《寧鄉縣志》作「喜報三元」，從俗也。或云「番椒」屬，其青脆時，以鹽、醋燖之，可食。大抵以供几案，賞其紅潤，然不過三五日即腐。

馬蹄草

馬蹄草，江西、湖南皆有之。綠莖細弱，蔓生對葉。葉大於錢，末微尖，後缺如馬蹄，圓齒光潤。莖近土即生鬚。俚醫以爲跌打損傷要藥。雖傷重，擣敷即愈，故又名「透骨消」。

瓜耳草

瓜耳草，江西山坡有之。赭莖長條，挺立不附，莖傍發枝。排生圓葉，微似豆葉，厚緑茸茸，中有白紋一線。土人以治跌打，酒煎服。但未數見，不得確名。

碧緑藤

碧緑藤，江西廣、饒山坡有之。莖葉碧緑一色。枝頭葉稍長，餘葉正圓，面緑，背淡，疎紋，細齒。土人以藤煎水，洗紅腫有效。按：《南城縣志》有「銅錢樹」，葉圓如錢，此殆肖之。

金雞腿

金雞腿，産建昌。一名「日日新」。叢生。長條糾結交互，似月季花莖而無刺。葉亦相類，微小。俚醫以爲壯精、行血之藥。

血藤

血藤，産九江山坡。蔓生，勁莖赭色，一枝一鬚。附枝生葉，如菊花葉，柔厚有花叉而末不尖，面緑，背白。春時枝梢開花如簇金粟。與「千年健」同名「血藤」。

黄鱔藤

黄鱔藤，産寧都。長莖黑褐色，根紋斑駁起粟，黑黄如鱔魚形，故名。葉如薄荷，無鋸齒而勁。主治漂蛇毒。

白馬骨

《本草拾遺》：「白馬骨，無毒。主惡瘡。和黄連、細辛、白調、牛膝、雞桑皮、黄荆等，燒末淋汁。取治瘰癧、惡瘡、蝕息肉、白癜風，揩破塗之。又單取莖葉，煮汁服，止水痢。生江東，似石榴而短小對節。」按：白馬骨，《本草綱目》入於「有名未用」。今建昌土醫以治熱證、瘡、痔、婦人白帶。余取視之，即「六月雪」。小葉白花，矮科木莖，與《拾遺》所述形狀頗肖，蓋一草也。《寧鄉縣志》：「六月雪，俗呼『路邊金』，生原隰間，夏開白花。節可治小兒驚風、腹痛；枝燒灰可點翳；根煮雞子可治齒痛。」《花鏡》：「六月雪，六月開細白花。樹最小，而枝葉扶疎，大有逸致，可作盆玩。喜清陰，畏太陽，深山叢木之下多有之。春間分種，或黄梅雨時扦插，宜澆淺茶。其性喜陰，故所主皆熱證。」《寧都州志》疑即《圖經》「曲節草」，一名「六月霜」，與圖形殊不類。

錦雞兒

《救荒本草》：「壩齒花，本名『錦雞兒』，又名『醬瓣子』，生山野間，中州人家園宅間亦多栽。葉似枸杞子葉而小，每四葉攢生一處。枝梗亦似枸杞，有小刺。開黄花，狀類雞形。結小角兒，味甜。採花煠熟，油鹽調食；炒熟喫茶亦可。」按：此草，江西、湖南多有之。摘其花炒雞蛋，色、味皆美云。或呼「黄雀花」。俚醫以爲滋陰補陽之藥。花蒸雞蛋治頭痛，根去皮煮猪心治癆證。《滇南本草》：「金雀花，味甜，性温，主補氣、補血、勞傷、畏涼、發熱、勞熱、咳嗽、婦人白帶、日久氣虚下陷良效，頭暈、耳鳴、腰膝酸疼、一切虚損，服之效。此性不熱不寒，或煨雞、猪肉食。」

白心皮

白心皮，生長沙山坡。叢生，細莖高尺餘。附莖四葉，攢生一處，葉小如雞眼草葉。葉間密刺長三四分，自根至梢，葉刺四面抱生，無著手處。横根無鬚，褐黑色。俚醫以爲補筋骨之藥。

無名一種

饒州園圃中有之。〔一〕叢生。長條密葉，如六月雪葉。三四月間開小白花，圓瓣五出，黄心，稠密滿枝。

〔一〕原本無篇名，「饒州」上有三字空格。

候風藤

候風藤，南康山田塍上多有之。長莖叢生，高三四尺，不作藤蔓。葉如木樨葉，面青緑，背黄白，有赭紋。春開白花，下垂，如橘柚花，長瓣五出，反卷向上，中突出黄蕊一簇。

白花藤

白花藤，江西廣、饒極多。蔓延墻垣，與薜荔雜廁。葉光滑如橘，凌冬不凋。開五瓣白花，形如「卍」字。土人無識之者。按：《唐本草》有「白花藤」，葉似女貞，莖、葉無毛，頗相似，但白花並無形狀。而《蜀本》又云「葉有細毛」，亦自不同，未敢合併。滇南謂之「山豇豆」，結角長幾尺，色紫紅，正如豇豆，炒食甚香，兒童嗜之。

附：程徵君瑶田《圖芄蘭花記》

嘉慶三年三月廿日立夏，其明日，訪芄蘭於定光寺。僧寮後山，花正大放，此藤本，花葉濃密，可謂垂條而結繁矣。其藤繚曲紛亂，對節生葉，亦對節歧出生條開花。歧條兩股，或一股生葉，一股生花，整齊之中復參差有致。生花一股又必再出歧條，然後相對生花。其生葉一股亦必再出歧條，亦又相對生花。其花必小抽歧莖而生兩花。去秋所見結實者，亦莖末對生兩角。總之，歧葉，歧條，歧花，每出必歧，如兩儀、四象、八卦之生生不已也。其花五出，遍繞周遭，而中成一孔，空空如也，不見心亦不見鬚。然五出同本，本作一苞，剥開，中藏五鬚，共繞一心，其心蓋即結角生，芄蘭之仁也。世人以其偏繞成形如「卍」字，故呼「卍字花」，而誤以爲四出。又呼「車輪花」，亦象其形也。其花苞有足承之，所謂「鄂不」也，〔一〕亦五出，如末利之花鄂相承然。兹不畫其藤葉，畫正面五出者一，又畫背面連鄂者一，以爲多識之一助云。

按：徵君所述並圖，即此「野豇豆」也。花作「卍」字，藤本濃葉，其角雙生，皆與此畢肖，而非芄蘭也。蓋徵君前所見「如羊角莢子，戴白茶」者是芄蘭，後詢之靈山人，云俗呼「卍字花」，不知即此豆，因以僧寮所見謂爲芄蘭，而未嘗審其葉蔓、剖看其莢也。芄蘭蔓草，經冬即枯，花開於夏、秋，徵君自注亦以花開時爲疑。莢折於霜，南方間有之，園圃中無是物也。野豇豆，藤本耐寒，花開於春，莢著於夏，墻頭籬角無不延緣。余嘗訪之江右人家，多不知其名。滇人知食其實，故以爲野豇豆。芄蘭之名，既非野人所知，其花甚微，而徵君獨索觀其花，宜爲不識芄蘭者姑妄對之矣。若見北人而訪以「羊角科」，南人而訪以「婆婆針線包」，則必以所知告。又一種「石血藤」，其莢長尺，與芄蘭子荼同而葉瘦硬，秋時色紅如血，未見其花，與徵君所圖葉本團末狹、經冬不黄落者亦非類。

〔一〕《詩·小雅·常棣》：「常棣之華，鄂不韡韡。」鄂不：即花萼及花托。

洋條藤

洋條藤，産南贛山中。〔一〕蔓生細莖，淡紅圓節，一葉一鬚。葉如鳳仙花葉而寬，鋸齒亦深，面緑，細紋中有紫白縷一道，背邊緑中紫，亦有白紋。俚醫以治婦科紅白崩帶，同大蕨煎酒服。

〔一〕南贛：指江西南安府、贛州府。

拉拉藤

拉拉藤，到處有之。蔓生，有毛刺人衣。其長至數尺，糾結如亂絲。五六葉攢生一處，葉間梢頭春結青實如粟。按：《救荒本草》「蓬子菜」形狀頗類。雲南呼「八仙草」。俚方用之。《滇南本草》：「八仙草，味辛苦，性微寒，入少陽、太陰二經，治脾經、濕熱、諸經客熱、勞症、筋骨疼痛，走小腸經，治五種熱淋，利小便，赤白濁，玉莖疼痛。退血分煩熱，止小便血，滑石二錢，甘草一錢，八仙草三錢，雙果草二錢，點酒少許煎服。」

月季

《益部方物記》：「花亘四時，月一披秀。寒暑不改，似固常守。右月季花。此花即東方所謂『四季花』者。翠蔓紅蘤，蜀少霜雪，此花得終歲，十二月輒一開。」按：《南越筆記》：「月貴花，似荼蘼。月月開，故名『月貴』，一名『記』。有深、淺紅二色。」據此，則「月季」乃「月貴」、「月記」之訛。宋子京原本當是「月貴」也。〔一〕《本草綱目》李時珍曰：「月季花，處處人家多栽插之，亦薔薇類也。青莖，長蔓，硬刺，葉小於薔薇，而花深紅，千葉厚瓣，逐月開放，不結子也。氣味甘温，無毒。主治活血、消腫。傅毒瘰癧未破，用月季花頭二錢、沈香五錢、芫花炒三錢，碎剉入大鯽魚腹中，就以魚腸封固，酒、水各一盞，煮熟食之，即愈。魚須安糞水内游死者方效。此是家傳方，活人多矣。出談埜翁《試驗方》。」

〔一〕「原本」指《益部方物略記》。

玫瑰

《敬齋古今黈》「張祜《詠薔薇花》」云：『曉風採盡燕支顆，夜雨催成蜀錦機。當晝開時正明媚，故鄉疑是買臣歸。』薔薇花正黄，而此詩專言紅，蓋此花故有紅、黄二種。今則以黄者爲薔薇，紅、紫者爲玫瑰」云。

《群芳譜》：「玫瑰，一名徘徊。灌生。細葉、多刺類薔薇，莖短。花亦類薔薇，色淡紫，青鄂黄蕊，瓣末白點，中有黄者，稍小於紫。嵩山深處有碧色者。」《花史》曰：「宋時宫中採花，雜腦、麝作香囊，氣甚清香。」《花鏡》：「玫瑰香膩馥郁，愈乾愈烈。每抽新條，則老本易枯，須速將根旁嫩條移植别所，則老本仍茂，故俗呼『離娘草』。此花之用最廣。因其香美，或作扇墜、香囊，或以糖霜同烏梅搗爛，名『玫瑰糖』，收於甆瓶内，曝過經年，色香不變。」按：李時珍謂玫瑰不入藥，今人有謂「性熱動火，氣香平肝」，亦非無徵。

酴醾

《格物總論》曰：「酴（tú）醾（mí）花，藤身，青莖，多刺。每一穎著三葉，葉面光緑，背翠，多缺刻。」

《群芳譜》曰：「一名『獨步春』，一名『百宜枝』，一名『瓊綬帶』，一名『雪纓絡』，一名『沈香蜜友』。大朵千瓣，香微而清。本名荼蘼，一種色黄似酒，故加『酉』字。唐時寒食宴宰相，用酴醾酒。」

佛見笑

佛見笑，荼蘼别種也。大朵千瓣，青跗紅萼，及大放，則純白。

黄酴醿

《益部方物記》：「人情尚奇，賤白貴黄。厥英略同，實寡于香。右黄酴醾。蜀荼蘼多白，而黄者時時有之，但香減於白花。」

繅絲花

繅絲花，一名刺蘼。葉圓細而青。花儼如玫瑰，色淺紫而無香。枝、萼皆有刺針。每逢煮繭繅絲時花始開放，故有此名。二月中根可分栽。

十姊妹

《花鏡》：「十姊妹，又名『七姊妹』。花似薔薇而小。千葉磬口，一蓓十花或七花，故有此二名。色有紅、白、紫、淡四樣。正月移栽，或八九月扦插，未有不活者。」

木香

《花鏡》：「木香，一名『錦棚兒』。藤蔓附木。葉比薔薇更細小而繁。四月初開花，每穎三蕊。極其香甜可愛者，是紫心小白花。若黄花，則不香。即青心大白花者，香味亦不及。至若高架萬條，望如香雪，亦不下於薔薇。翦條扦種亦可，但不易活，惟攀條入土，壅泥壓護，待其根長，自本生枝外翦斷，移栽即活。臈中糞之二年，大盛。」〔一〕《曲洧舊聞》：〔二〕「木香有二種。俗説檀心者號酴醿，不知何所據也。京師初無此花，始禁中有數架，花時民間或得之相贈遺，號『禁花』，今則盛矣。」

〔一〕臈：即臘月之「臘」。此言於臘月時澆糞，接連二年之後，花開大盛。

〔二〕南宋朱弁撰。

轉子蓮

轉子蓮，饒州水濱有之。蔓生，拖引長可盈丈。柔莖對節，附節生葉，或發小枝。一枝三葉，似金櫻子葉而光無齒，面緑，背淡，僅有直紋。枝頭開五瓣白花，似海梔而大，背淡紫色，瓣外、内皆有直縷一道，兩邊線隆起。或云有毒，不可服食。

植物名實圖考卷之二十二　蔓草

兔絲子

兔絲，《本經》上品。北地至多，尤喜生園圃。菜、豆被其糾縛，輒卷曲就瘁。浮波冪䍥，〔一〕萬縷金衣，既無根可尋，亦寸斷復蘇。初開白花作包，細瓣反卷如石榴狀，旋即結子，梂聚纍纍。〔二〕人亦取其嫩蔓，油鹽調食。《詩》云「采唐」，〔三〕或即以此。江以南罕復見之。

雩婁農曰：「唐蒙，女蘿。女蘿，兔絲。」又「蒙，玉女」，〔四〕一物而五名。《本草》：「兔絲，草，上品。松蘿，木，中品。」又云「一名女蘿」。《廣雅》「女蘿，松蘿」，「兔絲，兔丘」，〔五〕雖分二物，而松蘿復冒「女蘿」之名。陸璣《詩疏》：「菟絲蔓連草上生，色黄赤如金，非松蘿。松蘿正青，與菟絲異。」辨别甚晰。《詩》「蔦與女蘿」，〔六〕《傳》云：「女蘿，兔絲、松蘿。」則兔絲又可稱「松蘿」，不止五名矣。《詩釋文》則云：「在木曰松蘿，在草曰兔絲。」直以爲一物而二種。考《本草》雖載松蘿性味，而《圖經》以爲「近世不復入藥，亦無採者」，則即陸氏所云「色正青」者亦不知其爲何物。今人以施於松上緑蔓赤花、俗名「蔦蘿松」者爲松蘿，未敢定爲《本經》之松蘿。《廣雅疏證》據《吕氏春秋》、《淮南子》「茯苓菟絲」之説，〔七〕謂兔絲亦生於松上。據《漢書》「豐草葽，女蘿施」，〔八〕女蘿亦生於草上。今生兔絲之處不盡有松，而産茯苓之深山僻藪，尤無從稔其有兔絲與否。古書傳疑，莫能確定。大抵草木同名，無妨兼通，而形狀不具，則從蓋闕。若古詩「菟絲附女蘿」，〔九〕則但言無根之物，依附難久。以意逆志，無取刻舟；若謂兔絲又復寄生松蘿，則直糾纏無了時矣。

〔一〕冪𢉟：此言兔絲子之密蒙如覆之狀。

〔二〕材：植物盛實之球狀外殼。

〔三〕《鄘風·桑中》：「爰采唐矣，沬之鄉矣。」毛《傳》：「唐，蒙，菜名。」

〔四〕以上皆見《爾雅·釋草》。

〔五〕《廣雅》本文作「女蘿，松蘿也」，「兔丘，兔絲也」。

〔六〕見《小雅·頍弁》。

〔七〕《吕氏春秋·季秋·精通》：「人或謂兔絲無根，兔絲非無根也，其根不屬也，伏苓是。」《淮南子·説山訓》：「千年之松，下有茯苓，上有兔絲。」

〔八〕見《禮樂志》引《安世房中歌》。

〔九〕古樂府《冉冉孤生竹》：「冉冉孤生竹，結根泰山阿。與君爲新婚，菟絲附女蘿。」

菟絲子

菟絲子，《本經》上品。《爾雅》：「唐蒙，女蘿。女蘿，菟絲。」今北地荒野中多有之。藥肆以其子爲餅，製法具《本草綱目》。

雩婁農曰：《爾雅》：「唐蒙，女蘿。女蘿，兔絲。」又曰：「蒙，玉女。」釋者以爲五名一物。陸元恪謂「女蘿非松蘿，松蘿自蔓延松上，枝正青，與兔絲異」。《詩》有「唐蒙」、「女蘿」，無「菟絲」，故《爾雅》以「菟絲」釋之，其義明顯矣。菟絲入藥，人皆知之，蔓細如絲而色黄。松蘿蔓松上，必不能如菟絲之細，而色正青，二物自異。《本草》以松蘿入「木」，已有區別，特經傳無「松蘿」之名，而醫方亦不甚用，故知之者少。《楚詞》「被薜荔兮帶女蘿」，《本草》「松蘿一名女蘿」，草木同名，相沿至多。古詩「菟絲附女蘿」，此女蘿自是松蘿，非菟絲之一名女蘿也。「蔦與女蘿」，毛《傳》以菟絲、松蘿爲一，所見與陸《疏》異。陸云非松蘿，正駁毛義耳。古詩「菟絲」，花；「女蘿」，樹。而云同一根者，蓋皆寄生浮蔓，一附於草，一附于木，同爲無根，而所附異耳。詩人之言，未可膠滯，若謂女蘿有寄生菟絲上者，故《爾雅》以爲一物，此則糾纏無了時矣。

五味子

五味子，《本經》上品。《爾雅》「味，荎藸」，注：「五味也。」《唐本草注》以皮、肉、核五味具，故名。以北産者良。

雩婁農曰：五味子，具五味，《爾雅》名之曰「菋」，蓋農皇之所錫矣。草、木兩《釋》，殆重之歟？〔一〕然味雖具五，而性專於斂，猶人具五行之秀而毗於剛、柔、陰、陽，〔二〕此亦各有真性情也。夫草木非大毒不僅一味，人非大惡不盡僻性。〔三〕嘗藥者品其味而知所專，既施之於散斂補瀉，而因其所兼之味以爲緩急輕重，則其功且可旁及。故一藥治一病，而不僅治一病。用人者別其性而知其所毗，既試之寬猛文武，而必悉其所全之性，以備任使輔翼，則其功且可兼綜。故一人治一事，而不僅治一事也。三代後知人者無如漢高，王陵戇，陳平智，而皆屬以爲相；〔四〕周勃少文，知其安劉，以爲太尉。〔五〕其人不同，而付托者一，蓋知其材力所及，而又知其真性情矣。自古人主將相能用人者，無不灼知其人之性情，故雖博取宏攬，而逆料其成敗得失，如燭照數計而龜卜。而藻鑑人倫若郭林宗輩，〔六〕則又如良醫品藥，雖分兩錙銖，皆不少差，此固有得之於心而有不能以言傳者。若用盧杞、吕惠卿而不知其奸邪，是誠不知其真性情。〔七〕而如褚彦回、馮道等，則直無真性情者也。〔八〕世之草木，投之而即生，嚙之而無味者多矣，造物意所不屬而力所不及，雖農皇亦不能定其上下之品。乃有庸醫欲用之以試人之生死，則不知用者之罪，抑爲所用者之罪矣。

〔一〕《爾雅·釋草》有「菋，荎藸」，《釋木》又有「菋，荎著」。

〔二〕毗：相近，相鄰。

〔三〕不盡僻性：指性格多重，並不單一。

〔四〕《史記》本傳：「王陵者，故沛人，始爲縣豪，高祖微時，兄事陵。陵少文，任氣，好直言。」又：陳平少時本好黄帝、老子之術。常出奇計，救紛糾之難，振國家之患。按：二人爲丞相在惠帝六年，曹參卒後。

〔五〕《史記》本傳：周勃「爲人木彊敦厚，高帝以爲可屬大事。勃不好文學，每召諸生説士，東向坐而責之：『趣爲我語。』其椎少文如此」。惠帝六年，爲太尉。

〔六〕郭林宗，見卷十一「大青」注〔四〕。

〔七〕《舊唐書·李勉傳》：帝問勉曰：「衆人皆言盧杞姦邪，朕何不知！卿知其狀乎？」勉曰：「天下皆知其姦邪，獨陛下不知，所以爲姦邪也。」《宋史·姦臣·吕惠卿傳》：王安石言於帝曰：「惠卿之賢，豈特今人，雖前世儒者未易比也。學先王之道而能用者，獨惠卿而已。」司馬光諫帝曰：「惠卿憸巧，非佳士，使安石負謗於中外者，皆其所爲。」帝曰：「惠卿進對明辨，亦似美才。」

〔八〕褚淵，字彦回，劉宋時尚武帝女，與蕭道成等爲「四貴」之一。明帝崩，與尚書令袁粲受顧命，輔幼主。及蕭道成爲齊王，專朝政，彦回反求爲齊官。道成篡宋，彦回進位爲司徒。馮道，於五代亂世，事四代九君，自號「長樂老」。

蓬虆

蓬虆（lěi），《本經》上品。今廢圃籬落間極繁。秋結實如桑椹，湖廣通呼「烏泡果」。「泡」

即「藨」之訛。《爾雅》「藨，麃」，注：「麃即莓也。今江東呼爲『麃莓』。子似覆盆而大，赤色，〔一〕酢甜可啖。」即此類也。湖南俚醫端午日取其葉陰乾，六月六日研爲末，以治刀傷，名曰「具龍丹」。李時珍以苗葉功用似覆盆，未的。

雩婁農曰：《史記》述老子之言曰「得時則駕，不得時則蓬累而行」，釋者皆不甚詳。〔二〕《禮》曰：「環堵之室，蓬户甕牖。」〔三〕飛蓬不可爲户。余常溯湘澧，下豫章，崎嶇行萬山中，每見谷口繚複，蓬藟塞徑，未嘗不念此中或有異人。顧巖阿中累石藉樹，藤蔓交垂，居人出入，披長條而搴蒙密，無異排闥而數闔也。〔四〕入我室者唯有清風，履我閾者唯有明月，蕭條踽涼，至此極矣。然則「蓬累而行」，蓋巖棲之士唯恐入林不深；而「蓬户」者，亦貧家搴蘿補屋之景況耳。宋之隱士如种放者，至煩朝廷圖其別墅，營園林而勤封殖，〔五〕烏能甘寂寞、長貧賤哉？

〔一〕「赤色」，原本無「色」字，按《爾雅注疏》卷八郭注「赤」作「亦」，《本草綱目》卷十八上引郭注則作「赤色」。吴氏所引乃據《綱目》，今依改。

〔二〕《史記·老子韓非列傳》：老子謂孔子曰：「君子得其時則駕，不得其時則蓬累而行。」蓬累有數說：一說頭戴物，兩手扶之而行。一説自覆蓋相攜隨而去。一説若蓬轉流移而行。

〔三〕《禮記·儒行》：「儒有一畝之宫，環堵之室，篳門圭窬，蓬户甕牖。」

〔四〕排闥：推門。數闔：敲門。按：門户用木曰闔，用竹葦曰扇。

〔五〕事見《宋史·隱逸傳》。

天門冬

天門冬，《本經》上品。《爾雅》「蘠蘼，虋冬」，注：「一名滿冬。《本草》云。」今《本草》無「滿冬」之名。有大、小二種，曰「顛棘」，曰「浣草」，皆一類也。《救荒本草》：「根可煮食。」今多入蜜煎。湖南俚醫用以拔疔毒，隱其名曰「白羅杉」，醫方所不載。

雩婁農曰：杜拾遺詩：「天棘蔓青絲。」天棘即顛棘，目曰「青絲」，體物之瀏亮也。古人階前多種藥，故曰「藥欄」，非唯養生有資，亦多識之一助。注詩者糾纏辨駁，固由讀書未半袁豹，〔一〕亦緣未知「善藥不可離手」也。〔二〕

〔一〕半袁豹，見卷一《蜀黍即稷辯》注〔七〕。

〔二〕《新唐書·孟詵傳》：「善言不可離口，善藥不可離手。」

覆盆子

覆盆子，《別録》上品。《爾雅》「茥，缺盆」，注：「覆盆也。」《疏》據《本草注》以蓬虆爲覆盆之苗，覆盆爲蓬虆之子，誤合爲一物。四月實熟，色赤。《本草綱目》謂之「插田藨」。覆盆、蓬虆，《本草綱目》分别甚晰。考東坡尺牘：「覆盆子，土人謂之『插秧莓』。三四月花，五六月熟，市人賣者乃是『花鴉莓』，九月熟。」〔一〕則蓬虆即花鴉莓矣。然此謂中原節候耳，江湘間覆盆三四月即熟，蓬蘽七月已熟。自長沙以西南山中，莓子既多，又大同小異。滇南有黑瑣梅、黄瑣梅、紅瑣梅、白瑣梅，皆三四月熟，兒童摘食以爲果。梅即莓。瑣者，其子細瑣也。志書多以黑瑣梅爲覆盆，按形與李説亦不甚符。《滇本草》以黄瑣梅根爲「鑽地風」，用治風頗廣，又别出覆盆也。

〔一〕見《與章質夫三首之一》。

旋花

旋花，《本經》上品。《爾雅》：「葍，藑。」陸璣《詩疏》：「幽州人謂之『燕葍』。」今北地俗語猶爾。《救荒本草》謂之「葍子根」，根可煮食。有赤、白二種，赤者以飼猪，亦曰「鼓子花」，千葉者曰「纏枝牡丹」。今南方「蕹菜」，花、葉與此無小異，唯根短耳。

雩婁農曰：古者農生九穀，而園圃毓草木。〔一〕凡漆林梧檟，染草果蓏，資生之物，皆相土宜而種之，不僅蒔蔬供食也。《豳風》「築場圃」，曰「食瓜」，曰「斷壺」，曰「煮葵」，曰「祭韭」，蓋古時園人所種之蔬如是而已。芣苢、卷耳、蘋蘩、荇藻之屬，無不采於水陸。葍爲惡菜，流離者采之。〔二〕然祭祀之籩豆，朝事之饋食，若「菭」，若「芹」，若「昌本」，若「茆」，皆非出於種植者，何也？蓋野蔌得自然之氣，無糞穢之培，既昭其潔以交神明，而朝會燕饗，不廢婦稚之所拮据，〔三〕則民間疾苦，君相無時不與共。又況五行五氣，應候而萌，以和膳食之宜，助舒斂而消疹戾，其益大矣。後世園官菜把，務爲新美，一切温養之物，皆爇緼火以迫其生，〔四〕金蔬玉菜，最足動宿痾而引時癘。至如豆粥韭蓱，以侈相尚，〔五〕方丈朵頤，〔六〕都非正味，又烏知民間有掘鼠果而覓鳧茈者耶？〔七〕東坡詩云：「我與何曾同一飽。」〔八〕吾以爲日食萬錢猶云無下箸處，彼蓋未嘗飽也。北地春遲，少蟲豸之毒，筠藍挑菜，塵釜生香，清虚之氣，臟神安焉。〔九〕南方地沮濕，多虵虺，候早而生速，然《野菜》之箋，〔一〇〕非江南士大夫所膾炙而詠嘆者哉？其序曰：「病骨癯骸，非此無以養其冲和；擊鮮嚼肥，非此無以解其腥羶。」誠有味乎言之矣！又曾見跋《齊民要術》書者曰：「此傖父所食，〔一一〕而賞其多奇字。」噫！彼縱能識字，其與「不能辨菽麥」、「何不食肉糜」者相去間一寸哉！〔一二〕

〔一〕毓：養育。

〔二〕《詩·小雅·我行其野》：「我行其野，言采其蓄。」陸《疏》：「饑荒之歲，可蒸以禦饑。」故言流離者採之。然《疏》又言：「漢祭甘泉或用之。」是蓄亦用於祭祀，故下文云云。

〔三〕拮据：言采擷之辛勞。

〔四〕以温室火炕之熱促其生。

〔五〕見卷一「大豆」條注〔五〕。

〔六〕《孟子·盡心下》：「食前方丈。」方丈之食，極言肴饌豐盛。朵頤：大快朵頤，盡興而食。

〔七〕《東觀漢記・劉玄傳》：「王莽末年，南方飢饉，人庶群入野澤，掘鳧茈而食。」鳧茈又作「鳧茨」，即「荸薺」也。

〔八〕《晉書・何曾傳》：「然性奢豪……廚膳滋味，過於王者……食日萬錢，猶曰無下箸處。」

〔九〕舊説人身内有五臟神。《笑林》：有人常食蔬茹，忽食羊肉，夢五臟神曰：「羊踏破菜園。」

〔一〇〕指明王磐所著《野菜譜》。

〔一一〕譏人粗鄙曰「傖父」。

〔一二〕《左傳》成公十八年，晉立周子爲君。周子有兄，不慧，不能辨菽麥。《晉書・惠帝紀》：天下荒亂，百姓餓死，帝曰：「何不食肉糜？」

營實牆蘼

營實牆蘼（mí），《本經》上品。《蜀本草》云：「即薔薇也。」有赤、白二種，白者入藥良。湖南通呼爲「刺花」，俗語謂「刺」爲「勒」，音之轉也。《救荒本草》：「採嫩芽葉煠熟食之。」産外國者製爲露香，能耐久。今吴中摘花蒸之，亦清香，能祛熱。

雩婁農曰：薔薇露，始於海舶，蓋帷薄中物也。〔一〕宋時重之，蔡絛竄謫中猶津津言之不置，〔二〕殆其父子昆弟平日阿諛容悦，比之婦寺，孜孜以奇異纖瑣之物，引其君於花石玩好，以爲希榮固寵之計，其家人目見耳濡，以不能賓遠物、辨真僞爲恥，以恤民艱、圖國事爲迂闊而相姍笑。黄雀、螳螂，自謂無患，而不知挾彈黏黐者隨其後而捕逐也。〔三〕然其錮蔽已深，雖至家國蕩析，不知怨艾，而計較其昔時所寶貴者，猶怡然自詡其賞玩之不謬，以爲彼談民依、勵清節者皆田舍翁、窮措大耳，烏足以知此。嗚呼，玩物之喪人至此哉！或謂海外薔薇得霜雪則益香，故爲露逾於中華。不知彼地燠熱，花之有臭者，經寒乃清洌而耐久。南中橘柚，至燕薊亦芬馥逾於所産，物理之常，亦烏足異？彼斤斤於耳目嗜好者，誠哉夏蟲不可語冰，而醯雞甕天，〔四〕安知宇宙之大也！

〔一〕「薄」，原本誤作「簿」，據文意改。帷薄：此指閨門之内。

〔二〕蔡絛：蔡京之季子。官至徽猷閣待制，恣爲姦利，竊弄威柄，京敗，流白州。所著《鐵圍山叢談》卷六辨薔薇水非薔薇花上露，乃採薔薇花蒸成，所論甚詳。此外，彼又談沈水香、合浦珠之類，津津不置。

〔三〕黐：木膠，可以粘物。

〔四〕醯雞：酒甕中之蠛蠓也，以甕爲天。

白英

白英，《本經》上品。《爾雅》「苻，鬼目」即此。一名「排風子」。《吴志》曰「鬼目菜」，〔一〕《齊民要術》誤以爲嶺南「鬼目果」。湖南謂之「望冬紅」。俚醫以爲治腰痛要藥。其嫩葉味酸，可作茹。老根生者葉大，有五椏，凌冬不枯，春時就根生葉。《吴志》所云「緑樹長丈餘，葉廣四寸，厚三分」，不足異也。

雩婁農曰：白英有毛而酸，貧者食之，滇人呼爲「酸尖菜」。天下多貧人，故雖廣谷大川，民生異宜，而貧者必知貧者之食，亦漸濡使然也。古之賢者皆曰「富而能貧」，〔二〕夫「能」者，非獨能甘淡薄也，蓋必設身處地，洞悉艱難，故當其境則曰「素富貴」、「素貧賤」，〔三〕不當其境則曰「可富可貴」、「可貧可賤」。〔四〕唐有世閥子弟，罹兵而飢餒者，或憐而予之食，不能咽，曰：「此烟火氣，烏可食？」又傖父見食筍者，問諸其人，人曰：「此即竹也。」歸而煮其床脚，不熟。若此人者，處貧而不知貧者之食，不將俟其轉乎溝壑哉？

〔一〕見《三國志·吴書·三嗣主傳》。
〔二〕《左傳》襄公二十二年：「生於亂世，貴而能貧，民無求焉，可以後亡。」
〔三〕《禮記·中庸》：「君子素其位而行，不願乎其外。素富貴，行乎富貴；素貧賤，行乎貧賤；……君子無入而不自得焉。」言君子生當其境，無論貴賤，皆行其道。雖富貴，不驕不淫；雖貧賤，不諂不懾。
〔四〕當下雖不富貴或不貧賤，但遇富貴或貧賤也能適應其境。

茜草

茜草，《本經》上品。《爾雅》「茹藘，茅蒐」，注：「今之蒨也。」俗呼爲「血見愁」，亦曰「風車草」。《説文》以爲人血所化。〔一〕《救荒本草》：「土茜，苗、葉可煠食，子紅熟可食。」湖南謂之「鋸子草」。又一種葉圓稍大，謂之「金線草」，南安謂之「紅絲線」，二種通用。今甘肅用以染象牙，色極鮮，謂之「茜牙」。陶隱居謂「東方有而少，不如西方多」，蓋謂此。

雩婁農曰：《地官》：「掌染草，掌以春秋斂染草之物，〔二〕以權量受之，以待時而頒之。」注：「染草，茅蒐、橐蘆、豕首、紫茢之屬。」此以見古聖人於一草一木，無不經營擘畫以盡其材。而別服色，明等威，禁奇衺，〔三〕於五色所尚，尤斷斷不使間之奪正焉。〔四〕《述異記》云：「洛陽有支茜園。《漢官儀》：染園出支茜，供染御服，是其處。」漢制去古未遠，至《貨殖傳》「千畝支茜，其人與千户侯等」，則世風漸侈，服制無等，而民有擅其利者矣。近世色益華而染物亦屢變。《范子計然》云：「蒨根出北地，赤色者善。」陸元恪云：「齊人謂之茜，徐州人謂之牛蔓。」今河南、北皆不種茜，多以紅藍爲業，惟陝、甘以染牙物著稱，李時珍遂據陶隱居「東間諸處乃有而少，不如西多」之語，謂「茜」字從「西」以此，此亦王氏之《字説》矣。〔五〕茜之色不如紅藍，故朱色至紅藍而極。《爾雅翼》云：「今人染蒨者，乃假蘇方木，非古所用。」近嶺南者皆仰蕃舶蘇方木以供染，然一入再入，即以紅藍染之色乃殷紅，若蘇方木紫黯無華，不能敵茜色也。又《西域記》：「康巴拉撒之南春結一帶，産蕨菜、茜菜。」則茜盛於西方，且以作茹，不僅供染而已。

〔一〕《説文》原文爲「人血所生」。

〔二〕下「掌」字原闕，據《周禮・地官司徒》補。

〔三〕奇衺：邪僻之物。

〔四〕間：間色，即正色之混合色，如正黑加正赤爲紫色。

〔五〕《鶴林玉露》卷三：王安石撰《字説》，多牽强附會，時人哂之。世傳東坡問荆公：「何以謂之波？」曰：「波者，水之皮。」坡曰：「然則滑者，水之骨也。」

絡石

絡石，《本經》上品。湖廣、江西極多。陳藏器以圓葉爲「絡石」，尖葉一頭紅者爲「石血」，今從之。

雩婁農曰：絡石生石壁壞墻上，蔓而有直幹。《本經》以爲上藥，蓋藤屬象人筋絡，其耐霜雪者性必温，風之不摇則却風淫，而色如血者即入血。人肖天地，百物肖人，以物治人，即以人治人。人食味、別聲、被色而生，聖人亦以食、聲、色之相類者生之，無他道也，故曰「行所無事」。〔一〕

〔一〕《孟子・離婁下》：「禹之行水也，行其所無事也。如智者亦行其所無事，則智亦大矣。」行所無事：即順天道以行事。

白兔藿

白兔藿，《本經》上品。陶隱居云：「人不復用，亦無識者。」《唐本草》以爲「白葛」，葉似蘿藦。《蜀本草》以爲葉圓如蓴。

雩婁農曰：吾讀《本草注》謂「白兔食藿得仙」而啞然也。考神仙書，皆謂仙人有爵秩名位、尊卑職事，太虛青曾之中亦復勞形案牘，〔一〕貴賤相撿，亦烏取乎逍遥六合之外哉？韓子云「上界足官府」，蓋譏之也。〔二〕若鶴、鹿、駏驉及趯趯者皆得飛昇，〔三〕則天門詄蕩，〔四〕亦爲飛走者排擠矣。道家又謂鹿、鶴爲仙人騏驥，夫深山大壑，俛啄仰鳴，獉獉狉狉，自適已甚，乃以仙故，致受磬控而縛羈靮，〔五〕亦何樂乎其爲仙耶？

〔一〕青曾：青天層霄之上。

〔二〕此蘇東坡詩，吴氏誤記爲韓愈。東坡《盧山五咏》之《盧敖洞》一首云：「上界足官府，飛昇亦何益。還在此山中，相逢不相識。」

〔三〕駏驉：見卷十一「庵蕳」條注〔二〕。趯趯：跳躍狀，此處即指白兔。

〔四〕《漢書・禮儀志》引《天馬》云：「天門開，詄蕩蕩。」注云「天體堅清之狀」。

〔五〕磬控：馭馬。羈靮：絡頭及繮繩。

紫葳

紫葳（wēi），即「凌霄花」。《本經》中品。《唐本草注》引《爾雅》「苕，陵苕」郭注「又名陵霄」，今本無之。相傳其花有毒，露滴眼中，令人失明。根能行血，湖南俚醫亦用之。

雩婁農曰：余至滇，聞有「墮胎花」，俗云飛鳥過之，其卵即隕。亟尋視之，則紫葳耳。青松勁挺，凌霄屈盤，秋時旖旎雲錦，鳥雀翔集，豈見有胎殰卵殈者耶！〔一〕俗傳吉祥草、素心蘭皆能催生，取其佳名以静人囂而已。夫鼻不聞其臭，口不嘗其味，而藥性達於腹中，無是理也。否則簪花滿髻，折枝供瓶，皆爲莨菪下乳之毒草，其能不坼不副、〔二〕無災無害者鮮矣。然滇之張其詞以求利者，果何爲耶？吾烏知其故耶？〔三〕

〔一〕《禮記·樂記》：「胎生者不殰，而卵生者不殈。」殰：胎死腹中。殈：卵未孵化即破。

〔二〕坼：破裂。副：剖開。本指孕婦腹部破裂而産子，此指流産。

〔三〕隱指以非理墮胎。

栝樓

栝（kuò）樓，《本經》中品，《爾雅》：「果蠃之實，栝樓。」今有苦、甜二種，葉亦小異。《炮炙論》以圓者爲栝，長者爲樓，説近新鑿。〔一〕其根即天花粉。《救荒本草》：「根研粉，可爲餅穰，可爲粥。子可爲油。」

雩婁農曰：「果贏之實，亦施于宇」，釋《詩》者以爲人不在室則有之。〔二〕余行役時，〔三〕屢館曠宅，老藤蓋瓦，細蔓侵牕，蕭條景物，未嘗不憶《東山》之詩如披圖繪也。夫聖人衮衣繡裳，雍容致治，而於窮檐離索之情，長言詠歎，悱惻纏綿，有目覩身歷而不能言之親切如此者，豈臨時有所觸而能然哉？蓋其平日於民間綢繆拮据之事無不默爲經營，即一草木，一昆蟲，其蕃息於衡宇樊墻間者，無不歷歷然在於心目，思其翕聚則「烹葵」、「獻羔」，〔四〕念其離析則「敦瓜」、「蜎蠋」，〔五〕蓋非「破斧」、「缺斨」，〔六〕必不忍使吾民有「婦歎」、「灑掃」之悲，〔七〕其萬不得已之衷，有不待直言而自見者。人第頌其感人之深，而不知其憫從征之將士，若自咎其不能弭患於未然。故《鴟鴞》之詩諄諄於天之未陰雨也，〔八〕雨雪楊柳，師不言勞而勞師者代言之，〔九〕深情淪浹，亦猶行周公之道也。草黄人將，棧車周道，並有置其家室而不敢念者。〔一〇〕讀「無思遠人，勞心忉忉」之詩，而知周之衰矣。〔一一〕古詩「十五從軍，六十來歸」，備述其雞鳴犬吠之荒涼，而終以白楊蕭蕭、高冢纍纍，愁慘之音，如聞悲咽。〔一二〕杜拾遺《從軍行》曰「禾生隴畝無東西」，〔一三〕男子荷殳，婦姑曳鋤，較之「鹿場」、「鸛鳴」，益爲心惻，〔一四〕而哭聲干霄，〔一五〕則窮兵黷武之時，固不能不出之以慷慨悲激。《小雅》怨悱，〔一六〕勢使然也，然其源皆出於《東山》之詩。

〔一〕新鑿：標新立異而牽强附會。

〔二〕《豳風·東山》：「果蠃之實，亦施于宇。伊威在室，蠨蛸在户。町畽鹿場，熠燿宵行。」毛《傳》云：「果蠃，栝樓也。伊威，委黍也。蠨蛸，長踦也。町畽，鹿跡也。熠燿，燐也。燐，螢火也。」

〔三〕行役：因公務而出行。

〔四〕翕聚：會聚。《豳風·七月》「七月亨葵及菽」，「四之日其蚤，獻羔祭韭」。此言生民全家團聚有敬老祭先之樂。

〔五〕《豳風·東山》「有敦瓜苦，烝在栗薪」，「蜎蜎者蠋，烝在桑野」。此言生民别離勞苦也。

〔六〕見《豳風·破斧》：「既破我斧，又缺我斨。」此言國家有顛覆之危。

〔七〕《豳風·東山》：「鸛鳴于垤，婦嘆于室。灑掃穹窒，我征聿至。」

〔八〕《鴟鴞》：「迨天之未陰雨，徹彼桑土，綢繆牖户。」《詩序》：「《鴟鴞》，周公救亂也。成王未知周公之志，公乃爲詩以遺王。」

〔九〕《小雅·采薇》：「昔我往矣，楊柳依依。今我來思，雨雪霏霏。行道遲遲，載渴載飢。我心傷悲，莫知我哀。」《詩序》：「《采薇》，遣戍役也。文王之時，西有昆夷之患，北有玁狁之難，以天子之命命將率，遣戍役以守衛中國，故歌《采薇》以遣之。」

〔一〇〕《小雅·何草不黄》：「何草不黄？何日不行？何人不將？經營四方。」「有棧之車，行彼周道。」《詩序》：「下國刺幽王也。四夷交侵，中國背叛，用兵不息，視民如禽獸，君子憂之，故作是詩也。」

〔一一〕見《齊風·甫田》。《詩序》：「《甫田》，大夫刺襄公也，無禮義而求大功，不修德而求諸侯，志大心勞，所以求者非其道也。」

〔二〕古詩：「十五從軍征，八十始得歸。道逢鄉里人，家中有阿誰。遥看是君家，松栢冢纍纍。兔從狗竇入，雉從梁上飛。」

〔三〕應是《兵車行》。

〔四〕《豳風·東山》「町畽鹿場，熠燿宵行」，「鸛鳴于垤，婦嘆于室。」

〔五〕《兵車行》：「哭聲直上干雲霄。」

〔六〕指《采薇》及《何草不黄》二詩。

王瓜

王瓜，《本經》中品。《爾雅》「鉤，藈姑」，注：「一名王瓜。」今北地通呼爲「赤雹」，《本草衍義》謂之「赤雹子」是也。自淮而南，皆曰「馬瓟」，湖廣謂之「公公鬚」。《本草綱目》：「江西人名土瓜，栽之沃土，根味如山藥。」今江西呼「番薯」爲「土瓜」，又寧都山中別有一種土瓜，味甚劣，未知其即王瓜否也。陶隱居釋王瓜，與郭注所謂「實如瓝瓜，正赤，味苦」形狀脗合，則「鉤，藈姑」之名「王瓜」，相沿至晉、梁未改。古人姑、瓜音近相通，而王瓜之爲「赤雹」，以色形證之，殆無疑義。「馬雹」見《救荒本草》。至「土瓜」之名，則經傳已非一物。「菟瓜」、「菲芴」，蘇頌已謂同名異類。今俗間所謂「土瓜」，南北各別，不可悉數，故以土瓜釋王瓜而不具述形狀，則眯瞢不知何物矣。鄭注以爲「菝葜」，必有所承。〔一〕「王菩」、「王萯」，字異物同。「秀葽」之説，以四月孟夏時令相符，强爲牽合，不知「葽繞」《爾雅》具載，乃是「遠志」。《草木蟲魚疏》以爲栝樓。〔二〕栝樓，《爾雅》已前見，郭景純何故以「王瓜」釋「鉤，藤姑」而不以釋「栝樓」，且謂栝樓形狀藤葉與土瓜相類，不知所云土瓜又何物也？《唐本草注》：「王瓜葉如栝樓，而無叉缺，有毛刺。」無叉缺，則亦不甚相肖。蔓生之葉，非以花叉齒缺分別，則相同者多矣。明人説部乃以「黄瓜」爲「王瓜」，蹲鴟之羊，形諸簡牘，〔三〕不經實甚。小臣侍直，曾蒙天語詢及王瓜何物，因以所聞見具對。上復問黄瓜始於何時，具以始於前漢改名原委對。上曰：「諸瓜多始於後世，古人無此多品。俗人乃以王瓜爲黄瓜，失之不考。」九重宵旰，於一草一木無不洞燭根原，仰見雨露鴻鈞，不私一物，亦不遺一物。彼訓詁考訂家何能上測高深。

〔一〕《禮記·月令》：「螻蟈鳴，蚯蚓出，王瓜生，苦菜秀。」鄭注：「王瓜，萆挈也。」

〔二〕此及以下「栝樓」字原本皆誤爲「括樓」，俱據原出處改。

〔三〕《顔氏家訓》卷三：「江南有一權貴，讀誤本《蜀都賦》注，解『蹲鴟，芋也』乃爲『羊』字。人饋羊肉，答書云：『損惠蹲鴟。』舉朝驚駭。」

百部

百部，《别録》中品。《本草拾遺》云：「人多以門冬當百部。」今江西所産，苗、葉正如《圖經》所述，鄭樵所云「葉如薯蕷」，亦相近。李時珍以爲有如茴香葉者，恐誤以「天門冬」當之，以駁鄭説，過矣。秋開四尖瓣青白花，藝花者以末浸水去蟲。

葛

葛，《本經》中品，今之織絺綌者。〔一〕有種生、野生二種。《救荒本草》：「花可煠食，根可爲粉。」其蕈爲「葛花菜」。贛南以根爲果，曰「葛瓜」，宴客必設之。《爾雅翼》以爲「食葛名『雞齊』，非爲絺綌者」，蓋園圃所種，非野生有毛者耳。周《詩》詠「葛覃」，〔二〕《周官》列「掌葛」。〔三〕今則嶺南重之，吴、越亦尠，無論燕、豫。江西、湖廣皆産葛。凡採葛，夏月葛成，嫩而短者留之，一丈上下者連根取，謂之「頭葛」。如太長，看近根有白點者不堪用，無白點者可截七八尺，謂之「二葛」。凡練葛，採後即挽成綑，緊火煮爛熟，指甲剥看，麻白不粘青，即剥下，就流水搥洗淨，風乾露一宿，尤白。安陰處，忌日色。紡以織。凡洗葛衣，清水揉梅葉洗涮，夏不脆。或用梅樹搗碎泡湯，入瓷盆内洗之，忌用木器則黑。然嶺北女工多事苧。南昌惟西山葛著稱，贛州則信、豐、會昌、安遠諸處皆治葛。有家園種植者，亦有野生者。而葛布多雜蕉絲，〔四〕乍看鮮亮悦目，入水變色，質亦脆薄。用純葛絲，則韌而耐久，沾汗不污。會昌之精者，緋績更艱，葛一斤擇絲十兩，績之半年，始成一端。會昌、安遠有以湖絲配入者，謂之「絲葛」。湖南舊時潭州、永州皆貢葛，今惟永州有上供葛。葛生祁陽之白鶴觀、太白嶺諸高峰。芒種時採，煮以灰而濯之，而曝之，白而擘爲絲，紡以爲布，如方目紗，製爲衫，不可浣，污則灑以水，垢逐水溜無痕也。興甯縣亦蒔之。里老云：「葛有二種。遍體皆細毛者可績布，曰『毛葛』。遍體無毛者曰『青葛』，不可績，惟以爲束縛，則又毛葛所不逮。又毛葛亦有二種，蔓延於草上者，多枝節而易斷，成布不耐久；惟緣地而生者，有葉無枝，成布較勝於苧。」廣西葛以賓州、貴縣者佳，鬱林葛尤珍，明内監教之織爲龍鳳文也。粵之葛以增城女葛爲上，然不鬻於市。彼中女子終歲乃成一疋，以衣其夫而已。其重三四兩者，未字少女乃能織，已字則不能，故名「女兒葛」，所謂「北有姑絨，南有女葛」也。其葛産竹絲溪、百花林二處者良。采必以女，一女之力，日采祇得數兩，絲縷以鍼不以手，細入毫芒，視若無有，卷其一端，可以出入筆管。以銀條紗襯之，霏微蕩漾，有如蜩蟬之翼。然日曬則縲，水浸則蹙縮，其微弱不可恒服。惟雷葛之精者，細滑而堅，色若象牙，名「錦囊葛」，裁以爲袍、直裰，稱大雅矣。故今雷葛盛行天下。雷人善織葛，其葛産高涼、硇洲而織於雷，爲絺爲綌者分村而居。地出葛種不同，故女手良與楛功異焉。其出博羅者曰「善政葛」。出潮陽者曰「鳳葛」，以絲爲緯，亦名「黄絲布」。出瓊山、澄邁、臨高、樂會，輕而細，名「美人葛」。出陽春者曰「春葛」。然皆不及廣之「龍江葛」堅而有肉、耐風日也。《詩正義》云：「葛者，婦人之所有事。」〔五〕雷州以之，增城亦然。其治葛無分精粗，女子皆以鍼絲之，乾撚成縷，不以水績，恐其有痕迹也。織工皆東莞人，與尋常織苧蔴者不同，織葛者名爲細工。織成弱如蟬翅，重僅數銖，皆純葛無絲。其以蠶絲緯之者，浣之則葛自葛，絲自絲，兩者不相聯屬。純葛則否。葛産綏福都山中，采者日得觔，城中人買而績之，分上、中、下三等爲布。陽春亦然。其細葛不減增城，亦以紡緝精而葛真云。

雩婁農曰：葛者，上古之衣也。質重不易輕，吴蠶盛而重者賤矣；質韌不易柔，木棉興而韌者賤矣；質黄不易白，苧蔴繁而黄者賤矣。乃治葛者與絲爭輕，與棉爭軟，與苧爭潔，一疋之功，十倍於絲與棉與苧，其直則倍於絲，而五倍棉與苧，於是治葛者能事畢而技盡矣，而受治者力亦盡矣。褐之壽以世，〔六〕帛之壽以歲，麻之壽以月，今是葛也，日之焦，風之脆，浣之懈，藏之折，其壽幾何？聖人盡物之性而不盡物之力，因其重與韌與黄，〔七〕而葛之壽於是次於褐，均於帛，逾於麻。

〔一〕葛布細者爲絺，粗者爲綌。

〔二〕《周南·葛覃》：「是刈是濩，爲絺爲綌，服之無斁。」

〔三〕《周禮·地官司徒》：「掌葛，掌以時徵絺綌之材於山農。」

〔四〕蕉絲：芭蕉之纖維。

〔五〕見《周南·葛覃》。

〔六〕褐：粗麻所製布，其壽命可用一世。一世三十年。

〔七〕保留葛的重、韌、黄而不强求以輕、軟、白。

通草今木通。

通草，《本經》中品。舊説皆云「燕覆子」。藤中空，一枝五葉，子如小木瓜，食之甘美。今江、湘所用皆非結實者。《滇本草》以爲「野葡萄藤」。此藥習用而異，物非一種，蓋以藤蔓中空皆主通利關竅，故有效也。

防己

防己，《本經》中品。李當之云：「莖如葛根，外白内黄如桔梗。」〔一〕今藥肆所用殊不類。

雩婁農曰：李杲以防己「險而健，能爲亂階，聞其臭則可惡，下咽則令人身心煩亂、飲食減少；至於去十二經濕熱壅塞，非此藥不可」，〔二〕其與大黄匹敵可矣。甄權亦云有小毒。〔三〕李時珍以入「蔓草」。而《本經》無毒，中品，豈古人精神强固不畏洩利，而後人柔弱不能勝其苦寒，而乃以爲毒耶？夫藥力平者不能去病，而猛者性必有所偏。元氣已虧，根本漸撥，勝病之藥既不支，而苟且塞責之品何裨毫末？兩漢循吏，多在承平，至於繡衣持斧，〔四〕殺馬埋輪，〔五〕其時紀綱未紊，民氣恬熙，故武健者得行其志，而一時亦收火烈之效。至其季也，雖有戡平盜賊之績，不旋而復熾，火燎於原，一杯曷濟？故治病治民，不先審其根本，而恃藥力之投，頭有蝨而剃之，蝨則盡矣，髮於何有？

〔一〕李當之：魏晉時人，與吴普對《神農本草經》做過整理增益。

〔二〕李杲：醫科金元四大家之一。引文見明繆希雍《神農本草經疏》卷九。

〔三〕甄權：隋唐時名醫。

〔四〕《漢書・武帝紀》：天漢二年，「泰山、琅邪群盜徐敎等阻山攻城，道路不通。遣直指使者暴勝之等衣繡衣，杖斧，分部逐捕」。

〔五〕《後漢紀》：順帝漢安元年，遣光禄大夫張綱等八人持節循行天下，表賢良，治貪汙有罪者。喬等奉命而行，唯綱獨埋車輪於都亭不動，曰：「豺狼當道，安問狐狸？」遂上書劾梁冀。

黄環

黄環，《本經》下品。其子名「狼跋子」。《别録》下品。據《唐本草注》及沈括《補筆談》，即今之「朱藤」也。南北園庭多種之，山中有紅紫者色更嬌豔。其花作苞有微毛，作蔬案酒極鮮香。《救荒本草》「藤花菜」即此。李時珍以爲唐、宋《本草》不收，殆未深考。又陶隱居云「狼跋子能毒魚」。今朱藤角經霜迸裂，聲厲甚，子往往墜入園池，未見魚有死者。又《南方草木狀》有「紫藤」，云「根極堅實，重重有皮，莖香，可降神」。〔一〕《本草拾遺》以爲長安人亦種飾庭院，似即以朱藤、紫藤爲一種。今湖南春掘其根，以烘茶葉，云能助茶氣味。其根色黄，亦呼「小黄藤」云。

〔一〕言焚之其香氣可以饗神而使之降靈。

羊桃

羊桃，《本經》下品。《詩》「萇楚」，〔一〕《爾雅》「銚弋」，〔二〕皆此草也。今江西建昌造紙處種之，取其涎滑以揭紙。葉似桃葉，而光澤如冬青。湖南新化亦植之。黔中以其汁黏石不斷，《黔書》、《滇黔紀游》皆載之。光州造冢，以其條浸水，和土捶之，乾則堅如石，不受斧鑿，以火温之則解。

雩婁農曰：天下之至小，能制天下之至大；天下之至柔，能制天下之至剛；天下之至輕，能制天下之至重；天下之至易，能制天下之至難。莫堅於石，椿以鹽麩之木而立坼；〔三〕莫脆於石，錮以羊桃之汁而無隙。彼人氣之碎犀，翡翠之屑金；〔四〕羚角之破金剛，〔五〕衣袽之固漏舫；〔六〕膽之辟塵，〔七〕膠之止濁；木賊之軟牙，戎鹽之累卵，〔八〕物性之相感而相制，殆有不可窮詰者。吾以爲人主操尺寸之柄以制天下，亦猶是矣。干羽非征苗之兵而蠢兹格，〔九〕《關雎》非翦商之謀而王業基。〔一〇〕聖人操其至小、至柔、至輕、至易者，謹之於廟堂，而賞不恃爵禄而勸，罰不恃斧鉞而懲。神禹之平成，〔一一〕孟子曰「行所無事」；周家之艱難，周公曰「能知小人之依」，〔一二〕天下固有自然相通相及之理。而無事竭智而逞力者，彼衡石稱書，豈天下之書遂盡此乎？〔一三〕鹽鐵榷利，豈天下之利遂盡此乎？〔一四〕申、韓煩刑，〔一五〕豈天下之獄訟皆刑所及而無能遁者乎？孫、吴治兵，〔一六〕豈天下之强梗皆兵所威而無能抗者乎？以大制大，以剛制剛，以重制重，以難制難，竭其智而智有所不能周，逞其力而力有所不能敵，故用智者必歸於愚，而用力者必至於弱。秦皇、漢武不能終於富强，而況其他乎？抑又有一説焉，人主驅遣大將如使嬰兒，而往往制於寺宦宫妾，如秦之苻堅，〔一七〕唐之玄宗，後唐之莊宗，〔一八〕則歐陽子所謂「禍患生於所忽，智勇困於所溺」，〔一九〕譬如千金之隄，潰於蟻穴，合抱之木，斃于桂屑，〔二〇〕雉之介誘於媒，〔二一〕熊之勇昵於夾，〔二二〕物固不可以小大、剛柔、輕重、難易之相形，而毅然可以自恃。聖人之道，亦唯於至小、至柔、至輕、至易者慎之而已，若其所以相制，則亦無所用心也。

〔一〕見《檜風·隰有萇楚》。

〔二〕《釋草》：「長楚，銚芅。」

〔三〕《本草綱目》卷三十二：鹽麩子，生吴蜀山谷，樹狀如椿。

〔四〕宋陸佃《埤雅》卷三：或曰翡翠屑金，人氣粉犀。犀最難擣，惟鋸犀成小塊，以極薄紙裹置懷中，令近肉，以人氣蒸之，候氣蒸潤，乘熱投臼中急擣，應手如粉。

〔五〕明方以智《物理小識》卷八：「安南高石山一角羚羊能碎金剛石。」

〔六〕破布絮可以塞漏船之隙。
〔七〕《景岳全書》卷四十九：諸膽皆能水面辟塵，而熊膽尤速。
〔八〕《埤雅》卷十五：「戎鹽累卵。」
〔九〕《書·大禹謨》：「苗民逆命。……帝乃誕敷文德，舞干羽於兩階，七旬有苗格。」蠢兹：即指苗民。
〔一〇〕翦商：除滅商朝。王業基：爲王業打下基礎。《詩序》：「《關雎》，后妃之德也。風之始也，所以風天下而正夫婦也。故用之鄉人焉，用之邦國焉。」
〔一一〕《書·大禹謨》：「地平天成，六府三事允治，萬世永賴，時乃功。」
〔一二〕《書·無逸》：周公曰：「君子所，其無逸。先知稼穡之艱難，乃逸，則知小人之依。」
〔一三〕《史記·秦始皇本紀》：「天下之事無小大皆决於上，上至以衡石量書，日夜有呈，不中呈不得休息。」
〔一四〕指漢武帝用桑弘羊、孔僅等榷鹽鐵，禁私鑄私鹽，以收天下之利。
〔一五〕申不害、韓非。二人主張以酷法治國。
〔一六〕孫武、吴起。二人爲戰國時大軍事家，善治兵，均有兵法傳世。
〔一七〕後秦苻堅昵於慕容冲姐弟。
〔一八〕五代後唐莊宗昵於伶人。

〔一九〕歐陽修《新五代史・伶官傳序》：「禍患常積於忽微，而智勇多困於所溺。」

〔二〇〕《夢溪筆談・辯證二》引《雷公炮炙論》：「以桂爲丁，以釘木中，其木即死。」

〔二一〕雉：耿介之鳥。媒：鳥媒。

〔二二〕熊恃勇力，雙掌犄木，終爲木所夾。

白斂

白斂，《本經》下品。爲瘡毒調敷之藥。赤斂，花、實、功用皆同，惟根表裏俱赤。

赭魁

赭魁，《本經》下品。根形詳沈括《筆談》。〔一〕

〔一〕《夢溪筆談・藥議》：「今赭魁南中極多，膚黑肌赤，似何首烏。切破其中，赤白理如檳榔，有汁赤如赭。」

忍冬

忍冬，《别録》上品。俗呼「金銀花」，亦曰「鷺鷥花」，又名「左纏藤」。陶隱居云：「忍冬酒補虚、療風，世人不肯爲之，更求難得者。」〔一〕近時爲解毒治痢要藥。吾太夫人會患痢甚亟，禱於神，得方，以忍冬五錢煎濃汁呷之，不及半日即安，其效神速如此。吴中暑月以花入茶飲之，茶肆以新販到金銀花爲貴，皆中州産也。〔二〕

雩婁農曰：忍冬，古方罕用，至宋而大顯。金段克己詩云：「作詩與題評，使異凡草木。」〔三〕蓋未知近時吴中盛以爲飲，沁蓴吸露，歲縻萬餘緡也。夫物盛衰固自有時，而醫者云：「誰知至賤之中，乃有殊常之效。」噫，何所見之陋也！凡物之利益於人，孰非賤者？穀蔬之於珍錯也，金錫之於珠玉也，陶匏之於髹刻也，布綿之於錦繡也，茅茨闔廬之於衣綈錦、被朱紫也，若者易，若者難，若者爲民利，若者爲民病，不待智者而知也。且畎畝、版築、漁鹽、販豎，人之賤者，而聖賢出焉。漢之盛也，販繒、吹簫，〔四〕位兼將相，而編蒲、牧豕者亦以經術顯。〔五〕得時則駕，不得時則蓬虆而行，〔六〕人亦何賤之有？且賤者貴之基，貴者賤之伏。彼害人家國事者，亦豈限貴賤哉？漢之江充、息夫躬、孔僅、桑弘羊，非高門也，〔七〕王鳳、王莽、梁冀、袁紹，非下僚也。〔八〕司馬氏之東遷也，以王、謝爲晉、鄭，而傾王室者豈少烏衣子弟哉？〔九〕蘇峻平而懲折翼之夢，封坩之小吏也；〔一〇〕盧循滅而符射蛇之讖，伐荻之擔夫也。〔一一〕唐重世閥，以門第高下相夸，亦以相軋，至牛、李黨一貴一賤，終唐之亡而不解。〔一二〕北宋之弱，始以新法者，疎遠之囚首垢面；〔一三〕繼以紹聖者，渺茫之方丈仙人，〔一四〕而終以花石綱之市井無賴。〔一五〕亡南宋者，則又貴介、椒戚之韓、賈也。〔一六〕嗚呼！參、术至貴，〔一七〕能生人亦能殺人；戟、陸至賤，〔一八〕能殺人亦能生人。莊子之言曰：「藥也其實，堇也，桔梗也，雞癰也，〔一九〕豕零也，是時爲帝者也。」〔二〇〕郭曰：「物當其所須則無賤，非其時則無貴。」〔二一〕故曰

「禮，時爲大」，〔二二〕然「聖人不能爲時」。〔二三〕

〔一〕忍冬酒：煮忍冬之汁所釀之酒。更求難得者，是捨易得之忍冬酒，而另求難得之物。

〔二〕中州：指今河南一帶。

〔三〕詩題《同封仲堅采鷺鷥藤，因而成詠，寄家弟誠之》。

〔四〕灌嬰，睢陽販繒者。周勃，以織薄曲爲生，常以吹簫給喪事。

〔五〕路温舒，牧羊，截澤蒲編而寫書，讀以忘倦。受《春秋》，通大義。舉孝廉。公孫弘，少時爲獄吏，有罪免，家貧，牧豕海上。武帝時爲丞相。

〔六〕蓬虆，或作「蓬累」。見本卷「天門冬」注。

〔七〕江充女弟善鼓琴歌舞，嫁之趙太子丹。後興巫蠱之禍，武帝太子被誣起兵被殺，前後死者數萬人。息夫躬則少爲博士弟子，受《春秋》。哀帝時以誣陷東平王咒詛事而起家。孔僅爲南陽大冶鐵家。桑弘羊爲洛陽賈人之子。二人均以抑工商、能聚斂而得武帝寵信。

〔八〕王鳳爲漢成帝之舅父，王莽爲王鳳之侄。梁冀爲漢順帝皇后之兄。袁紹四世三公。

〔九〕烏衣：建業烏衣巷，王、謝二族多聚居於此。此句意謂西晉亡，瑯琊王司馬睿立國江東，依賴王、謝二族，如周平王之於鄭、晉二國，但在幾乎傾覆了王室的反賊中，這些豪族中也大有人在，如大將軍王敦。

〔一〇〕此東晉陶侃事。陶侃既平蘇峻之亂，權傾一時。曾夢生八翼，飛而上天，見天門九重，已登其八，唯一門不得入。閽者以杖擊之，因墜地，折其左翼。於是晚年常懷止足之想，不與朝政。封坩：坩，陶製盛物之器。侃幼孤貧，少爲尋陽縣吏，嘗監魚梁，以一坩魚鮓遺母湛氏，湛氏封鮓及書，責侃不能守公，卒使陶侃爲名臣。

〔一一〕此宋武帝劉裕事。東晉末年，劉裕等平滅盧循。裕微時曾伐荻新洲，有大蛇長數丈，射傷之。擔夫：采薪負販者，劉裕割葦，以賣葦爲生只是猜測。

〔一二〕牛僧孺、李德裕各立朋黨，相傾軋。

〔一三〕囚首垢面指王安石。安石性不好華腴，自奉至儉，或衣垢不澣，面垢不洗。

〔一四〕哲宗親政後，紹述神宗，啓用蔡京一黨，改年號爲紹聖。徽宗繼位，承襲哲宗之政，而又崇奉道教，求仙不止。方丈：傳説海上有蓬萊、方丈等仙山。此「仙人」指林靈素等出身寒微之道士。

〔一五〕朱勔，蘇州人。其父冲，狡獪有智數。賤微，爲人庸。花石綱即起於朱勔父子之獻珍異與徽宗。

〔一六〕主持開禧北伐而慘敗的韓侂胄爲北宋名臣韓琦後人。亡國奸臣賈似道之姐爲理宗寵妃。

〔一七〕人參、白朮。

〔一八〕大戟、商陸。

〔一九〕「癃」，原本誤作「壅」，據《莊子》改。

〔二〇〕見《莊子·徐無鬼》篇。時爲帝：言四種草藥以時迭相爲主。

〔二一〕郭：指郭象《莊子》注。

〔二〕《禮記·禮器》：「禮時爲大，順次之，體次之，宜次之，稱次之。」

〔三〕《戰國策·秦策三》：「聖人不能爲時，時至而弗失。」

千歲虆

千歲虆，《别録》上品。陳藏器以爲即「葛虆」。《本草衍義》引甘守誠，以爲即姜撫所進長春藤，飲其酒多暴死。〔一〕今俚醫以爲治跌損要藥，其力極猛，不得過劑。吉安人有患跌折者，誤以數劑併服，遂暴卒。鞫獄者取莖研入肉以試犬，犬食之，頃刻間腹膨脝矣。〔二〕

雩婁農曰：甚矣，不學無術而惑邪説者之害之鉅也！《詩》之詠葛虆者多矣，無言「采采」者。〔三〕《傳》曰：「葛虆能庇其本根。」〔四〕今山林中貫木絡石，條蔓蔚密，材不可薪，不任縛，實不中噉而爲鳥雀啅啄者，雖婦稚皆識之。乃姜撫一妄男子，詫爲仙藥，舉朝信之，或以致斃，惟一衛士甘守誠破其狂誕，豈彼時朝右皆「伏獵」、「弄麞」之庸豎，〔五〕而無一通知經術者哉？蓋誦其名，眯其物，〔六〕摭撦風月虚幻之詞而不究其所用，〔七〕蔡謨讀《爾雅》不熟，幾爲《勸學》死，良可哂矣！〔八〕夫良工度木，非徒爲大小曲直也，必審其剛柔燥濕之性，而後爲室則正，爲器則固。其編蒲、織柳、漚麻、搗楮，〔九〕無有不識物性而能成一藝者。況醫者以藥投人腹中而不知其有毒與否，而受者乃貿貿然而試之，是輕千金之軀於鴻毛矣。夫驅使草木而不知其性情，尚不能得其利而無害，然則人主用人，將舉家國人民而聽之，乃不能灼知其賢不肖，其利害不亦大哉！漢之言占候者，欲以日辰之善惡決所見之邪正。舉進退黜陟之權，寄之於孤虚旺相，〔一〇〕其與術士以舉世不用之藥而詭言長生者，皆不求之於可知而求之於所不可知。《禮》曰「百工之事，皆聖人所作」，〔一一〕又曰「夫婦之愚，可以與知」。〔一二〕彼聖人所不言，愚夫愚婦所不知，皆妄而已矣。

〔一〕《新唐書・方技傳》：姜撫上言服常春藤使白髮還鬒，則長生可致。藤生太湖最良。玄宗遣使者至太湖多取，以賜中朝老臣，因詔天下使自求之。民間以酒漬藤飲者多暴死，乃止。惟右驍衛將軍甘守誠知藥石，曰：「常春者，千歲藟也。旱藕，杜蒙也。方家久不用。」

〔二〕腹膨脝：肚腹脹大。

〔三〕《周南・樛木》「葛藟累之」、「葛藟荒之」、「葛藟縈之」。《王風・葛藟》「綿綿葛藟」。《大雅・旱麓》「莫莫葛藟」。《詩》言「采采」，如「采采卷耳」、「采采芣苡」者，皆采以爲食也。

〔四〕見《左傳》文公七年。

〔五〕《新唐書・嚴挺之傳》：户部侍郎蕭炅素不學。嘗讀「伏臘」爲「伏獵」。嚴挺之曰：「省中豈容有『伏獵侍郎』！」《舊唐書・李林甫傳》：姜度妻誕子，林甫手書慶之曰：「聞有弄麞之慶。」誤「璋」爲「麞」，客視之掩口。

〔六〕眯：不能辨識。

〔七〕摭撦：胡亂拉扯附會。

〔八〕見卷三「蘘荷」條注〔四〕。

〔九〕搗楮：搗楮樹皮以造紙。

〔一〇〕孤虚旺相：此指以卜筮占吉凶氣數。

〔一一〕見《周禮·冬官考工記》。

〔一二〕見《禮記·中庸》。意謂雖匹夫匹婦之愚，亦可以知其是非。

萆薢

萆（bì）薢（xiè），《别録》中品。《宋圖經》列數種。李時珍云：「葉大如盌。今人皆以土茯苓爲萆薢，誤矣。」其實今人乃以萆薢爲土茯苓耳。南安謂之「硬飯團」，屑粉食之。兹從李説，而别存原圖。

雩婁農曰：余按試贛，〔一〕聞山中人有掘「硬飯團」爲糧者，令人採視之，則即藥肆所收以代土茯苓，而李時珍以爲萆薢者，堅强如木石。山人之言曰：「贛山瘠田少，苦耕穀不蓄，雖中人産不能終歲粒食，則仰給於薯。薯不足，則糜草木之根荄而粉餈之，若葛若蕨及此物，皆貧民果腹是賴。」余觀范文正公使江淮，取民所食烏昧草以進，乞宣示六宫戚里，以抑奢靡。前賢欲朝廷知民間艱難如此。然此猶值儉歲耳，〔二〕若贛之民，雖豐歲，亦與上古食草木之實同，而不獲奏庶艱食，〔三〕比之豳地苦寒，穫稻烹葵，其苦樂爲何如耶？世有抱痌瘝者，〔四〕取瘠土之民之生計講求訪咨，繪爲圖説，使爲民上者知風雨時節，而無告窮黎尚有藜藿不糝、茹草囓木而甘如黍稷者，一遇亢暵螟螣，〔五〕稭葉皆盡，顛連離散，計惟有填溝壑而入盜賊，得不蹙蹙然預計綢繆，爲鳩形鵠面者蓄升斗之儲？〔六〕而一切偷安縱欲，坐待流民之圖，〔七〕於心忍乎？求牧與芻而不得，立而視其死，距心亦知罪矣。〔八〕善將者士先食而後食，豈守令而不然哉？

〔一〕按試：考查各府儒生學業。

〔二〕儉歲：荒年。

〔三〕艱食：草木之實，施力艱難而得之者。

〔四〕抱痌瘝：關心民間疾苦病害。

〔五〕旱蝗之災。

〔六〕鳩形鵠面：饑民枯瘦之狀。

〔七〕《宋史全文》卷十二上：神宗時，新法擾民，鄭俠上書，獻《流民圖》，朝廷以爲狂。

〔八〕距心：齊國平陸大夫名。《孟子·公孫丑下》：孟子之平陸，謂其大夫曰：「子之失伍也亦多矣。凶年饑歲，子之民，老羸轉於溝壑，壯者散而之四方者，幾千人矣。」曰：「此非距心之所得爲也。」（意謂此乃齊王之大政，不肯賑窮，非我所得專爲也。）曰：「今有受人之牛羊而爲之牧之者，則必爲之求牧與芻矣。求牧與芻而不得，則反諸其人乎？抑亦立而視其死與？」曰：「此則距心之罪也。」

菝葜

菝（bá）葜（qiā），《别録》中品。江西、湖廣皆曰「鐵菱角」，曰「金剛根」。葉可作飲。《救荒本草》謂之「山棃兒」，實熟紅時味甘酸，可食，其根有刺甚厲，俚醫多用之。

雩婁農曰：菝葜，山中多有之，根多刺如釘，似非善草，然葉可飲，子可食，根可染，治脚弱、痺滿，釀酒飲之，幾無剩物。而張耒有《菝葜》詩：「江鄉有奇蔬，本草寄菝葜。驅風利頑痺，解疫補體節。春深土膏肥，紫筍迸土裂。烹之芼薑橘，盡取無可掇。」則此草乃又堪蔬矣。吾於此見造物之愛人甚矣。山氓營窟林箐中，寒而瘿，濕而痺，炙而暑，刺而風，惡蟲怪鳥洩其毒而爲瘴癘瘍癰，人非木石，何以堪此！乃使之日飲啜於良藥嘉草之中，潛消其疹戾而不之覺，「不識不知，順帝之則」。〔一〕聖人之於民也亦猶是矣，養生送死，救災弭患，其事必極於纖微瑣屑，其功乃盡於裁成輔相。《周官》於絲枲、荼葛、果蓏、漆林之類無不臚舉，而庶氏、蟈氏所以攻鳥獸毒蟲者，其官亦皆備焉。〔二〕後世輒曰「大臣不親庶事」，〔三〕夫「不親」者，委任庶官而已，然其於民之一飲食、一疾痛，無不默默爲之籌畫憂勞。《康誥》曰：「如保赤子。」方其保抱攜持，無所不至，彼赤子烏知之而感之？漢之搉鹽鐵也，以賈人富，而重租税以困之；宋之行新法也，比之祈寒暑雨，怨咨而不顧。夫君之於民猶父之於子，豈有以子富而困使貧，且使之怨咨無聊而以爲快哉？水旱疾疫，戹運所極，造物已早爲生聚百物，以待人主之措施。彼以陽九委之於天者，〔四〕蓋真視天夢夢也。〔五〕天不虚生一物，聖人不虚靡一物。樹木不以時伐，曾子謂之不孝。天德、王道，何事不該，疏節闊目，其學曰粗。

〔一〕見《詩·大雅·皇矣》。帝：天帝。此言文王順天之自然之則。

〔二〕《周禮·秋官司寇》：「庶氏掌除毒蠱，以攻説禬之，以嘉草攻之。」「蟈氏掌去蛙黽。」

〔三〕《漢書·丙吉傳》：吉嘗出，逢群鬬者，死傷横道，吉過之不問。或以譏吉，吉曰：「民鬬相殺傷，長安令、京兆尹職所當禁備逐捕。……宰相不親小事，非所當於道路問也。」

〔四〕陽九：災害、禍患。

〔五〕《詩·小雅·正月》：「民今方殆，視天夢夢。」夢夢：錯亂不明貌。

鉤藤

鉤藤，《别録》下品。江西、湖南山中多有之。插莖即生，莖、葉俱緑。《本草綱目》云：「藤有鉤，紫色。」乃「枯藤」也。

雩婁農曰：鉤藤或作「釣藤」，以其鉤曲如釣針也。《滇志》：「咂酒，出鎮雄州。」〔一〕陸次雲《峒谿纖志》：「咂酒，一名鉤藤酒，以米雜草子爲之，以火釀成，不篘不酢，〔二〕以藤吸取。多有以鼻飲者，謂由鼻入喉更有異趣。」鎮雄直滇東北千里而遥，鼻飲之風，今無聞焉。考鎮雄爲芒部地，舊隸烏蒙，雍正八年改昭通府，以鎮雄爲州，其屬有威信、牛街、母亨、彝良，皆設吏分治。其夷則有苗、沙二種，蓋地曠嶺奥，蠻俗猶有存焉。然其植物，昔有五加、方竹、龍眼、荔支諸物，今志不載龍眼、荔支，而謂採筍蹂躪，方竹殆盡，五加已絶種。又謂有海竹，空中爲咂酒竿，〔二〕則咂酒亦不盡用鈎藤。今昔殊風，大都皆然。而舊諺所謂「烏蒙與天通」者，今已爲運銅孔道，馱負侁侁，〔四〕流人占籍，〔五〕宜其濡染華風，非復嵩谿故狀。抑夷性慤而土地磽确，〔六〕一草一木輒惜之，或以易食物，而畏官之需索尤甚，志蓋因其俗而杜誅求云爾。〔七〕然以方竹爲守土累者，實有之矣，務奇詭而不恤艱難，烏可以長民哉！〔八〕

〔一〕鎮雄州：治所在今雲南鎮雄縣。

〔二〕篘：濾酒也。酢：此言榨酒也。

〔三〕空中：把竹節間打通。

〔四〕侁侁：行進貌。

〔五〕外來流民加入本籍。

〔六〕磽确：土地貧瘠堅硬。

〔七〕誅求：强行徵取。

〔八〕長民：爲民之官長。

蛇莓

蛇莓（méi），《別録》下品。多生園野中。南安人以莖、葉擣敷疔瘡，隱其名爲「疔瘡藥」，試之神效。自淮而南，謂之「蛇蛋果」，江漢間或謂之「地錦」。

雩婁農曰：蛇莓多生階砌下，結紅實，色至鮮，故名以「錦」。雖爲莓，然第供烏雀螻蟻耳。顧其塗敷疔毒，效甚捷而力至猛。寸草有心，烏可忽乎哉？夫德無小，翳桑一飯而倒戟，〔一〕執炙一臠而救危，〔二〕飲食之施，適得國士，咫尺階前，乃有大藥。否則門左千人，門右千人，碌碌者黍不爲黍，稷不爲稷，求其非荆棘之刺足矣，尚能獲其報乎？〔三〕

〔一〕《左傳》宣公二年：晉趙盾田於首山，舍于翳桑，見靈輒餓，問其病。曰：「不食三日矣。」食之，舍其半。靈輒後爲晉靈公甲士。靈公飲趙盾酒，伏甲士欲害之。靈輒倒戟以禦公徒，趙盾以免。

〔二〕《晉書·顧榮傳》：榮與同僚宴飲，見執炙者貌狀不凡，有欲炙之色，榮割炙啖之。及趙王倫敗，榮被執，將誅，而執炙者爲督率，遂救之，得免。

〔三〕《韓詩外傳》卷六：晉平公游於河，曰：「吾食客門左千人……門右千人，吾可謂不好士乎？」船人對曰：「夫鴻鵠一舉千里，所恃者六翮爾。背上之毛，腹下之毳，益一把飛不爲高，損一把飛不爲加下。今君之食客，門左門右各千人，亦有六翮在其中矣，將皆背上之毛、腹下之毳耶？」

牽牛子

牽牛子，《別録》下品。今園圃中植之。《酉陽雜俎》謂之「盆甑草」，自河以北謂之「黑丑」、「白丑」，又謂之「勤娘子」。其花色藍，以漬薑，色如丹。南方以作紅薑，故又名「薑花」。又一種子可蜜煎，俗謂之「天茄」，《救荒本草》謂之「丁香茄」。李時珍以爲即牽牛子之白者，花、葉固無異也。另入「果類」。

雩婁農曰：俗以牽牛花同薑作蜜餞，紅鮮可愛，而理不可曉。梅聖俞詩：「持置梅窗間，染薑奉盤饈。爛如珊瑚枝，惱翁牙齒柔。」〔一〕文與可詩：「只解冰盤染紫薑。」〔二〕此法自宋始矣。邵子詩：「雕零在槿先。」〔三〕言其日出即收也。司馬温公獨樂園有花庵，以牽牛、瓜豆爲之。東坡以此非佳花，〔四〕而前賢多賞之，觀邵子所謂「長是廢朝眠」者，即此，亦見賢者斷無三宴起時也。〔五〕黄綾被裹放衙，〔六〕終身不見此花矣。俗呼此花爲「勤娘子」，亦有味。

〔一〕詩題《牽牛》。

〔二〕此楊萬里《牽牛花》詩句。

〔三〕邵雍詩題《花庵多牽牛，清晨始開，日出已瘁，花雖甚美，而不能留賞》。下引句「長是廢朝眠」亦出此詩。

〔四〕蘇轍《賦園中所有十首》之八有句：「牽牛非佳花，走蔓入荒榛。」因蘇軾亦有《和子由記園中草木十首》，故吴氏誤記爲東坡。

〔五〕宴，通「晏」。晏起，晚起也。

〔六〕放衙升堂之時，尚在被中酣睡。

女萎

女萎，見李當之《藥録》。諸家誤以解「委萎」。〔一〕《唐本草》以爲似白蘞，主治痢洩。觀王羲之《女萎丸帖》云「腹痛小差，須用女萎丸，得應甚速」，則必非今玉竹矣。〔二〕原出荆襄，又曰魯國。女萎近世方中無用者，存原圖以俟訪。

〔一〕自陶隱居以下多以女萎即委萎。

〔二〕「女萎」一名「玉竹」。

地不容

地不容，一名「解毒子」。《唐本草》始著録。《南嶽攬勝集》：「軫宿峰北多生地不容草，取汁，同雄黄末調服之，大解蛇毒。以其滓敷傷處，雖蝮蛇、五步至毒，亦不加害，其效至速。」

雩婁農曰：余在湘中，按志求所謂「地不容」者，不可得。及來滇，有以何首烏售者，或云滇人多以地不容僞爲何首烏，宜辨之。余喜得地不容甚於何首烏也，遂博訪而獲焉。其根、苗大致似交藤，而根扁而瘠，葉厚而圓，開小紫花。詢諸土人，則曰：「其葉易衍，其根易碩，殆無隙地能容也，故名。或以其葉團似荷錢，而易爲『地芙榮』，失其意矣。」考《圖經》，生戎州，〔一〕今爲安順府，與滇接。宋版輿不及滇，故不以爲滇産。《滇本草》曰：「味苦，性温，有毒，治一切瘧吐、倒食氣、吐痰，甚於常山，虚者忌之。常山有轉達之功，地不容無轉達之功，故禁用。」其説與《圖經》異而詳。滇、黔之藥，多出於夷峒。夷之衣服飲食不與華同，以治夷者治民，幾何不草菅而獼薙之耶？〔二〕然世之好奇者，不求之烏滸狼𧵍，〔三〕則求之番舶鬼市，〔四〕輒曰：「藥之來者遠，則其爲效也捷。」嗚呼！病非夷之病而藥夷之藥，則必衣夷之衣而後知其藥之舒歛，食夷之食而後知其藥之補伐，身體心腹，無不變而爲夷，而後藥之入其肺腑而達於毛髮者，乃無一不相淪浹瞑眩焉，而後知夷醫爲和緩、〔五〕夷藥爲參苓矣。否則，不乃之羹，古剌之酒，〔六〕且有㕦於喉、刺於鼻而不能一咽者，况此苦辛劇毒之品，而謂五行無偏勝之臟腑，可以相容莫逆，如石投水哉？滇地今益闢，夷之負藥入市者，惟薰洗瘡痍，瘍醫實取資焉。駸駸乎胥百夷而冠帶之，酸鹹之，且將以治民者治夷矣。如《滇本草》，誠不以良民試夷法，滇亦多賢人哉！

〔一〕宋戎州在今湖北宜賓。

〔二〕獼薙：除滅。

〔三〕《南州異物志》：「烏滸，地名也，在廣州之南，交州之北。」狼𧵍：在今廣西。

〔四〕鬼市：此指與外國人交易之市。

〔五〕和、緩俱春秋時名醫。

〔六〕唐劉恂《嶺表録異》：「交趾之人重不乃羹，羹以羊、鹿、雞、猪肉和骨同一釜煮之，令極肥濃，漉去肉，進葱薑，調以五味，貯以盆器，置之盤中。」古剌酒不詳。元汪大淵撰《島夷志略》有東冲古剌，其人釀蔗漿爲酒，或指此。

白藥

白藥，《唐本草》始著録。《圖經》有數種，《本草拾遺》又有「陳家白藥」、「甘家白藥」、「會州白藥」，有方無圖。今滇南亦有白藥，主治馬病，未知是《圖經》何種，不敢併入。兹從《圖書集成》繪存原圖一種，其治證各方，録於編中以備考。〔一〕

〔一〕見《植物名實圖考長編》卷十「白藥」條。

落鴈木

落鴈木，《唐本草》始著録。《海藥》謂鴈過皆綴其中，故名。生南海山中，代州、雅州皆有之。〔一〕治風痛、脚氣、産後血氣痛。

〔一〕代州即今山西忻州之代縣。雅州則今之四川雅安。

解毒子

解毒子，《唐本草》以爲生川西，即「地不容」。《圖經》所云生戎州者，與滇南地不容雖相類，而云無花、實。李時珍以《四川志》「苦藥子」即「解毒子」，又或謂即「黄藥子」，皆出懸揣。今以滇南地不容别爲一圖，而存解毒子原圖以備考。世之用地不容者，當依《滇本草》爲確。其舊説解蠱毒、消痰、降火，雖具藥性，而不可輕試。若川中「苦藥子」，亦恐非《唐本》之解毒子也。

蘿藦

蘿藦(mó)，即「藋蘭」，見《詩疏》。〔一〕《唐本草》始著録。《拾遺》曰「斫合子」，《救荒本草》曰「羊角科」。今自河以北皆曰「羊角」，江淮之間曰「婆婆鍼線包」，或曰「羊婆奶」，湖南曰「斑風藤」。

雩婁農曰：《芄蘭》，《衛詩》也，故中原極多，江、湘間偶逢之。淳于髡曰：「求柴胡、桔梗於沮澤，累世不得一焉。」〔二〕地利有宜，信矣。沈存中謂：「芄蘭生莢支，出於葉間，垂之如觿，其葉如佩韘之狀。」〔三〕按芄蘭之角如觿，尚得形似，其葉如王瓜、牽牛等，安得有佩韘狀？〔四〕詩人觸物起興，矢口成音，豈與夫訓詁之學拘文牽義、强爲組織哉？漢儒格物，非得之目覩，即師承有緒，非妄造無稽之談以爲標新領異。始作俑者，王安石之新學，而陸佃爲之推波助瀾也。〔五〕陳瑩中云：「王氏之學廢絶史學，而咀嚼虛無之言，其事與晉無異。」其彈蔡京疏云：「絶滅史學，一似王衍。」斥新經者以此爲皋、蘇折獄矣。〔六〕夫憑虚臆説，何所不至？極其量，雖伏獵、弄麞，〔七〕無難曲解旁證以伸其説。今王氏之學澌滅殆盡，而《埤雅》以草木鳥獸而存。毛晉以陸佃釋「采苻」、「采蘩」、「采蘋藻」爲后妃、諸侯夫人、大夫妻之次第，王安石釋「苻，接余」，謂「可以妾餘草」，爲可笑而近於戲。嗚呼！王氏之學，「天變不足畏，祖宗不足法，人言不足恤」，尚何有於經而不敢侮？觀其制置條例，〔八〕乃以蒼生宗社爲戲，經營祖述，〔九〕卒傾宋京。由今而觀，豈堪一噱哉！沈存中，博物者，而不免汩新學之餘波，甚矣，邪説之害同於洪水猛獸也！

〔一〕《毛詩草木鳥獸蟲魚疏》卷上「芄蘭之支」條作「芄蘭一名蘿摩」，而《爾雅》云「雚，芄蘭」，是二名可通。

〔二〕見《戰國策·齊策三》。

〔三〕觿：解結用的錐狀物，角骨製成。韘：即射箭用的「斑指」。

〔四〕《芄蘭》有「芄蘭之支，童子佩觿」，「芄蘭之葉，童子佩韘」句，舊説以「芄蘭」起興，非言芄蘭之支葉如觿如韘也。沈括所解，一違舊説，故吴氏斥之。

〔五〕陸佃，王安石弟子，崇王氏學，作《埤雅》，多採安石《字説》。

〔六〕皋陶，虞舜之士官；蘇忿生，周武王之司寇，皆掌司法者。折獄：斷案。

〔七〕見本卷「千歲藟」條注〔五〕。

〔八〕指變置「青苗」等新法。

〔九〕變更祖宗舊法。

赤地利

赤地利，《唐本草》始著録。李時珍以爲即《本草拾遺》之「五毒草」。江西、湖南通呼爲「天蕎麥」，亦曰「金蕎麥」。莖柔披靡，不纏繞，莖赤葉青，花、葉俱如蕎麥，長根赭硬，與《唐本草》説符，爲治跌打要藥。竊賊多蓄之，故俚醫呼「賊骨頭」。

雩婁農曰：天之生斯草也，以矜折損也，〔一〕乃宵小恃之以扞敲抨而遁法網，〔二〕豈天之助兇人歟？《易》曰：「惡不積不足以滅身。」《傳》曰：「淫人富，謂之殃。」〔三〕夫盗賊穿窬胠篋，得而縶之，法止鞭扑及荷校耳，〔四〕乃祕此方藥，絶者續，腐者新，〔五〕頑而無忌，屢觸法而益狼戾，〔六〕其究不至殺越人于貨不止，〔七〕則斷剄之戮及之矣。昔有囚將伏法，語獄卒曰：「某爲賊冒法多矣，〔八〕每受責，必餌白及，故無苦。死後可取肺視之，必有異。」獄卒如言審其肺，已潰敗，皆白及所補綴云。然則盗賊得祕藥而無所苦者，乃俾之愍不畏死而終服上刑也，則天之生此草，將以積其惡而滅之殃之也；然盗賊終恃此而不悟也。

〔一〕矜憫傷損之人而療治之。

〔二〕敲抨：指杖笞之刑。
〔三〕《左傳》襄公二十八年：穆子曰：「善人富，謂之賞。淫人富，謂之殃。天其殃之也，其將聚而殲旃。」
〔四〕荷校：負枷示衆。
〔五〕骨斷則續，肉爛而新。
〔六〕狼戾：跋扈。
〔七〕殺越人于貨：殺人、隕越人以取其財貨。
〔八〕冒法：觸犯法律。

紫葛

紫葛，《唐本草》始著録。湖南謂之「赤葛藤」。葉似野葡萄，而根長如葛，色紫，蓋即葛之別種。主治金瘡、傷損，俗方多用之。原圖葉甚相類，而又一圖殆其枯蔓，姑仍之。

烏蘞苺

烏蘞（liǎn）苺，即「五葉苺」。《唐本草》始著録。按《詩經》「蘞蔓於野」，〔一〕陸《疏》形狀正同烏蘞。毛晉《廣要》亦云蘞有赤、白、黑，疑此即黑蘞云。今俗通呼曰「五爪龍」。

〔一〕見《唐風·葛生》。

葎草

葎(lǜ)草，《唐本草》始著録。處處有之。《救荒本草》謂之「葛勒子秧」，苗、葉可煠食。《本草綱目》併入《别録》「有名未用」。勒草，南方呼「剌」皆曰「勒」，未可以葎、勒音轉定爲一物。

雩婁農曰：湘中葎草極繁，廢圃中往往茀不可行。〔一〕迷陽傷足，〔二〕蘮挐竊衣，〔三〕其流輩也。調以酸鹹，乃不戟喉。〔四〕花芥、剌薊，又其亞矣。蓋造物之養人也，唯恐其獲之也艱而生之也蹙，故凡婦稚之擷捋，牛羊之踐履，無不可以適口腹而備緩急。然則人力之所極而化工之所慭者，其皆非養人者歟？余以世之疾夫此草也，因歌以誠之，其詞曰：「相彼滋蔓，浸淫堂隅，鋤而去之，乃益繁蕪。孰遘不憎，孰忤不誅，勿憎勿誅，代匱庶乎。嗚呼饉歲，恃此而餔，饘斯粥斯，不螫乃腴。何惜咫尺，廣茁此徒，吾言曷徵，曰《救荒書》。」

〔一〕茀：雜草阻路。

〔二〕《莊子·人間世》：「迷陽迷陽，無傷吾行！吾行郤曲，無傷吾足！」

〔三〕「蘮」，原本誤作「蘮」，據《爾雅》改。《爾雅·釋草》：「蘮蒘竊衣。」郭注：「似芹，可食。子大如麥，兩兩相合，有毛，著人衣。」故俗云「鬼麥」。

〔四〕戟喉：剌嗓難下咽。

植物名實圖考卷之二十三　蔓草　芳草　毒草

四喜牡丹即追風藤。

四喜牡丹，生雲南山中。長莖如蔓，附莖生葉，三葉同柄。復多花叉，微似牡丹，長五六分。春開四瓣白花，色如梔子，瓣齊有直紋。黄蕊緑心，楚楚有致。惟莖長花少，頗形寂寞。

刺天茄

刺天茄，滇、黔山坡皆有之。長條叢蔓，細刺甚利。葉長有缺，微似茄葉，然無定形。花亦似茄，尖瓣黄蕊，粉紫淡白，新舊相間。花罷結圓實，大者如彈，熟紅，久則褪黄。自春及冬，花實不斷。《滇本草》：「刺天茄，味苦甘，性寒。治牙疼，爲末，搽之即愈。療腦漏、鼻淵，却風，止頭痛，除風邪。」

刀瘡藥

刀瘡藥，生雲南。藤本蔓生，赭緑莖。葉似何首烏，色緑微寬，無白脈。葉間開花五瓣，外白内紫，紋如荆葵，數十朵簇聚爲毬。又名「貫筋藤」，殆能入筋絡之品。

紫地榆

紫地榆，生雲南山中。非地榆類也。圓根横紋，赭褐色。細蔓繚繞，一莖一葉。葉如五葉草而杈歧不匀，多鋸齒。蔓梢開五瓣粉白花，微紅，本尖末齊，緑萼五出，長於花瓣，托襯瓣隙。結角長寸許，甚細，而彎如牛角。考《滇本草》有「赤地榆」，與《本草》治症同。又有「白地榆」，味苦澀，性温，與地榆頗異。此又一種。按名而求，則懸牛首市馬肉，不相應者多矣。

滇白藥子

滇白藥子，蔓生，根如卵，多鬚。一枝五葉，似木通而微小。梢端三葉。夏開花作穗如白花何首烏，結實如珠。考白藥有數種，而説皆不晰。《滇本草》謂只可醫馬，不可吃，而又載興陽道諸方。其説兩歧，殆不可信。

葉上花

葉上花，生雲南。蔓生，緑莖，一葉一鬚。葉或五尖，或三尖，大如眉豆葉。花生葉筋脈上，作小尖菁葖，上紅下淡。花密則葉枯，其筋脈即成小莖。結實如珠，色紫黑。《廣西通志》：「紅果草，小者圓葉邊，花莖有軟刺，可治牙痛。」疑即此類。

堵喇

堵喇，生大理府。蔓生，黑根。一枝一葉，似五葉草，大如掌。俚醫云：性寒，解草烏毒。

産緬地者能解百毒。

土餘瓜

《滇本草》：「土餘瓜，味甘，無毒。生於山中。倒挂緑葉，開黄花。按一年開一朵，結一薹，梗藤綿軟，至十二年根成人形，夜有白光。屬陽氣採取，同雲茯苓膏服之，黑髮延年，百病不生。若單服，無益。茯苓亦夜有白光，陰也，須得土餘瓜配合爲妙。」余遣人採得，根如何首烏，大小磥砢，相屬不絶。色黄如土，細蔓絲裊，拳附下垂。一葉一鬚，似王瓜葉而光，有細紋，亦如瓜葉。「人形白光」之説，蓋如枸杞、人蓡，以意測度。東坡謂：「五月五日採艾如人形者，艾豈似人？萬法皆妄，出於意想。」〔一〕讀醫書者當知之。

〔一〕見《東坡志林》卷十，稍有不同，原文如下：「端午日未出，於艾中以意求其似人者，輒擷之以灸，殊有效。幼時見一書中云爾，忘其爲何書也。艾未有真似人者，於明暗間苟以意命之而已。萬法皆妄，無一真者，復何疑耶？」

滇土瓜

土瓜，生滇、黔山中。細蔓，長葉微團。秋開如鼓子花，色淡黄。根以爲果食。桂馥《札樸》：「土瓜，形似萊菔之扁者，色正白，食之脆美。」案即《爾雅》「黄，菟瓜」，訛爲「土瓜」。《滇本草》：「味甘平，一本數枝，葉似胡蘆。根下結瓜，紅、白二色。紅者治紅白帶下，通經解熱；白者治婦人陰陽不分，子宫虚冷，男子精寒。生喫有止嘔療饑之妙。」《遵義府志》：「俗呼『土蛋』，歲可助糧。」按此草有花，一開即斂，《滇本草》以爲無花，殆未細審。

按：黔西山坂中極多，北人見者，皆以爲燕葍。其花初黄後白。按《爾雅》「菲，芴」，郭注：「土瓜也。」孫炎曰：「葍類也。」此草形既如葍，名同土瓜，或是一物。但《本草》所述土瓜即是王瓜，而説經者皆不詳土瓜花實，引證極博，究無的解。北地亦未見有此草，不敢遽謂「葑菲」之「菲」即此矣。若李時珍謂江西「土瓜粉」即「王瓜根」，恐贛南之土瓜亦即此物。唯彼人云味麤惡，此根味甘，有藥氣，不至辣喉，或以地氣而異。若王瓜根，則未聞可粉也。

昆明雞血藤

昆明雞血藤，大致即「朱藤」，而花如刀豆花，嬌紫密簇，艷於朱藤，即紫藤耶？褐蔓瘦勁，與順寧雞血藤異，浸酒亦主和血絡。

繡毬藤

繡毬藤，生雲南。巨蔓逾丈。一枝三葉，葉似榆而深齒。葉際抽葶，開花如絲，長寸許，糾結成毬，色黄緑。《滇本草》亦有此藤，而圖説皆異，蓋又一種。此藤開四瓣紫花，心皆粉蕊，老則迸爲白絲微黄。土醫或謂爲「木通」，以爲薰洗之藥，主治全别。

扒毒散

扒毒散，生雲南圃中。插枝即活。以能治毒瘡，故名。大致類斑莊根而無斑點，葉亦尖長。秋深開小白花，如蓼而不作穗，簇簇枝頭，尤耐霜寒。

崖石榴

崖石榴，盤生石上。即木蓮一類，而實大僅如龍眼。滇俗亦以爲粉，葉澀，亦微異。

金線壺盧[一]

金線弔壺盧，生滇南山中。蔓生細莖，葉似何首烏而瘦。根相連綴，大者如拳，小者如雀卵，皮黄肉白。以煮雞肉，味甘而清，美於山蕷。滇中秋時粥於市，不知者或以爲芋。俗云性能滋補，故嗜之。

〔一〕正文作「金線弔壺盧」。

銅錘玉帶草

銅錘玉帶草，生雲南坡阜。綠蔓拖地。葉圓，有尖細齒，疎紋。葉際開小紫白花，結長實如蓮子，色紫深，長柄擎之。帶以肖蔓，錘以肖實也。

鐵馬鞭

鐵馬鞭，生雲南山中。粗蔓色黑。短枝密葉，攢簇無隙。葉際結實，紫黑斑斕，大如小豆。

土醫云浸酒能治浮腫。

黄龍藤

黄龍藤，生雲南山中。藤巨如臂，紋裂成鱗。細蔓紫色，長葉緑潤。開五瓣團花，中含圓珠，殷紅一色，珠老則青。

白龍藤

白龍藤，生雲南山中。粗藤如樹，巨齒森森，細枝小葉，亦絡石之類。土醫云能舒筋骨。

地棠草

地棠草，生雲南山阜。細蔓緑圓，葉大如錢，深齒齟齬，三以爲簇，花開葉際。土醫云能散小兒風寒。

鞭打繡毬

鞭打繡毬，生大理府。細葉，莖如水藻。近根處有葉，大如指。梢端開淡紫花，尖圓如小毬。俚醫用之，云性温，味微甘，治一切齒痛，煎湯含口吐之。

漢紅魚腥草

漢葒魚腥草，生雲南太華山麓。紅莖裊娜，似立似欹。對生横枝，細長下俛。枝頭三杈，生葉宛如青蒿。葉際小葶，細如朱絲。花苞作小箭子，開五瓣粉紅花，似梅花而小，瓣上有紅縷殊媚。按《宋圖經》有「水英」，又名「牛葒魚津」，而不著其形狀、氣味，難以臆定。

大發汗藤

大發汗藤，生雲南山中。蔓生勁挺，莖色淡緑。每節結一緑片，圓長寸許。片端發兩枝，横亘下垂，長莖中穿，宛如十字。附枝生葉，葉如苦瓜而少花叉，有鋸齒。土人以其藤發汗，故名。

昆明沙參即金鐵鎖。

金鐵鎖，生昆明山中。柔蔓拖地，對葉如指厚脆，僅露直紋一縷。夏開小淡紅花，五瓣極細。獨根横紋，頗似沙參，壯大或如蘿蔔；亦有數根攢生者。《滇本草》：「味辛辣，性大温，有小毒，吃之令人多吐。專治面寒痛、胃氣心氣疼，攻瘡癰、排膿。爲末五分，酒服。」夷寨谷汲，〔一〕水寒多毒，辛温之藥，或有所宜，與南安以仙茅爲茶，皆因地而用，不可以例他方。扁鵲之爲醫也，以秦、趙爲别。〔二〕尹、趙、王、韓之治京兆也，寬嚴異轍。〔三〕地與時殊，治無膠理。《麗江府志》：「土人參性燥。」在滇而燥，移之北，不幾烏頭、天雄之烈敚耶？

〔一〕谷汲：從溪谷中汲取用水。

〔二〕《史記·扁鵲傳》：扁鵲名聞天下。過邯鄲，聞貴婦人，即爲帶下醫；過洛陽，聞周人愛老人，即爲耳目痹醫；入咸陽，聞秦人愛小兒，即爲小兒醫，隨俗爲變。

〔三〕尹翁歸、趙廣漢、王尊、韓延壽，俱爲西漢著名京兆尹。事見《漢書·趙尹韓張兩王傳》。

飛仙藤

飛仙藤，生雲南石巖上。柔蔓細枝，長葉如柳，而瘦勁下垂。叢雜蒙茸，遠視不見。柯條移植，輒不得生。《滇本草》：「味甘，無毒。綠葉白花，採服益壽延年，若花更妙。此草，鹿多食之。鹿交多輒斃，牝鹿銜以食之，即活。又名『還陽草』。」按此草亦「活鹿草」之類。劉憒殪鹿，得草而起，用以爲藥，僅同豨薟。〔一〕牛之性猶人之性，與鼠食巴豆、羊食斷腸草，移之於人，烏乎！〔二〕

〔一〕見卷十一「天名精」條注〔一〕。

〔二〕「乎」下，似當有「可」字。晉張華《博物志》卷九曰：「鼠食巴豆三年，重三十斤。」《嶺表録異》言胡蔓草，《唐本草注》言鉤吻，毒多著於生葉中，人誤食半日輒死，山羊食其苗則肥而大。胡蔓草、鉤吻皆名「斷腸草」。

鞭繡毬

鞭繡毬，生昆明山中。蔓生。細根黑鬚。綠莖對葉。葉似薯蕷而末團，疎紋圓齒。夏開五瓣黃花，頗似迎春花。

薑黃草

薑黄草，生滇南。蔓、葉俱如牽牛，根如薑而黄，極硬。以形得名。

金雀馬尾參

金雀馬尾參，生雲南山中。綠蔓柔長，根赭白色，一叢數百條。葉際開花，作壺盧形，長四五分，細腰色紫，上坼五瓣而尖復合，茸毛外森，彎翹别致。

雞血藤

雞血藤，《順寧府志》：「枝榦年久者周圍四五寸，小者亦二三寸。葉類桂葉而大，纏附樹間。伐其枝，津液滴出，入水煮之，色微紅，佐以紅花、當歸、糯米熬膏，爲血分之聖藥。」滇南惟順寧有之，産阿度吾里者尤佳。今省會亦有販者，服之亦有效。人或取其藤以爲杖，屈拏古勁，色淡紅，其舊時「赤藤杖」之類乎？〔一〕

〔一〕韓愈有《赤藤杖歌》，中有句云：「赤藤爲杖世未窺，臺郎始攜自滇池。」

碗花草

碗花草，生雲南。蔓生如旋花。葉似鬼目草葉，無毛。花出苞中，色白，五瓣作筩子形，無心。臨安土醫云：治九子痒，以根泡酒敷，自消。昆明謂之「鐵貫藤」。

紫參

滇紫參，即茜草之小者。四葉攢生而無柄，以此稍異。

青羊參

青羊參，生雲南山中。似何首烏長根。開五瓣小白花，成攢，摘之，有白汁。

滇紅萆薢

滇紅萆薢，長蔓。葉光潤緑厚，有直勒道。花紫紅如粟米，作毬。

架豆參

架豆參，生雲南。短蔓。葉如藿，二四對生，如架十字。根大如薯。

山苦瓜

山苦瓜，生雲南。蔓長拖地。莖、葉俱澀。或二葉、三葉、四葉爲一枝，長葉多鬚。

青刺尖

《滇本草》：「青刺尖，味苦，性寒，主攻一切癰疽、毒瘡，有膿者出頭，無膿者立消，散結核。」按此草長莖如蔓，莖、刺俱緑，春結實如蓮子，生青熟紫。

染銅皮

染銅皮，生雲南。蔓生無枝。三葉攢生一處，有白縷。結實如粟。

紫羅花

紫羅花，生滇南。蔓生。葉澀如豆葉。子如枸杞，作毬。俗醫謂之「蛇藤」。

過溝藤

過溝藤，生雲南。長蔓。一枝三葉。結實如粟，味臭。

馬尿藤

馬尿藤，生雲南。一枝三葉，光滑如竹葉。開花作角，紅紫色，如小角花。

巴豆藤

巴豆藤，生雲南。巨藤類木。新蔓繚繞，一枝三葉。名以「巴豆」，蓋性相近。

滇防己

滇防己，緑蔓細鬚。一葉五歧。黑根麤硬，切之作車輻紋。

滇淮木通

滇淮木通，毛藤如葛。一枝三葉或五葉，粗澀縐紋，亦有毛。莖中空，通氣。

滇兔絲子

滇兔絲，細莖極柔。對葉如落花生葉，微團。莖端開紫筩子花，雙朵並頭，旋結細子。

飛龍掌血

飛龍掌血，生滇南。粗蔓巨刺，森如鱗甲。新蔓密刺，葉如橘葉，結圓實如枸橘微小。

小雞藤

竹葉吉祥草

竹葉吉祥草，生雲南山中。緑蔓，竹葉垂條。開花如吉祥草，六瓣，紅白相間。長根色微紅。土醫謂之「竹葉紅參」，主補益。

山豆花

山豆花，生雲南。蔓生。大葉長穗，花似紫藤花。

山紅豆花

山紅豆花，生雲南山中。葉蔓如紫藤而細。小花如豆，花色紅。

野山葛

野山葛，山中有之。一枝三葉，如大豆葉。開紫花，作角，如葛花而小。

象鼻藤

象鼻藤，生雲南。對葉如槐，亦夜合。結角如椿角，一一下垂。

透骨鑽

珠子參

土黨參

土黨參，生雲南。根如參，色紫花，蔓生。葉、莖有白汁，花似奶樹花而白，蓋一類。

山土瓜

山土瓜，蔓生，一枝三葉。花紫，角細如豆。根味如雞腿光根，土人食之。

老虎刺

老虎刺，黔中植以爲藩。細葉夜合，柔枝蓋偃。秋時結實，若豆而扁，下垂片角，薄於蟬翼，淡紅明透，光映叢薄。緣石蓋瓦，樊圃護門。〔一〕每當斜陽灑灑，輕颸漾漾，便如朱蜓欲飛，丹鱗出泳，田家雜興，描畫爲難矣。

〔一〕此處「樊」爲動詞，即此物可爲園圃做樊籬。

土荆芥

土荆芥，生昆明山中。緑莖有棱。葉似香薷。葉間開粉紅花，花罷結筩子，三尖微紅，似紫蘇蒴子而稀疎。土人以代假蘇。

滇南薄荷

滇南薄荷，與中州無異而莖方，亦硬。葉厚短，氣味微淡。《滇本草》謂作菜食，返白髮爲黑。與他省不同。又治癰疽、疥癬及漆瘡，有神效云。

滇藁本

滇藁本，葉極細碎，比野胡蘿蔔葉更細而密。餘同《救荒本草》、《滇本草》，治症無異。

野草香

野草香，雲南徧地有之，牆瓦上亦自生。莖、葉微類荆芥，頗有香氣。秋作穗如狗尾草而無毛。開淡紅白花。滇俗，中元盂蘭，必以爲供。〔一〕蓋藒車、胡繩之類而失其名。

〔一〕七月十五日爲中元節，又名盂蘭盆節。

地笋

地笋，生雲南山阜。根有横紋如蠶，傍多細鬚。緑莖紅節，長葉深齒。

滇瑞香

瑞香，《本草綱目》始著録，蓋即圃中所植所謂「麝囊花」、「紫風流」者，不聞入藥。滇南山中有一種白花者，的的枝頭，殊無態度，而葉極光潤。《南越筆記》：「白瑞香，多生乳源山中。冬月盛開如雪，名『雪花』。刈以爲薪，雜山蘭、芎藭之屬燒之，比屋皆香。其種以攣枝爲上，有紫色者香尤烈，雜衆花中，衆花往往無香，皆爲所奪，一名『奪香花』。乾者可以稀痘，當亦用白花者耳。」

滇芎

滇芎，野生全如芹，土人亦呼爲「山芹」。根長大粗糙，頗香。《滇本草》：「味辛，性温，發散癰疽，治濕熱，止頭痛，食之發病。」

東紫蘇

東紫蘇，生昆明山野。叢生。細葉深齒，穗如夏枯草，蓋石香葇之類。

白草果

白草果，與草果同，而花白瓣肥，中唯一縷微黄。土醫以爲此真草果。

香科科

香科科，生雲南。細莖高五六寸，對葉如薄荷葉，亦微有香。梢開白花如豆花，層層開放。

小黑牛

小黑牛，生大理府。莖、葉俱同草烏頭，根黑糙微異。俚醫云：味苦，寒，有大毒，治跌打損傷，擦敷用。殆即烏頭一類。

野棉花

野棉花，《滇本草》：「味苦，性寒，有毒。下氣殺蟲，小兒寸白蟲、蚘蟲、犯胃，用良。此草初生一莖一葉，葉大如掌，多尖叉，面深緑，背白如積粉，有毛。莖亦白毛茸茸。夏抽葶頗似罌粟，開五團瓣白花，緑心黄蕊，楚楚獨立。花罷，蕊擎如毬，老則飛絮隨風彌漫，故有『棉』之名。」

月下參

月下參，生雲南山中。細莖柔緑，葉花叉似蓬蒿、蔞蒿輩，又似益母草而小。發細葶，擎萺葖宛如飛鳥，昂首翹尾，登枝欲鳴。開五瓣藍花，上三勻排，下二尖並。内又有五茄紫瓣，藏於花腹，上一下四，微吐黄蕊，一柄翻翹，色亦藍紫，蓋即《菊譜》「雙鸞菊」、「烏頭」一類。滇人以根圓白、多細鬚爲「月下參」。《滇本草》：「味苦平，性温熱。治九種胃寒、氣痛，健脾消食，治噎、寬中、痞滿、肝積、左右肋痛、吐酸。」其性亦與烏頭相近。

小草烏

小草烏，生雲南山中。與月下參同，無大根，有毒，外科用之。

滇常山

滇常山，生雲南府山中。叢生，高三四尺，葉、莖俱如木本。葉厚韌，面深緑，背淡青，茸茸如毛。夏秋間莖端開花，三葶並擢，一毬數十朵，花如杯而有五尖瓣，翻卷内向，中擎圓珠，生青熟碧，蓋花實並綴也。花厚勁，色紫紅，微似單瓣紅山茶花，但小如大拇指，不易落。《宋圖經》：「海州常山，八月花，紅、白色。子碧色，似山楝子而小。」微相彷彿。

羊肝狼頭草

羊肝狼頭草，生雲南太華山。細根，獨莖如拇指粗，淡黄色，有直筋。每節四枝，節如牛膝而大，有深窩。枝生膝上，四杈平分，莖如穿心而出。就枝生葉，如蒿而細，平勻如齒。花生窩中，左右各一，如豆花，黄色上矗，草如具奇詭者。《本草》「狼毒」，以性如狼，故名。滇中毒草，亦多與以「狼」名，觀其名與形，知非佳草矣。

野煙

野煙，即菸，處處皆種爲業。滇南多野生者，園圃中亦自生。葉黏人衣，辛氣射鼻。《滇本草》：「味辛麻，性温，有大毒。治疔瘡、癰疽發背已見死症，煎服，或酒合爲丸，名『青龍丸』，又名『氣死名醫草』。服之令人煩，不知人事，發暈，走動一二時辰後，出汗發背，未出頭者即出頭，此藥之惡烈也。昔時謂吸多煙者，或吐黄水而死，殆皆野生。録此以志其原。」

雞骨常山

雞骨常山，生昆明山阜。弱莖如蔓，高二三尺。長葉似桃葉，光韌蹙紋。開五尖瓣粉紅花，灼灼簇聚，自春徂秋，相代不絶。結實作角，翹聚梢頭。圃中亦植以爲玩。

象頭花

象頭花，生雲南。紫根長鬚，根傍生枝。一枝三葉，如半夏而大，厚而澀。一枝一花，花似南星，其包下垂，長尖幾二寸餘，宛如屈腕，又似象垂頭伸鼻。其色紫黑，白筋凸起，條縷明勻，極似夷錦。南星、蒟弱花狀已奇，此殆其族而尤詭異。土人以藥畜之，主治同天南星，即由跋之別種。亦有緑花者，結實亦如南星而色殷紅。

金剛纂

金剛纂，《雲南通志》：「花黄而細，土人植以爲籬。又一種形類雞冠。」《談叢》：「滇中有草，名『金剛纂』。其幹如珊瑚，多刺，色深碧。小民多樹之門屏間。此草性甚毒，犯之，或至殺人。余問滇人植此何爲，曰以辟邪耳。」唐綿《夢餘録》：「金剛纂，狀如椶櫚，枝幹屈曲無葉，剉以漬水暴，牛羊渴甚而飲之，食其肉必死。」《滇本草》：「金剛杵，味苦，性寒，有毒。色青質脆如仙人掌，而似杵形，故名。治一切丹毒、腹瘴、水氣、血腫之症，燒灰爲末，用冷水下，一服即消，不可多服。若生用，性烈於大黄、芒硝。欲止其毒，以手浸冷水中，即解。夷人呼爲『冷水金丹』。」《滇記》：「金剛纂，碧榦而蝟刺，孔雀食之，其漿殺人。」《臨安府志》：「狀如刺桐，最毒。土人種作籬，人不敢觸。」按：此草强直如木，有花有葉而無枝條，葉厚緑無紋，形如勺。花生榦上，五瓣色紫，扁闊内翕，中露圓心，黄緑點點，遥望如苔蘚。嶺南附海舶致京師，植以爲玩，不知其毒，呼曰「霸王鞭」。

紫背天葵

紫背天葵，《滇本草》：「味辛，有毒，形似蒲公英，緑葉紫背。爲末敷大惡瘡神效。人誤服，汗出不止，速飲菉豆、甘草，即解。」按：此草，昆明寺院亦間植之，横根叢莖，長葉深齒，正似鳳仙花。葉面緑背紫，與初生蒲公英微肖耳。夏開黄花，細如金線，與土三七花同，蓋一類也。

植物名實圖考卷之二十四　毒草

大黄

大黄，《本經》下品。《别録》謂之「將軍」。今以産四川者良，西南、西北諸國皆恃此爲盪滌要藥，市販甚廣。北地亦多有之。春時佩之，以辟時疫。

雩婁農曰：燕薊地苦寒，人湊理密而内實，[一]冬冽輒吸燒酒，圍煖爐，與風雪鬥勝。春氣萌動，亢燥不雨，陽伏而不能出，陰遁而不能疹，[二]於是乎有昏狂鬱塞之病。醫者以法解之，强者病不損，弱者或以亡陽。有予以攻滌者，内熱下而神明生，或起生死於頃刻。其處方者不知其所以然，凡爲痁、爲癘、爲鬱、爲伏熱、爲飲食之毒、爲浮游之火，一切以大黄爲秘妙丹藥。病者不即登鬼録，[三]十失一，十失二三四，方詡詡然自命爲良。其不知醫者，亦爭以時醫奉之，卒之技窮術竭，刺人而殺，人不咎其醫之無本，咸以爲時命之不可假易也。[四]故諺曰：「趁我十年運，有病早來醫。」昔錢景諶與王安石論新法不合，遂相絶，有答人書云：「安石穿鑿不經，牽合臆説，作爲《字解》，謂之『時學』。又以荒唐怪誕，非昔是今，無所統紀，謂之『時文』。傾險趍利，殘民無恥，謂之『時官』。驅天下之人務時學，以時文邀時官。」〔五〕然則時醫者，其時學、時官之類乎？嗚呼！時乎泰而君子進，時乎否而小人興，時之爲義大矣哉！朝時而市，時也；日中而市，時也；夕時而市，亦時也。不召自來，不麾自去，市盈而盈，市虛而虛，孰令令之？孰禁禁之？盈而不盈，虛而不虛，知進退存亡而不失其正者，其誰乎？吾願世之有疾病者，忍痛藏垢，以待良醫，「探囊一試黄昏湯」，而不汲汲焉捐其軀，以聽時醫生之死之於攻伐之劑，而卒不悟其所以然，其可謂知時而不隨時者歟？〔六〕

〔一〕凑理：即腠理，肌膚。

〔二〕疹：皮膚受寒而出疹栗。

〔三〕鬼籙：又作「鬼録」，即死人之簿。

〔四〕《孟子·梁惠王上》：道路之旁有餓死者，不知發倉廩以賑救之也，人死則曰：「非我也，歲也。」是何異於刺人而殺之，曰：「非我也，兵也。」

〔五〕見宋邵伯温《邵氏聞見録》卷十二。景諶，初對安石執弟子禮。

〔六〕陳師道《贈二蘇公》詩，末云：「如大醫王治膏肓，外證已解中尚强。探囊一試黄昏湯，一洗十年新學腸。」宋張世南《游宦紀聞》卷九引沙隨先生云：「晚年因閲《本草》，王孫味苦平，無毒，主五藏邪氣。吴名白功草，楚名王孫，齊名長孫，一名黄孫，一名黄昏，生海西川谷。蓋指當時癖學爲五藏邪氣耳。」

商陸

商陸，《本經》下品。《爾雅》「蓫、薚，馬尾」，注：「《廣雅》曰：馬尾，蔏陸。」或曰《易》「莧陸」也。〔一〕今處處有之，有紅花、白花兩種。結實大如豆而扁有棱，生紅熟黑。江南卑濕，易患水腫，俚醫多種之，以爲療水貼腫要藥。其數十年者，根圍尺餘，長三四尺，堅如木。習邪術者，刻爲人形以驅鬼，小説家多載之。〔二〕《救荒本草》謂之「章柳子」，根、苗、莖並可蒸食云。按：商陸初生莖肥，嫩葉攢密，秋開花，結實粒小。宿根莖硬葉稀，春花夏實，秋時已枯。江西上高謂之「香母豆」，云婦人食之宜子，蓋難憑信。

雩婁農曰：此草非難識者，《通志》乃並蓄及蔏藋、藑茅而爲一物。「蓄」即旋花，「蔏藋」，藜類，「藑茅」，蓄華之赤者，以意併合，乃至雜糅。毛晉以蓫薚之名謂即《詩》「言采其蓫」，〔三〕前人亦無及者。「蓫」爲羊蹄，《圖經》述之如繪，毛謂不甚合，何也？子夏《易傳》木根草莖，體物盡致，而或者又以「千歲穀」當之，則但見其葉相似耳。《本經》置之下品，其仙人作脯之説，可謂杳冥，誰則見之？《救荒木草》雖云可食，亦爲《本草》所拘。〔四〕鄉人皆知其有毒，土醫以治水蠱，有隨手見效者，其峻利可知。方書中久爲禁藥。其子老則色黑如豆，婦人服之，宜子，此與「芣苢宜子」之説相類。南方卑濕，俚婦力作水田中，其受濕深矣，去濕則脾健，故能宜子；若以爲祈子靈丹，則悖甚。古讚曰：「其味酸辛，其形類人，療水貼腫，其效如神。」按「夜呼」之名，殆假托鬼神之隱語。毛晉據《荆楚歲時記》「三月三日，杜鵑初鳴，晝夜口赤，上天乞恩，至章陸子熟乃止」，以爲章陸子未熟以前爲杜鵑鳴之候，故稱「夜呼」，亦務爲博奥。

〔一〕《易·夬》：「九五，莧陸夬夬，中行，无咎。」

〔二〕即「樟柳神」。明謝肇淛《五雜俎》卷十：《易》曰：「莧陸夬夬。」陸，商陸也。下有死人，則上有商陸，故其根多如人形，俗名樟柳根者是也。取之之法，夜静無人，以油炙梟肉祭之，俟鬼火叢集，然後取其根，歸家，以符煉之，七日即能言語矣。一名「夜呼」，亦取鬼神之義也。

〔三〕見《小雅·我行其野》。毛晉説見所著《詩疏廣要》卷上之上「言采其蓫」條。

〔四〕《雷公炮炙論》云：「章陸花白者年多，仙人採之用作脯，可下酒也。」《救荒本草》引之。

狼毒

狼毒，《本經》下品。形狀詳《宋圖經》。今俗以紫莖南星根充之。《抱朴子》狼毒合野葛納耳中，治聾。王義之有《求狼毒帖》，豈亦取其能治耳聾如天鼠膏耶？

雩婁農曰：《本草》書於狼毒皆不甚晰，方家亦憚用之。滇南有「土瓜狼毒」，以其根大如土瓜，故名。按形與《圖經》頗肖。又有「雞腸狼毒」，性同。《滇本草》亦云：「猛勇之性，真虎狼也。」兵法曰：「猛如虎，很如羊，貪如狼，强不可使者，皆勿遣。」〔一〕不然，病弱而劑强，是

以狼牧羊也；又不然，則秦虎狼之國也，楚懷王入關不返矣，將若何？〔二〕

〔一〕文見《史記·項羽本紀》，非出於「兵法」。

〔二〕《史記·楚世家》：秦昭王遺楚王書，約會於武關而結盟。楚懷王見秦王書，欲往，恐見欺；無往，恐秦怒。昭睢曰：「王毋行，而發兵自守耳。秦虎狼，不可信，有并諸侯之心。」懷王子子蘭勸王行，於是往會秦昭王。秦因留楚王，要以割巫、黔中之郡。楚王不許，秦因留之不返。

狼牙

狼牙，《本經》下品。詳《吴普本草》及《蜀本草》。

藜蘆

藜蘆，《本經》下品。《宋圖經》云：「葉如初生椶，莖似葱白，有黑皮裹之如椶皮。其花肉紅色。有山生、溪生二種，溪生者不入藥，均州謂之『鹿葱』。」此藥吐人，方家禁用，而滇醫蓄之。其根白膜層層，俗亦呼爲「千張紙」。有瘋痰症，則煮食之，使盡吐其痰；若虚症者，殆哉岌岌矣。

雩婁農曰：藜蘆吐藥吐法，醫者不復輕用，此藥遂無識者。余至滇，見有市此藥者，始識之。李時珍紀一婦人瘋癇數十年，以饑歲採草若葱狀，飽食，吐涎三日而病去。此草大致如葱，而《圖經》乃云又似車前，按圖而索，不大誤耶？世之患痰癇者多矣，姑息而予以清解之劑，甚或謂補其不足，則體健而痰自消，卒之胸滿氣塞，奄奄無知以没，又或狂發殺人，豈其病終不可醫？抑醫者之養之以貽患耶？古昔盜賊之發，有識者絶其奔竄，窮其巢穴，搇渠矜脅，〔一〕無俾遺種，此即藜蘆傾吐之法，故病一去而無傷。若不量賊强弱，防賊奔突，輕奇單兵，姑與嘗試，一遇挫衂，賊勢益熾，藥不勝病，杯水車薪之喻矣。宋襄公曰：「君子不重傷，不禽二毛。」子魚謂之「不知戰」。〔二〕遵養時賊，〔三〕姑息者後將噬臍耳。其有臨敵而誦《孝經》者，〔四〕不猶治瘋而用滋劑乎？至楊武陵，以招撫之策縱已禽之寇，〔五〕發狂殺人，非醫者之罪而誰罪？不知病而醫曰「瞀」，知病而不知藥曰「庸」，知病知藥不即力除，輒曰「吾縱之，吾能收之」，則曰「狂」。以狂醫治狂疾，則狂與治狂者皆殺人而已。

〔一〕「搇」同「擒」。擒其首領，恕其脅從。

〔二〕見《左傳》僖公二十二年。

〔三〕《詩·周頌·酌》：「於鑠王師，遵養時晦。」遵養：謂給予時機以養其力量。

〔四〕《後漢書·向栩傳》：張角作亂，向栩上便宜：「不欲國家興兵，但遣將於河上北向讀《孝經》，賊自消滅。」

〔五〕楊武陵即楊嗣昌，武陵人。崇禎末年，爲督師討張獻忠等。

常山

常山，《本經》下品。苗曰「蜀漆」。《宋圖經》有茗葉、楸葉二種，皆爲治瘧之要藥。今俚醫所用，乃有數種，俱以治瘧，殊未敢信，以入「草藥」。

雩婁農曰：常山以治瘧著。鄉曲作勞，寒暑饑飽之不時，或侮以邪與祟，於是有寒熱往來之疾。〔一〕而賣藥逐利之徒，乃爭言截瘧方矣。醫者之言曰「瘧生於痰」。常山能刼痰，然必察其受病之源，而引以入經之佐使，乃有效。今土常山以十數，既非《本經》真品，即真矣，而第恃此以圖勝，譬如飛將行沙漠中，迷惑失道，果能與敵遇乎？〔二〕夫「搏牛之蝱不可以破蟣蝨」。〔三〕富厚之家，非鬼非食，〔四〕惑以喪志，陰陽失和，寒熱迭至。若誤診爲痁，投以悍藥，是以空虚柔脆之府臨以披甲執鋭之兵，「牛雖瘠，僨於豚上，其畏不死」？〔五〕故常山僞者宜慎，真者尤宜慎。古之用君子者必辨真僞，若小人，則唯防微杜漸，勿輕試而已。

〔一〕寒熱往來：忽冷忽熱。

〔二〕飛將：《史記·李將軍列傳》：李廣居右北平，匈奴號曰「漢之飛將軍」。從衛青擊匈奴，既出塞，無嚮導，迷失道路，不遇敵。

〔三〕《史記·項羽本紀》宋義語。

〔四〕不是爲鬼所祟，也不是飲食有誤。

〔五〕牛即使很瘦，倒在猪身上，還怕壓不死它？語見《左傳》昭公十三年。

藺茹

藺茹，《本經》下品。根長如蘿蔔、蔓菁，葉如大戟。滇南呼「土瓜狼毒」，即李時珍謂「今人往往誤以其根爲狼毒」者也。

大戟

大戟，《本經》下品。《爾雅》「蕎，邛鉅」，注：「今藥草大戟也。」《救荒本草》承舊説，以澤漆爲大戟，苗、葉可煠熟，亦可曬乾爲茶，其味苦回甘。

乳漿草附。

乳漿草，江、湘山坡間多有之。以莖有白汁，故名。土醫以治乳癰。按大戟有紫、綿數種，此其類也。

澤漆

澤漆，《本經》下品。相承以爲大戟苗，李時珍訂以爲即「貓兒眼睛草」。今處處有之。北地謂之「打碗科」，只取一種煎熬爲膏，傳無名腫毒極效。

雩婁農曰：澤漆、大戟，漢以來皆以爲一物。李時珍據《土宿本草》以爲即「貓兒眼睛草」。此草於端午熬膏，敷百疾皆效，非碌碌無短長者。〔一〕諺曰：「誤食貓眼，活不能晚。」殊不然，然亦無入飲劑者。觀其花、葉俱緑，不處污穢，生先衆草，收共來牟，〔二〕雖賦性非純，而飾貌殊雅。夫伯趙以知時而司至，〔三〕桑扈以驅雀而正農，〔四〕非美鳥也；迎貓爲其食田鼠，迎虎爲其食田豕，〔五〕非仁獸也，有益於民，則紀之耳。聖人論人之功無貶詞，論人之過無恕詞，於其所不知，蓋闕如也。

〔一〕「無短長」即「無長」，無長處也。

〔二〕來牟：麥也。此言與麥同時成熟。

〔三〕伯趙：鳥名，即伯勞。《左傳》昭公十七年：昔少皞以鳥名命官。「伯趙氏，司至者也」。杜注：「伯趙，伯勞也，以夏至鳴，冬至止。」

〔四〕桑扈：青雀也。好竊人脯肉脂及膏，故曰「竊脂」。又名「桑鳸」。能爲果驅鳥，爲蠶驅雀。

〔五〕《禮記·郊特牲》言「八蜡」之祭：「迎貓，爲其食田鼠也；迎虎，爲其食田豕也，迎而祭之也。」

雲實

雲實，《本經》下品。江西、湖南山坡極多。俗呼「水皁角」。《本草綱目》所述形狀甚晰。陶隱居云：「子細如葶藶子而小黑。」不知是何草。

雩婁農曰：雲實，實甚惡而花艷如金，氣近烈，猓玀以爲香草，〔一〕摘而售之，闤闠雲茶，〔二〕插髻滿頭。明靳學顏撫莽草而狎之，知其毒，委諸壑，以不厚誅爲悔。〔三〕如滇之同車者，〔四〕可謂玩虺蜴而昵蜂蠆矣。「户服艾以盈要」，「薋菉葹以盈室」，〔五〕流俗無知，誠無足怪。夫紫宫雙飛，〔六〕無色何以爲悦？迷樓諸客，〔七〕無才何以取容？臭味相投，情志斯惑。美先盡矣，蠱即生之。毒在手而脱腕，痏在身而灶膚，〔八〕自非壯士，烏能絶决哉！

〔一〕猓玀：即猓猓，彝族舊稱。

〔二〕《詩·鄭風·出其東門》「出其東門，有女如雲」，「出其闉闍，有女如荼」。闉闍：一説爲甕城之城門，一説爲城中街市。

〔三〕靳學顔：明嘉靖進士，歷官太僕卿、光禄寺卿、右副都御史巡撫山西。其《莽草賦》序云：「予道商顔谷中，見莽草橘葉桂莖，丹萼素蕾，意若自負不儔凡卉者，厥形麗矣。然一葉入吻，百内潰裂，是何形情之詭與？予始撫而狎之，繼知其然，委諸絶壑，彌嘆而去。旋復自咎，夫已既已知矣，而不以詔人，不仁；是草有負于造物甚厚，不厚誅之，不義。迺追製此賦，示之來哲，毋若予之始狎之也。」

〔四〕言雲南人採雲實而載於車。

〔五〕《離騷》中句。

〔六〕《晉書·載記》：苻堅滅燕。燕清河公主年十四，有殊色，堅納之，寵冠後庭。其弟慕容沖年十二，亦有龍陽之姿，堅又幸之。姊、弟專寵，宫人莫進。長安歌之曰：「一雌復一雄，雙飛入紫宫。」

〔七〕隋煬帝幸揚州，建新宫既成，帝曰：「若使真仙遊此，亦自當迷。」因號「迷樓」。迷樓諸客，指助煬帝淫樂衆小如何稠之流。詳見《迷樓記》。

〔八〕痏：瘡瘢。

羊躑躅

羊躑躅，《本經》下品。南北通呼「鬧羊花」，湖南謂之「老虎花」，俚醫謂之「搜山虎」。種蔬者漬其花以殺蟲。又有一種大葉者，附後。

搜山虎附。

搜山虎，即「羊躑躅」，一名「老虎花」，古方多用，今湯頭中無之。具詳《本草綱目》。按：羅思舉《草藥圖》：「搜山虎，春日發黄花，青葉，能治跌打損傷，内傷要藥。重者一錢半，輕者一錢，不可多用。霜後葉落，但存枯根。湖南俚醫以爲發表入陽明經之藥。」是此藥俗方中仍用之。中州呼「鬧洋花」，取其花研末水浸，殺菜蔬蟲，老圃多蓄之。其葉稍瘦，産長沙者葉闊厚，不似桃葉。花罷結實有棱。

附子

附子，《本經》下品。有烏頭、烏喙、天雄、側子、漏藍子諸名。詳《本草綱目》所引《附子記》。今時所用，皆種生者，南人製爲温補要藥。其野生者爲「射罔」，製爲膏以淬箭，所中立斃，俗謂「見血封喉」。得油則解，製膏者見油則不成。其花色碧，殊嬌纖，名「鴛鴦菊」。《花鏡》謂之「雙鸞菊」，朵頭如比丘帽，帽拆，内露雙鸞並首，形似無二，外分二翼一尾。凡花詭異者多有毒，甚美甚惡，物亦有然。

雩婁農曰：楊天惠著《附子記》綦詳，且謂「盡信書則不如無書」，目覩手記，蓋實録矣。但古人所用皆野生，川中所産皆種生。野生者得天全，種生者假人力，栽培滋灌，久之與果蔬同，性移而形亦變矣。泮林桑黮，鴞鳥革音。〔一〕禿髮之後爲劉，〔二〕拓跋之後爲元，〔三〕唐之蕃將多賜姓李。謂重瞳之苗裔皆重瞳，豈有是哉？〔四〕土沃者花重，地埆者根瘦。東人不信西方有容狐之瓜，〔五〕北人不信南粤有扛輿之萵。〔六〕然謂天下之瓜皆可容狐，天下之萵皆可扛輿，則著述者實誑汝矣。近時山居泉寒，餌附子以兩計。其毒箭以射禽者，則取野生射罔用之，大者無毒而小者毒烈，是豈物之本性哉？黄山谷嘗畫大壺盧，人問之，則曰：「有背大壺盧者，賣其子；種之，仍小壺盧。」〔七〕不知種大壺盧自有法，非别種也。附子一物，而有天雄、烏頭、側子、漏藍諸形，則肥磽、雨露、人事不同所致歟？彼一歲二歲三歲之説，其亦未可盡廢也。

〔一〕革音：改其聲音。《詩·魯頌·泮水》：「翩彼飛鴞，集于泮林，食我桑黮，懷我好音。」鴞叫聲惡，食泮林之桑黮，變爲好音。

〔二〕《晉書·載記》：禿髮氏，河西鮮卑種。至禿髮烏孤僭立，至傉檀三世而亡。按《通志·氏族略》，禿髮之後爲源氏。「爲劉」事不詳。

〔三〕北魏拓拔氏，鮮卑種，後改漢姓爲元。

〔四〕舜帝重瞳，項羽亦重瞳。

〔五〕元耶律楚材扈從西征，記云尋思干城西瓜大者重五十斤，可以容狐。見《西遊録》。

〔六〕扛輿：其堅巨可爲輿轎之槓。

〔七〕此事所記易致誤解。宋范公偁《過庭録》：「一相士黄生見魯直，懇求數字取信，爲游謁之資。魯直大書遺曰：『黄生相予官爲兩制，壽至八十，是所謂大葫蘆種也。一笑。』黄生得之欣然。士夫間莫解其意。先祖見魯直，因問之。黄笑曰：『一時戲謔耳。某頃年見京師相國寺中賣大葫蘆種，仍背一葫蘆，甚大，一粒數百錢，人競買。至春種結，仍乃瓠爾。』蓋譏黄術之難信也。」

天南星

天南星，《本經》下品。昔人皆以南星、蒻頭往往誤采，不可不辨。江西荒阜廢圃，率多南星。湖南長沙産南星，俗呼「蛇芋」。衡山産蒻頭，俗呼「磨芋」，亦曰「鬼芋」。滇南圃中蒻頭林立，南星絶少，藥肆所用，皆「由跋」也。由跋自是一種。《唐本草》謂南星是由跋宿根所生，驗之，亦殊不然。而南星與蒻頭根雖類，莖、葉、花、實絶不相同。半夏、由跋花似南星，而皆三葉，由跋又有六七葉者，俗皆呼「小南星」。但南星生葉亦有兩種，一種葉抱如環，一種周圍生葉。長如芍藥，開花有如海芋者，即《圖經》所云花似蛇頭，黄色；一種開花有長梢寸餘，結實作紅藍色，大如石榴子，又似玉蜀黍形而梢微齊。明王佐詩：「君看天南星，處處入《本草》。

夫何生海南，而能濟饑飽。」蓋誤以蒻頭爲南星也。

天南星即虎掌。

天南星，《本經》下品。江西、湖廣山坡廢圃多有之。俗呼「蛇芋」。與蒟蒻相類，惟葉初生相抱如環，開花頂上，有長梢寸餘爲異，不僅以莖之有斑無斑可辨。

由跋

由跋，《本經》下品。《蜀本草》「一莖八九葉」，最晰。俗皆呼「小南星」，別是一種，非南星之新根也。陳藏器所述不誤。

半夏

半夏，《本經》下品。所在皆有。有長葉、圓葉二種，同生一處。夏亦開花，如南星而小。其梢上翹似蠍尾，固始呼爲「蠍子草」。凡蠍螫，以根傅之，能止痛。錢相公《篋中方》亦載之，諸家《本草》俱未及此。《本草會編》謂「俗以半夏性燥，多以貝母代之」。不知痰火上攻，昏憒口噤，自非半夏、南星，曷可治乎？半夏一莖三葉，諸書無異詞，而原圖一莖一葉，前尖後歧，乃似茨姑葉。余曾遣人繪川貝母圖，正與此合，豈互相舛誤耶？抑俗方只此一物而兩用耶？二者皆與圖說不相應，非書不備，則別一物。

雩婁農曰：半夏處處有之，乃以鵲山爲佳，〔一〕余讀孔平仲詩而啞然也。〔二〕藥物雖已法製，非棗栗之覓可比，何至據攫代攘、辛螫啼噪耶？其末云：「老兄好服食，似此亦可防。急難我輩事，感惕成此章。」始知婉言以諷，非真實耳。昔人好食竹雞，尚能中毒，況服半夏過度，豈不爲害！

〔一〕《宋圖經》：半夏以齊州生者爲佳。而鵲山在齊州。按，宋齊州治在今山東濟南。

〔二〕詩題《常父寄半夏》。詩云：「齊州多半夏，採自鵲山陽。纍纍圓且白，千里遠寄將。新婦初解包，諸子喜若狂。皆云已法製，無滑可以嘗。大兒强占據，端坐斥四旁。次女出其腋，一攫已半亡。……須臾被辛螫，棄餘不復藏。競以手捫舌，啼噪滿中堂。」

甘遂

甘遂，《本經》下品。《宋圖經》云：「苗似大戟，莖短小而有汁，根皮赤，肉白，作連珠。又一種草甘遂，即蚤休也。」俗多呼爲「芫花」，山西交城産者黄紅花，根甚細。

雩婁農曰：方以類聚，物以群分，君子小人不並立，固矣。然唐虞命百工，而投四凶以禦魑魅；神農嘗百草，而收毒藥以除痼疾。凡物之生，有粹有駮。〔一〕《荀子》云：「粹而王，駮而霸。」〔二〕天不能有粹而無駮，世不能有王而無霸。醫者用毒草也，曰以毒攻毒；聖人之用惡人也，亦曰以惡攻惡而已。惡人者，能生灾患者也，而古之禦灾捍患者亦多出於惡人。惡人竭其力以去惡，惡去而惡人之狠傲强固之氣亦潛消於無形，而後賢人君子得以從容敷治而無所難。稷、契、皋、夔處於廟堂，〔三〕而四裔之獸蹄鳥跡，雖窮奇、渾敦亦有勞焉。〔四〕參、苓、朮草用以滋培，而無名之癰疽毒腫，雖烏頭、鉤吻亦著效焉。顧惡人得其用而世治，惡人不能得其用則大亂生。公孫述不遇新室，漢之良吏也；〔五〕曹瞞不丁炎季，〔六〕漢之能臣也；石勒自謂逢漢高祖當北面臣之。吾嘗謂聖賢能用惡人，必不肯輕言去惡人；若欲去惡人，則必假惡人之手而後可。石守道作《聖德詩》，范公拊股謂韓公曰：「爲此怪鬼輩壞了！」韓公曰：「天下事不可如此，如此必壞！」〔七〕韓、范皆能用惡人者也。惡人希其用，則將自奮其所長。石守道，但知去惡人者也，惡人畏其去，則將大肆其所短。黨錮、東林，〔八〕亦石守道之褊見耳。醫者以甘遂、甘草並用，以去留飲、脚氣、腫毒皆有奇效。釋之者云：「二物相反而立成功。」夫既相反矣，何成功之有？共工、驩兜與岳、牧同官，〔九〕堯、舜能治天下乎？良醫之用甘遂也，逐其病也；其用甘草也，化其病也。故甘遂敷於外，而甘草服於內，此黔、彭斬搴於邊陲，〔一〇〕而蕭、張燮和於廷陛也。〔一一〕黔、彭、蕭、張各用其長，豈云相反哉？嗚呼！以善人而去惡人，其力常不能敵，唯以惡去惡，而以善人繼其後，此世之所以治也。以惡去惡，而仍以惡人繼其後，此世之所以亂也。隗囂、更始皆有除莽賊之功，而建武中興，遂致承平。〔一二〕董卓、李傕亦有去漢賊之力，〔一三〕而當塗接踵，卒覆劉祚。〔一四〕觀於兩漢之興亡，非前轍哉？世之醫者，專於攻擊與專於調和者，熟覩古今，亦可徵會矣。善乎王彦霖之言曰：「君子在內、小人在外爲泰，小人在內、君子在外爲否。君子小人競進，則危亂之機也。」〔一五〕明乎此，則傾險、忠良無調停參用之説，温補、寒瀉無和同並進之理。

〔一〕粹：純粹。駁：駁雜。

〔二〕見《王霸篇》。

〔三〕稷（即棄）、契、皋陶、夔皆爲舜之大臣，見《書·舜典》。

〔四〕舜流四凶族渾敦、窮奇、檮杌、饕餮，投諸四裔，以禦魑魅。見《左傳》文公十八年。

〔五〕王莽之世，公孫述割據四川，稱帝，後爲劉秀所滅。

〔六〕丁：遭逢。炎季：炎漢末葉。

〔七〕石介，字守道，作《慶曆聖德詩》，忠邪太分明。韓魏公琦與范公仲淹適自陝西來朝，道中得之，范公拊股謂韓公云云。詩中有「惟（范）仲淹（富）弼，一夔一契。……（韓）琦有奇骨，可屬大事」之句，大爲奸黨所惡，未幾，謗訾群興，范、富、韓皆罷爲郡。見宋陳均編《皇朝編年綱目備要》。

〔八〕東漢末之黨人，明末之東林黨。

〔九〕四岳、十二牧，爲堯、舜之大臣。

〔一〇〕黥指黥布，即英布，彭爲彭越，爲漢王劉邦大將。

〔一一〕蕭何、張良。

〔一二〕隗囂，王莽末年起兵割據天水，後爲劉秀平滅。劉玄，漢皇室，王莽末，緑林軍立爲帝，號更始。後降於赤眉軍，被殺。建武，劉秀稱帝後之年號，此即指光武帝劉秀。

〔三〕「李傕」，原本誤作「郭傕」，因李傕、郭汜二名混誤。

〔四〕靈帝時，韓遂、馬騰反，董卓曾擊破之。靈帝死，何進、袁紹謀誅宦官，召卓將兵入朝，盡除宦官。李傕、郭汜爲董卓部將，卓死後，起兵反，未聞有「去漢賊」事。當塗：指曹魏。漢末有「代漢者，當塗高」之讖，袁術以爲應於己。時周舒獨曰：「當塗高者，魏也。」見《三國志·蜀書·周群傳》。

〔五〕王巖叟，字彥霖，北宋哲宗時官龍圖閣待制。

蚤休

蚤休，《本經》下品。江西、湖南山中多有，人家亦種之，通呼爲「草河車」，亦曰「七葉一枝花」，爲外科要藥。滇南謂之「重樓一枝箭」，以其根老橫紋，粗皺如蟲形，乃作「蟲蔞」字。亦有一層六葉者，花僅數縷，不甚可觀，名逾其實，子色殷紅。滇南土醫云：「味性大苦、大寒，入足太陰，治濕熱、瘴瘧、下痢。」與《本草》書微異。滇多瘴，當是習用藥也。

鬼臼

鬼臼，《本經》下品。江西、湖南山中多有，人家亦種之，通呼爲「獨脚蓮」。其葉有角不圓，或曰「八角蓮」。高至四五尺，就莖開花，紅紫嬌嫩，下垂成簇。外科蓄之。鄭漁仲謂「葉如荷葉，形如鳥掌，年長一莖，莖枯則爲一臼，亦名『八角盤』」。其形容極確。原圖仍爲「鬼燈檠」，宜山谷詩注之斥排也。〔一〕但此物辟穀，未見他説。子瞻以詩記瓊田芝，〔二〕山谷亦有《瓊芝仙》詩，云「但告渠是唐婆鏡」，與《本經》有毒、《别録》不入湯者異矣。下死胎，治射工中人，其力猛峻可知。此草生深山中，北人見者甚少。江西雖植之圃中爲玩，大者不易得。余於途中適遇山民擔以入市，花、葉高大，遂亟圖之。此草一莖一葉，李時珍云「一莖七葉」，或别一種，余未之見。

〔一〕黄庭堅《瓊芝軒》詩後有跋，云：「子瞻詩所記胡道士玉芝一名瓊田草者，俗號其葉爲『唐婆鏡』；葉底開花，故號『羞天花』。以予考之，其實《本草》之『鬼臼』也。歲生一臼，如黄精而堅瘦，滿二十歲可爲藥。……黄龍山老僧多採而斷食，令人體臞而神王。今方家所用鬼臼，乃『鬼燈檠』耳。如蜀人用鬼箭，但用一草根，不知何物也。鎮陽趙州間道傍叢生三羽者，真鬼箭。俗醫用藥如此，而責古方不治病，可勝歎哉。」此處誤以跋爲「詩注」。

〔二〕「瓊田芝」，原本誤作「璚田芝」；下「瓊芝仙」，原本誤作「璚芝仙」，皆據黄庭堅《瓊芝軒》詩改。

射干

射干，《本經》下品。《蜀本草》「花黄實黑」者是。陳藏器謂「秋生紅花赤點」。按此草北地謂之「馬螂花」，江南亦多。六月開花，形狀如《蜀本草》。《拾遺》以其點赤，誤認爲紅花耳。其根如竹而扁，俗亦呼「扁竹」。

雩婁農曰：《荀子》云：「西方有木焉，名曰射干，莖長四寸，生於高山之上而臨百仞之淵，其莖非能長也，所立者然也。」〔一〕嗚呼！「以彼徑寸莖，蔭此百尺條」，〔二〕此之謂矣。不材之木，托根得地，斧斤瘡痍之不及，陰陽雨露之所偏；〔三〕而琪花玉樹，或蕪没於叢莽而無人知，吾烏知其所以然哉？乃長言以誶之曰：〔四〕「撟青曾之淑朗兮，〔五〕謂誕育其必公。〔六〕何陽材屯於巔突兮，〔七〕陰敷苯蓴而蒙茸。〔八〕櫟連蜷以依社兮，〔九〕五柞何爲而冠乎離宫？〔一〇〕門驕驕其忽有莠兮，〔一一〕屋沉沉而薆乎瓦松。〔一二〕苕華施柏而旖旎兮，〔一三〕葛藟纍樛以隆崇。〔一四〕詈老楮其不可宥兮，〔一五〕蕭斧乃獨赦夫榿榕。〔一六〕鴟既據夫泮之沃若兮，〔一七〕鼠又室乎堂之美樅。〔一八〕掩菌桂而冗蕭艾兮，吾烏知鳩媒之所從？追虞舜於大麓兮，别風淮雨而不蒙。〔一九〕神刊隨而底績兮，〔二〇〕杶、榦、栝、栢惟喬乎雲中。〔二一〕𤳳懼秕莠於有夏兮，〔二二〕景山丸丸斲度而奏功。〔二三〕柞棫佩於昆夷兮，〔二四〕楹化梓而姬隆。〔二五〕嬴無道而兀蜀山兮，〔二六〕靈訶怒而揖五大夫之封。〔二七〕武囿四海於上林兮，〔二八〕柏梁灾而更營。〔二九〕車蓋雄夫白水兮，氣佳哉而鬱葱葱。〔三〇〕杉葉御飈而抵洛陽兮，閲萬里而排九重。〔三一〕檜恥綱而淪汩波兮，〔三二〕義不辱夫勔黼之闇瞢。〔三三〕偉貞木其若有知兮，趍舍時而莫同。萬牛迴首於嶮巇兮，〔三四〕豈大材之難庸也。歲崢嶸其將宴兮，冰霰曖曖而蔽空。百卉腓而誰控兮，〔三五〕艱哉巍巍萬盤之孤峰。翳薈蔚而蟄虎豹兮，抗扶疎而挐蛟龍。彼苕發而穎豎兮，噫乎何以禦風。」

〔一〕見《勸學篇》。

〔二〕見左思《詠史詩》。

〔三〕《莊子・山木》：「莊子行於山中，見大木枝葉盛茂，伐木者止其旁而不取也。問其故，曰：『無所可用。』莊子曰：『此木以不材得終其天年。』」

〔四〕誶：詬責。

〔五〕撟：翹首。青曾：蒼天。

〔六〕誕育：誕生萬物。

〔七〕陽材：此指高大的喬木。

〔八〕陰敷：此指矮小鋪地而生的草叢及灌木。苯蓴：草叢生貌。

〔九〕《莊子・人間世》：「匠石之齊，見櫟社樹，其大蔽數千牛，絜之百圍，其高臨山十仞而後有枝。……觀者如市。匠伯不顧……曰：『已矣！勿言之矣！散木也。以爲舟則沉，以爲棺槨則速腐，以爲器則速毁，以爲門户則液樠，以爲柱則蠹。是不材之木也，無所可用，故能若是之壽。』」社，神社。

〔一〇〕《三輔黄圖》：五柞宫，漢之離宫，在扶風盩厔。宫中有五柞樹，覆陰數畝，因以爲名。

〔一一〕高門而生莠草。

〔一二〕蒼苔在石曰烏韭，在屋曰瓦松。薆：濃密翳閉狀。

〔一三〕《詩・小雅》有《苕之華》篇。苕：陵苕也，即今紫葳，蔓生，附喬木之上。施柏：即附於柏樹之上。

〔一四〕《詩·周南·樛木》：「南有樛木，葛藟纍之。」葛藟亦蔓生，攀纍於樛木。

〔一五〕蘇軾有《宥老楮》詩。宥，不伐也。中有句云「胡爲尋丈地，養此不材木」，又言「膚爲蔡侯紙，子入桐君録」，末云「投斧爲賦詩，德怨聊相贖」。

〔一六〕蕭斧：即斧，蕭訓肅。

〔一七〕鶚：惡鳥。泮：水池。《詩·衛風·氓》：「桑之未落，其葉沃若。」沃若：潤澤狀。此處代指沃若之桑。

〔一八〕《尸子》：「松柏之鼠，不知堂密之有美樅。」樅：松葉柏身，千仞，無枝葉。言鼠僅知松柏之美，而不知更有樅勝於松柏也。

〔一九〕《書·舜典》：「納于大麓，烈風雷雨弗迷。」別風淮雨：即「烈風淫雨」。

〔二〇〕刊隨：《書·禹貢》：「禹敷土，隨山刊木，奠高山大川。」底績：成功。

〔二一〕「杶、榦、栝、栢」，用《禹貢》語。

〔二二〕䨻，同「虺」。《書·仲虺之誥》：「肇我邦于有夏，若苗之有莠，若粟之有秕。」

〔二三〕荆山之首曰景山。《詩·商頌·殷武》：「陟彼景山，松栢丸丸。是斵是遷，方斲是虔。」詩言商高宗之中興。

〔二四〕昆夷：《詩》作「混夷」。《詩·大雅·綿》：「肆不殄厥愠，亦不隕厥問。柞棫拔矣，行道兑矣。混夷駾矣，維其喙矣。」蘇轍《集傳》：「古公之徙於岐周，其心豈忘混夷之怨哉？徒以國家未定，人民未集，故不敢失聘問之禮，姑與之爲無憾。而及其閑暇，以脩其政令。吾所植柞棫，拔而遂茂，行道兑而成蹊。凡所以爲國者，既已繕完，則夫混夷將不較而自服。」

〔二五〕《竹書紀年》：「文王之妃曰太姒，夢商庭生棘，太子發植梓樹於闕間，化爲松柏棫柞。以告文王，文王幣率群臣，與發並拜告夢。」

〔二六〕杜牧《阿房宫賦》：「六王畢，四海一。蜀山兀，阿房出。」

〔二七〕《史記·秦始皇本紀》：始皇帝上泰山，立石，封，祠祀。下，風雨暴至，休於樹下，因封其樹爲五大夫。

〔二八〕漢武帝用吾丘壽王之奏，起上林苑，聚四海珍奇。

〔二九〕漢武帝元鼎二年起柏梁臺，高數十丈。太初元年災，未再重建。

〔三〇〕《後漢書·光武帝紀》：「及王莽篡位，忌惡劉氏，以錢文有金刀，故改爲『貨泉』，或以『貨泉』字文爲『白水真人』。後望氣者蘇伯阿爲王莽使，至南陽，遥望見春陵郭，唶曰：『氣佳哉，鬱鬱葱葱！』」按：光武帝劉秀爲春陵白水鄉人。

〔三一〕《南方草木狀》：合浦東二百里有杉，漢安帝永初五年春，葉落，隨風飄入洛陽城。其葉大常杉數十倍，術士廉盛曰：「合浦東杉葉也。此休徵，當出王者。」帝遣使驗之，信然，乃以千人伐樹。

〔三二〕綱：花石綱。宋葉夢得《避暑録話》：宋徽宗政和初，有言華亭悟空禪師塔前檜爲唐物，詔取之。

檜大，不可越橋梁，乃以大舟即華亭泛海，出楚州以入汴。既行一日，風猛，檜枝與帆低昂，不可制，舟與人皆没。

〔三〕勔黼：朱勔、王黼，北宋末奸臣。《宋史》入《佞幸傳》。朱勔以花石綱媚徽宗起家。

〔亖〕杜甫《古柏行》：「大厦如傾要梁棟，萬牛回首丘山重。」

〔亖〕腓：草木枯萎。

白花射干

白花射干，江西、湖廣多有之。二月開花，白色有黄點，似蝴蝶花而小。葉光滑紛披，頗似知母，亦有誤爲知母者。結子亦小。與蝴蝶花共生一處，花罷，蝴蝶花方開。俚醫謂之「冷水丹」，以爲行血通關節之藥。《宋圖經》謂紅黄花有赤點者爲射干，白花者亦其類。陶隱居云「花白莖長」，即阮公詩「射干臨層城」，〔一〕不入藥用，皆此草也。惟此花二月開，黄花者六月開，莖、葉、花、實都不甚類，俗方主治亦殊，似非一種。

〔一〕見晉阮籍《詠懷》詩。

鳶尾

鳶尾，《本經》下品。《唐本草》「花紫碧色，根似高良薑」，此即今之「紫蝴蝶」也。《花鏡》謂之「紫羅欄」，誤以其根爲即高良薑。三月開花，俗亦呼「扁竹」。李時珍以爲射干之苗，今俗醫多仍之。

石龍芮

石龍芮，《本經》中品。今處處有之，形狀正如水堇，生水邊者肥大，平原者瘦小。其實亦能灸瘡。固始呼爲「鬼見愁」。

茵芋

茵芋，《本經》下品。陶隱居云「方用甚稀」。《圖經》備載其形狀、功用。李時珍云「近世罕知」。蓋俚醫用藥多爲異名，或實用之而不識其本名也。

雩婁農曰：茵芋有毒。李時珍以爲「古方有『茵蕷丸』，治瘋癇，又有酒與膏，爲治風妙品，近世罕知，爲醫家疎缺」，蓋深惜之。吾謂今之俚醫治風之藥不可殫述，安知無茵蕷者？特其名因地而異，古今之不同耳。史傳中惟功業道德、婦孺知名者謂之不朽，其他或一事而兩傳而一人，所聞異詞，如鳥戾於天，〔一〕越人以爲鳦，楚人以爲鳧，各因所疑而爲之名，孰知其是耶非耶？楊雄持三尺緹素，〔二〕訪絶域方言，其草木諸物異名多矣，又烏料其一人之身爲漢郎中，又爲莽大夫耶？〔三〕黑頭尚書，白頭尚書，〔四〕何異「昔日之芳草，今直爲此蕭艾」也？〔五〕嗚呼！在山爲小草，出山爲遠志，以出處而異名，賢者愧之矣。〔六〕彼「上車不落則著作，體中何如則秘書」，用之則榮，舍則已焉。〔七〕東芻以爲狗，棄狗豈有惜其芻者？〔八〕茵蕷之用，適承其乏，有勝於茵蕷者，而茵蕷爲狗之芻矣。故曰「腹背之毳，益一把不加多，損一把不加少」，始則碌碌而因人，繼則汶汶以没世。吾欲求其名而紀之，吾又烏能勝紀之？

〔一〕《詩·小雅·采芑》：「鴥彼飛隼，其飛戾天。」毛《傳》：「戾，至也。」

〔二〕古人以緹素、葭灰驗音律。詳見《隋書·律曆志上》。

〔三〕揚雄在漢末爲郎中，王莽篡位後爲大夫，人以爲失節，蔑稱「莽大夫」。按《漢書》本傳贊曰：揚雄成帝時「除爲郎，給事黄門，與王莽、劉歆並。哀帝之初，又與董賢同官。當成、哀、平間，莽、賢皆爲三公，權傾人主，所薦莫不拔擢，而雄三世不徙官。及莽篡位，談説之士用符命稱功德獲封爵者甚衆，雄復不侯，以耆老久次轉爲大夫，恬於勢利乃如是」。

〔四〕白頭尚書，原本「尚」誤作「白」，據上下文改。

〔五〕《南史·袁昂傳》：齊末，蕭衍起兵，梁武帝起兵，州郡望風皆降，昂獨拒境。建康城平，昂舉哀痛哭。及蕭衍爲帝，用昂爲吏部尚書，謂曰：「齊明帝用卿爲黑頭尚書，我用卿爲白頭尚書，良以多愧。」對曰：「臣生四十七年於兹矣。四十以前，臣之自有，七年以後，陛下所養。七歲尚書，未爲晚達。」「昔日之芳草，今直爲此蕭艾」，句見《離騷》。

〔六〕此處有誤。《世説新語·排調》：謝安始有東山之志，後就桓温司馬。於時人有餉桓公藥草，中有遠志，温取以問謝：「此藥又名小草，何一物而有二稱？」謝未即答，時郝隆在坐，應聲答曰：「此甚易解，處則爲遠志，出則爲小草。」謝甚有愧色。

〔七〕《顔氏家訓・勉學》：梁朝全盛之時，貴遊子弟多無學術，至於諺云「上車不落則著作，體中何如則秘書」。

〔八〕古人祭祀，束芻以爲狗，祀畢焚之。《莊子・天運》：「夫芻狗之未陳也，盛以篋衍，巾以文繡，尸祝齋戒以將之；及其已陳也，行者踐其首脊，蘇者取而爨之而已。」亦「狡兔死，走狗烹」之義。

芫花

芫（yuán）花，《本經》下品。淮南、北極多，通呼爲「頭痛花」，以嗅其氣頭即涔涔作痛，故名。又曰「老鼠花」，以其花作穗如鼠尾也。此是草本。《本草綱目》引芫木藏果、卵者。考《爾雅》「杬，魚毒」注：「杬，大木子，似栗，生南方，皮厚，汁赤，中藏果、卵」，絶不相類。

雩婁農曰：余初歸里時，清明上壠，〔一〕見有卧地作花如穗、色紫黯者，詢之土人，曰：「此老鼠花也。其形如鼠拖尾，嗅之頭痛。」蓋色、臭俱惡。及閱《本草》，知爲芫花，淳于意用以治蟯瘕，雖惡是其可云乎？〔二〕匡廬間花、葉俱發，且有實味甘，然食之頭亦痛。烏之南徙，音未變也。〔三〕洪容齋謂「小人爭鬥不勝，取葉搽膚，輒作赤腫以誣人」。〔四〕譸張爲幻，乃有此助之厲耶？山人採藥，皆以口授，自賊賊人，案牘坌積。宋時以斷腸草之害，著令燒薙，但盡敵而返，敵可盡乎？良有司各訪其地之所産，根株性味，著之志乘，民不能欺，其亦可矣。

〔一〕掃墓祭祖。

〔二〕淳于意，即《史記·扁鵲倉公列傳》之倉公。傳云：「臨菑氾里女子薄吾病甚，衆醫皆以爲寒熱篤，當死，不治。臣意診其脈曰：『蟯瘕。』……意飲以芫華一撮，即出蟯可數升，病已，三十日如故。」蟯，人腹中短蟲。

〔三〕人以烏噪爲凶徵而厭之，烏雖南徙，其音不變，仍爲人厭。

〔四〕見《續筆》卷十六。

金腰帶

金腰帶，江西山中多有之。其莖、花皆如芫花。根極長，有長數尺者，土人以爲帶束腰，可治腰痛。其實白，如米而大，味甘。土人云食多頭痛，或即以爲「頭痛花」。但《本草綱目》未詳其結實形狀，而此草葉光滑，花心有鬚，亦微異，或芫草同類。

牛扁

牛扁，《本經》下品。陶隱居云：「今人不復識此。」《唐本草》、《宋圖經》俱載其形狀、功用。

蕘花

蕘（ráo）花，《本經》下品。《别録》云生咸陽及河南中牟。李時珍以爲即芫花黄色者，方書不復用。

莨菪

莨（làng）菪（dàng），《本經》下品。一名「天仙子」。《圖經》著其形狀、功用，且引《史記》淳于意以莨菪酒飲王夫人事，别説謂功未見如所説，而其毒有甚。蓋見「鬼拾針」性近邪魔，而古方以治癲狂，豈不癲狂者服之而狂，癲狂者服之而止，亦從治之義耶？舊時白蓮教以藥飲所掠民，使之殺人爲快，與李時珍所紀妖僧迷人事相類，疑即雜用此藥。

雩婁農曰：《史記·太倉公傳》：菑川王美人懷子而不乳，召意，意飲以莨菪藥一撮，以酒飲之，旋乳。《本草》莨菪無催生之説，其爲一物否，未可知也。《炮炙論》以莨菪爲有大毒，《金匱要略》言水莨菪葉圓有光，誤食令人狂亂，狀如中風。觀淳于意以莨菪藥令人乳，則斷非發狂之藥無疑。李時珍明著安禄山飲奚契丹莨菪酒，醉而坑之，又紀妖僧迷藥事，以爲是莨菪之流，則一杯入吻，狂惑見鬼，尚可留著腸胃中耶？〔一〕乃所録小品，必效諸方，或丸或煎，豈有病雖大毒亦能受耶？然吾不敢信也。君子小人，辨之必明，既辨矣，則放流迸逐，不可使其乘隙而復起。若已榜其罪於朝廷，而復記其小忠小信，曲留一綫之機，則子尾所謂「髮短而心長，其或寢處我矣」。〔二〕盧杞不似奸邪，惠卿亦似美才，〔三〕彼毒藥之攻癰疽，誠有速效，然豈可引之根本之地，而望其調和陰陽、不傷元氣乎？故吾以爲凡藥之有毒者，必著其外治之功，伐性之害，凡一切服餌之方，皆删削務盡，勿使後人迷於去留，舉軀而試其狂惑，其亦《春秋》之律也乎？

《山西通志》：「莨菪子，始生海濱川谷及雍州，今寧武多有之。莖高一二三尺，葉似地黄、王不留行、紅藍等。花紫色，莖有白毛。結實如小石榴。最有毒，服之令人狂浪，故名莨菪。」按太原山中亦多産，其莖挺勁，對葉密排，花生葉隙，重疊直上，如地黄花，色紫白，多赭縷。花罷即結實，其子味甜，小兒誤食輒瘋。俗亦不甚怪，經一兩月藥性解，則瘋已如平人云。

〔一〕《本草綱目》卷十七上：嘉靖四十三年二月，陝西遊僧武如香挾妖術至昌黎縣民張柱家，見其妻美，設飯間，呼其全家同坐，將紅散入飯内，食之。少頃，舉家昏迷，任其奸污，復將魘法吹入柱耳中。柱發狂惑，見舉家皆是妖鬼，盡行殺死，凡一十六人，並無血迹。官司執柱，囚之十餘日，柱吐痰二碗許。問其故，乃知所殺者皆其父母兄嫂妻子姊侄也。柱與如香皆論死。觀此妖藥，亦是莨菪之流爾，方其痰迷之時，視人皆鬼矣。

〔二〕此非子尾語，是子雅語。《左傳》昭公三年：齊侯田於莒，盧蒲嫳（慶封之黨，時被放）見，泣而請歸，曰：「余髮如此種種，余奚能爲？」公曰：「諾，吾告二子。」（子雅、子尾。）歸而告之，子尾欲復之，子雅不可，曰：「彼其髮短而心甚長，其或寢處我矣。」寢處：扒皮而坐卧其上。

〔三〕見卷二十二「五味子」條注〔七〕。

莽草

莽草，《本經》下品。江西、湖南極多，通呼爲「水莽子」。根尤毒，長至尺餘。俗曰「水莽兜」，亦曰「黄藤」。浸水如雄黄色，氣極臭。園圃中漬以殺蟲，用之頗亟。其葉亦毒，南贛呼爲「大茶葉」，與斷腸草無異。《夢溪筆談》所述甚詳。〔一〕《宋圖經》云無花、實，〔二〕未之深考。

雩婁農曰：余所至章貢、衡澧山中，皆多莽草。而按其形狀，與《筆談》「花如杏花可玩」，李德裕所謂「紅桂」，〔三〕靳學顔所謂「丹萼素蕾」者，〔四〕都不全肖。蓋沈存中所云「種類最多」者耶？江右産者，其葉如茶，故俗云「大茶葉」。湘中用其根以毒蟲，根長數尺，故謂之「黄藤」，而「水莽」則通呼也，豈與「鼠莽」有異同耶？詩人多用「菵露」，〔五〕陶隱居以爲「莽」本作「菵」。按山中多以黄茅之類爲「菵子草」，郭璞注：「弭，春草，一名芒草。」孫炎注：「俗呼菵草。」菵草刺人衣而彌阬填谷，故以爲晨行之詩，亦「夙夜厭浥」之意。〔六〕莽草雖多，殊非荆榛之比。或謂弭爲白薇，以弭、薇音近，「春草」同名，難爲確詁。〔七〕邢《疏》以《本草》「莽草」郭引作「芒草」爲所見本異，〔八〕然則《本草》經傳寫訛誤多，烏可不慎，而《圖經》云「煎湯熱含，少頃，治牙齒風蟲、喉痺甚效」，此豈可輕試耶？按《周禮》「翦氏除蠹物，以莽草熏之」，〔九〕《方言》「茻，莽草也。東越、揚州之間曰茻，南楚曰莽」，《説文》「茻，草總名」，則非毒草之「莽」矣。今人以草燒煙熏蟲，亦不需用毒莽。又《説文》「犬善逐兔草中爲莽」，《孟子》「草莽之臣」

趙岐注「莽，亦草也」。莽、茻、艸、舞同義。《楚詞》「攬中洲之宿莽」，注謂「草冬生不死」，此亦但詁「宿」字耳。唯《山海經》「朝歌之山有莽草，可以毒魚」，此或是水莽類。而《爾雅》「莽，數節」郭注云「竹類」，則竹亦有名「莽」者。《本草》之「莽草」，或爲「芒」，或爲竹類之「莽」，皆未可定。若以毒魚爲毒草，則近世有以莪麥制魚者矣，豈得謂莪麥爲毒草耶？余恐人誤以莽草爲可服，故詳辨之。

〔一〕見《補筆談》卷下。

〔二〕原本無「圖」字。

〔三〕李德裕詩序云：「比聞龍門敬善寺有紅桂樹，獨秀伊川。嘗於江南諸山訪之，莫致。陳侍御知予所好，因訪剡溪樵客，偶得數株，移植郊園，衆芳色沮。乃知敬善所有是蜀道莽草，徒得嘉名。因賦是詩，兼贈陳侍御。」按：莽草即莽草。

〔四〕見本卷「雲實」條注〔三〕。

〔五〕鮑照《苦熱行》：「瘴氣晝熏體，莽露夜霑衣。」蘇軾《贈杜介》詩：「秋風吹莽露，翠濕香嫋嫋。」

〔六〕《詩·召南·行露》：「厭浥行露，豈不夙夜？謂行多露。」毛《傳》：「厭浥，濕意也。行，道也。」

〔七〕《爾雅》「蕈，春草」郭注云：「一名芒草，《本草》云。」鄭樵《通志》云：「白薇，曰白幕，曰薇草，曰春草。」

〔八〕邢昺《爾雅》「葞，春草」疏。
〔九〕見《秋官司寇》。

鉤吻

鉤吻，《本經》下品。相承以爲即「冶葛」，今之「斷腸草」也。詢之閩廣人，云有大小二種，大者如夜來香葉，蔓生植立，近人輒動，擣爛置猪腸中，上下奔竄，必破腸而出；小葉者如馬蘭，性尤烈。李時珍所謂「黄藤」，乃莽草根也；又云滇人謂之「火把花」，蓋即《黔書》所云「花赤如桑椹」者。同爲惡草，非止一種，今以蜀産圖之。

滇鉤吻

太陽之草曰黄精，太陰之草曰鉤吻。〔一〕《博物志》云：「鉤吻，盧氏曰：陰地黄精不相連，根苗獨生者是也。」陶隱居云：「葉似黄精，而莖紫，當心抽花黄色，初生極類黄精。」雷斆曰：「使黄精勿用鉤吻，真相似，只是葉有毛鈎子二個，黄精葉如竹葉。」蘇頌曰：「江南説黄精莖、苗稍類鉤吻。」自古言鉤吻、黄精相似，瞭然如此，無有指爲「斷腸草」者。《本經》「一名冶葛」。冶葛，後人以爲斷腸草。毒草斷腸，品非一種。《南方草木狀》：「冶葛，一名胡蔓草。」不言即鉤吻。自蘇恭始以「苗爲鉤吻，根爲野葛」深斥陶説之非，謂「其葉如柿，如梟葵」，則即今嶺南之「大葉斷腸草」矣。其云黄精葉似柳及龍膽草，〔二〕乃玉竹也。古人於黄精、玉竹不甚分别，雷説「葉如竹」，則今黄精也。沈存中《藥議》亦以鉤吻爲即斷腸草，〔三〕然又云「斷腸草，人間至毒之物，不入藥用，恐《本草》所出别是一物，非此鉤吻」，則存中未敢以鉤吻、黄精相似之説確然斷爲誤也。《本草綱目》臚引斷腸草以實鉤吻，大抵皆集衆説，非惟未見鉤吻，蓋亦未見斷腸，憑臆訂訛，遂以草之至毒者，惟嶺南胡蔓一物矣。考《吴普本草》，鉤吻或出益州。碧雞金馬，開元後已淪南詔，〔四〕蘇恭諸人不識益州之鉤吻，固宜；醫家於毒草不曾試用，展轉致舛，亦無足怪。惟鉤吻既似黄精，采鉤吻而得黄精，不能爲害，誠妙；采黄精而誤得鉤吻，所關豈淺鮮哉！余至滇，遣人入山採藥，得似黄精、玉竹者二草，其標識則曰「鉤吻」、「漢鉤吻」。「鉤吻」，葉如竹，與黄精同而矮小，葉生一面，花、實生一面，棄擲皆活，殆即雷斅所謂「地精」，俗云「偏精」，其偏者不止葉不相當而已。「漢鉤吻」似玉竹，葉如柳，如龍膽草，而葉端皆反鉤，四面層層，舒葉開花，花有黄白者，亦有紅者，蓋陶説所謂「當心開花」，而雷説所謂「毛鉤」也。滇之山岷峀峀者豈能杜撰此名，蓋相承指呼久矣。余審是再三，而知太陽、太陰之説傳於上古，不可妄訾。後人少見，反肆雌黄，而未及料其貽害無窮也。「禮失求野」，其言猶信。〔五〕乃召土醫而詢之，云：「黄精、鉤吻，山中皆産，採者須辨别之。其葉鉤者有大毒。」然則「鉤」之得名，非以其葉如鉤耶？偏精有毒稍輕，形偏則性亦偏矣。考《南嶽記》，謂黄精多山薑僞製，桂馥《札璞》謂滇多毒草，然則服黄精者，宜如《本草》採嵩山生者，庶不至以豨苓引年而棄昌陽乎？夫天地乖戾之氣所鍾，非一鉤吻，胡蔓無妨並馳。譬如四凶列於禹鼎，〔六〕非止渾敦一形，〔七〕五鬼登於唐廷，未必盧杞同貌。〔八〕山有陰陽，則氣秉舒慘。處至陰之地，而具至陽之性，則爲毒尤甚。宦寺、婦人，陰陽異用，而大亂生矣。抑又聞之，虎賁甚似中郎，〔九〕桓魋乃肖至聖，〔一〇〕甚惡甚美，真賢真奸，此亦造物之樞鈐，而待人以決擇。余檢自僵之牘，湘中則黄藤，豫章則水莽、博落迴，粵、閩則大小葉斷腸草，滇則草烏、火把花。又有蟲如草，長寸許，亦名「斷腸草」，牛馬食之立斃。《黔書》又有一種斷腸，惡直醜正，實繁有徒，豈得謂共兜去而無餘凶，〔一一〕廉來除而並及異獸乎？〔一二〕余以舊説入「鉤吻」下，别録斷腸草數種，〔一三〕而特著滇鉤吻二物，或可正李時珍之正誤。《本草》鉤吻有主治，滇醫亦用以洗惡毒瘡。以盜捕盜，或亦收效，而斷腸草則未聞有用者。巧令孔壬，〔一四〕遇之立敗耳。唐以前言「冶葛」者，或即是此草。《草木狀》冶葛既不云鉤吻，當是同名異物。相如、无咎、不疑、萬年，〔一五〕其爲賢不肖也多矣。

鉤吻，滇人以蝕毒瘡。惡刺字犯，〔一六〕雜他藥以爛滅刺字，俗所謂「爛藥」也。

〔一〕見卷八「黄精」條注〔一〕。

〔二〕《唐本草注》原文爲「黄精直生，如龍膽、澤漆」。

〔三〕《夢溪筆談》各卷下立名目，如卷二十六爲「藥議」，但鉤吻事見於《補筆談》，《補筆談》則未分名目，是吴氏歸此條於「藥議」類也。

〔四〕南詔在唐朝扶持下統一六詔，爲唐屬國，後關係惡化，一度歸附吐蕃。

〔五〕《漢書·藝文志》：「仲尼有言：禮失而求諸野。」師古注：「言都邑失禮，則於外野求之，亦將有獲。」

〔六〕四凶：指渾敦、窮奇、檮杌、饕餮。禹收九州之金鑄九鼎，以象九州之物，有説上有魑魅鬼怪之形，使人知所避者。

〔七〕《左傳》文公十八年：「昔帝鴻氏有不才子，掩義隱賊，好行兇德，醜類惡物，頑嚚不友，是與比周，天下之民謂之渾敦。」注謂渾敦即驩兜。

〔八〕盧杞貌陋而色如藍，人皆鬼視之。按：南唐馮延巳、常夢錫等五人皆以邪佞用事，時人謂之「五鬼」。

〔九〕《後漢書·孔融傳》：融「與蔡邕素善，邕卒後，有虎賁士貌類於邕，融每酒酣，引與同坐，曰：『雖無老成人，且有典刑在』」。按：蔡邕官左中郎將，世稱蔡中郎。

〔一〇〕桓魋：宋國司馬。貌似孔子者爲陽虎，非桓魋。見《史記·孔子世家》。

〔一一〕共兜：共工、驩兜。舜流四凶族渾敦（即驩兜）、窮奇（即共工）、檮杌、饕餮，投諸四裔，以禦魑魅。見《左傳》文公十八年。

〔一二〕廉來：飛廉、惡來，商紂王之臣，爲周武王所誅。

〔一三〕此指吴氏於《植物名實圖考長編》卷十四另録「斷腸草」數種。

〔一四〕巧言令色，大奸佞。

〔一五〕俱爲古人名多重者。

〔一六〕不想臉上留有刺字的犯人。

植物名實圖考卷之二十五　芳草

蘭草

蘭草，《本經》上品，《詩經》「方秉蕳兮」，〔一〕陸《疏》：「即蘭，香草也。」古人謂蘭多曰「澤蘭」。李時珍集諸家之説，以爲「一類二種」，極確。今依其説，以有歧者爲蘭，無歧者爲澤蘭。宋人踵梁時以似茅之燕草爲蕙，聚訟紛紛，〔二〕不知草木同名甚多，總以見用於人爲貴。此草竟體芬芳，與澤蘭同功並用。湖南俚人有受風病寒者，摘葉煎服即愈。香能去穢，辛可散鬱，較之甌蘭諸品，爲益孰多？彼一莖一花數花者，露珠一乾，清香頓歇，茅葉肉根，都無氣味，歸之群芳，以悦目鼻。

雩婁農曰：夫「暴得大名，不祥」。〔三〕人固有之，物亦宜然。蘭於《農經》不爲靈藥。溱洧秉蕳、士女贈謔之野卉耳。〔四〕燕姞錫夢，寵以國香。〔五〕聖人猗蘭之操，〔六〕忠臣畹蘭之託。〔七〕厥後文人賦之詠之，比以君子，儷以美人，赫赫之名，衆荂莫能景其光，群榮不能企其影矣。夫盛名之下，實多冒竊：孩兒菊曰「馬蘭」，以其花紫葉歧而竊之；天名精曰「蟾蜍蘭」，以其葉長幹踈而竊之。形骸彷彿，臭味參差。易位者非同華泉之取飲，〔八〕正座者不如床前之捉刀，〔九〕其竊之也庸何傷？不知何時有山間牛啖之草，俗謂草蘭爲牛啖花，以牛食其葉也。甌東魚魫之花，徒以異馥，簒此香名，〔一〇〕涪翁倡爲「一花爲蘭，數花爲蕙」之説，〔一一〕後人領其新異，競爲標題，蜩螗羹沸。〔一二〕唯澤蘭一種，尚容於養性採藥之客，而真蘭之名，假而不歸。夫非蘭之名著，而蘭之實遂湮没而不彰哉？謂之不祥，蘭亦何辭？朱子《詩注》兩蘭瞭列，《楚辭辨證》曲爲疏剔，〔一三〕一賢之論，不敵舉世之紛，良可悼矣。當爲王者香，乃與衆草伍，蘭不逢時，與人何異！余嘗取唐以前之述蘭者而紀之。嵇侍中詩「麗蕊濃繁」，〔一四〕陳子昂詩「朱蕤冒紫莖」，〔一五〕蘭之花繁蕊密如此，今之蘭有之乎？謝康樂詩「清露灑蘭藻」，〔一六〕許渾詩「露曉紅蘭重」，〔一七〕今蘭葉如薤，涓滴難留，若謂花跗之露，則何灑何重？蘇頲詩「御杯蘭薦葉」，〔一八〕今之蘭葉豈堪薦酒？又詩人多言「蘭池」，今之蘭乃畏濕。《本草》亦載「蘭湯」，今之蘭豈能浴？紫蘭、紅蘭，蘭之色也，今蘭紅紫乃非常品。蘭橘、蘭椒，蘭之味也，今蘭咀嚼殊無微馨。抑與蘭爭名者，唯桂耳，絶域徭峒，價重如金，中華之金粟丹黄者，豈真桂耶？嗚呼，造物最忌者名，草猶如此，人何以任？昔吕大防作《辨蘭亭記》云：「蜀有草如蘐，紫莖黄葉，謂之『石蟬』，而楚人皆以爲蘭。蘭、蟬聲近之誤。」宋景文《益部方物略記》石蟬「苕長二三尺，葉如菖蒲，紫萼五出，與蟬甚類」。宋公博物，不以爲蘭，然則今之蘭，其蜀之石蟬耶？冒他名而自失其名，石蟬有知，豈肯呼牛牛應、呼馬馬應耶？吕公乃著辨以爲識真蘭。昔有不狂之人入狂國者，爭以不狂爲狂。今以真蘭入盗蘭之叢，固當以不真爲真。

〔一〕見《鄭風·溱洧》。

〔二〕南朝時人沈懷遠《南越志》云：「零陵香，一名燕草，又名薰草，即香草。」

〔三〕《史記·項羽本紀》陳嬰母語。

〔四〕見《溱洧》詩。

〔五〕《左傳》宣公三年：鄭文公妾名燕姞，夢天與蘭，且曰：「以蘭有國香，人服媚之如是。」文公遂與之蘭而御之，生子穆公，名蘭。

〔六〕《猗蘭操》，傳説孔子所作。《孔子集語》卷十三引《琴操》：孔子自衛返魯，隱谷之中見香蘭獨茂，喟然歎曰：「夫蘭當爲王者香，今乃獨茂，與衆草爲伍。」乃止車，援琴鼓之，自傷不逢時，託辭於香蘭云。

〔七〕屈原《離騷》：「余既滋蘭之九畹兮，又樹蕙之百畮。畦留夷與揭車兮，雜杜蘅與芳芷。」

〔八〕事見《左傳》成公二年：魯、晉、曹與齊戰於鞍，齊師敗績。齊侯奔至華泉，大夫丑父使齊侯下車，如華泉取飲。晉師獲丑父，而齊侯獲免。

〔九〕事見《世説新語·容止》：曹操見匈奴使者，自以形陋，不足雄遠國，使崔季珪代己，而己捉刀立牀頭。既畢，令間諜問曰：「魏王何如？」匈奴使答曰：「魏王雅望非常，然牀頭捉刀人，此乃英雄也。」曹操聞之，追殺此使。

〔一〇〕「篡」，原本誤作「纂」，據文意改。

〔一一〕涪翁：黄庭堅號。

〔一二〕《詩·大雅·蕩》：「如蜩如螗，如沸如羹。」毛《傳》：「蜩，蟬也。螗，蝘也。」鄭《箋》：號呼之聲如蜩螗之鳴，其笑語沓沓又如湯之沸、羹之方熟。

〔一三〕朱熹《楚辭辨證》：蘭、蕙二物，《本草》言之甚詳。劉次莊云：「今沅、澧所生，花在春則黄，在秋則紫，而春黄不若秋紫之芬馥。」又黄魯直云：「一榦一花而香有餘者爲蘭，一榦數花而香不足者爲蕙。」今按《本草》所言之蘭，雖未之識，然而云似澤蘭，則今處處有之。蕙自爲零陵香，尤不難識，其與人家所種，葉類茅而花有兩種如黄説者，皆不相似。大抵古之所謂香草，必其花、葉皆香，而燥濕不變，故可刈以爲佩。若今之所謂蘭、蕙，則花雖香而葉乃無氣，香雖美而質弱易萎，皆非可刈而佩者也。

〔一四〕此嵇康《酒會詩》之句，而「嵇侍中」乃其子嵇紹。

〔一五〕《感遇》詩。

〔一六〕謝靈運《擬魏太子鄴中集八首》作「清辭灑蘭藻」。《廣群芳譜》卷四十四引誤作「清露灑蘭藻」。

〔一七〕許渾《曉發天井關寄李師晦》。

〔一八〕蘇頲《奉和晦日幸昆明池應制》。

芎藭

芎（xiōng）藭（qióng），《本經》上品。《左氏傳》「山鞠窮」即此。〔一〕《益部方物記》謂「葉落時可用作羹」，《救荒本草》「葉可調食煮飲」。今江西種之爲蔬，曰「藭菜」。廣西謂之「坎菜」。其葉謂之「江蘺」，亦曰「蘼蕪」。李時珍謂「大葉者爲茳蘺，細葉者爲蘼蕪」，説亦辨。

雩婁農曰：申叔展曰：「有山鞠藭乎？」注謂「所以禦濕」，《疏》云：「賈逵有此言，則相傳爲此説。但不知若爲用之。」考《本草》「芎藭主中風寒、痹、筋攣緩急」。蓋風濕相爲表裏，去風即以去濕也。苗曰蘼蕪，《爾雅翼》辨證甚核。然古昔草木之名，軼者多矣。《楚詞》「香草」，注者亦唯以《本草》、《爾雅》爲據。其習用如江蘺、白芷、杜衡、留夷輩，〔二〕讀《本草》者皆知之。而杜若已無的識，若揭車、胡繩，則《本草》不載，無有訂爲何物者矣。太史公曰：「巖穴之士，趍舍有時，若此類名堙滅而不稱，〔三〕悲夫！」夫以在山小草，爲忠臣志士寄慨流連，其志潔，故其稱物芳，〔四〕謂非無知者之至幸，乃或傳或不傳如此。然則士不能與日月爭光，〔五〕而但托大賢之門，冀附驥尾而致千里，〔六〕則漢之黨錮，宋之黨人，載其名而不信其人者有之矣。載其名，幸也；不信其人，豈不幸歟？

〔一〕見卷十一「茵陳蒿」條注。

〔二〕《離騷》「扈江離與辟芷兮」，「畦留夷與揭車兮」，注以江離、辟芷、留夷、揭車皆香草名。《九歌》

「繚之兮杜衡」，王逸注：「杜衡，香草。」

〔三〕「名」，原本闕，據《史記·伯夷列傳》補。

〔四〕《史記·屈原列傳》言《離騷》之作：「其文約，其辭微，其志絜……其志絜，故其稱物芳。」

〔五〕《史記·屈原列傳》：「推此志也，雖與日月爭光可也。」

〔六〕《史記·伯夷列傳》：「顏淵雖篤學，附驥尾而行益顯。」《索隱》：「按：蒼蠅附驥尾而致千里，以譬顏回因孔子而名彰也。」

隔山香

即雞山香，方言，無正字。

隔山香，生衡山。白根潤脆，枝莖挺踈。長葉光緑，三五匀秀。花如當歸、白芷。竟體皆芳，與風俱發。湘沅香草，宗生族茂，箋《騷》注《經》，不能繹贍，〔一〕遂致遇物難名，倚席不講。〔二〕萋萋嘉卉，見賞俚醫，幸乎不幸？

〔一〕繹贍：詳加箋釋。

〔二〕《後漢書·樊準傳》：「今學者蓋少，遠方尤甚。博士倚席不講，儒者競論浮麗。忘謇謇之忠，習諓諓之辭。」

蛇床子

蛇床子，《本經》上品。《爾雅》「盱，虺床」，注：「蛇床也。」《救荒本草》「葉可煠食」。

白芷

白芷，《本經》上品。滇南生者，肥莖緑縷，頗似茴香。抱莖生枝，長尺有咫。對葉密擠，鋸齒槎枒，齟齬翹起，澀紋深刻。梢開五瓣白花，黄蕊外湧，千百爲族，間以緑苞。根肥白如大拇指，香味尤竄。

杜若

杜若，《本經》上品。按「芳洲杜若」，《九歌》疊詠，〔一〕而醫書以爲少有識者。考郭璞有贊，〔二〕謝朓有賦，〔三〕江淹有頌，〔四〕沈約有詩，〔五〕豈皆未覩其物而空託采擷耶？韓保昇云：「苗似山薑，花黄子赤，大如棘子，中似豆蔻。」〔六〕細審其説，乃即滇中豆蔻耳。蘇恭以爲「似高良薑，全少辛味，陶云『似旋葍根』者，〔七〕即真杜若。」李時珍以爲「楚山中時有之，山人亦呼爲『良薑』」。甄權所云『獵子薑』，《圖經》所云『山薑』，皆是物也」。沈存中以爲「即高良薑」，〔八〕以生高良而名。余於廣信山中採得之，俗名「連環薑」，以其根瘦細有節，故名。有土醫云即良薑也。根少味，不入藥用。其花出籜中，纍纍下垂，色紅嬌可愛，與前人所謂「豆蔻花」同，與良薑花微異，殆即《圖經》所云「山薑」也。余取以入杜若，以符「大者爲良薑，小者爲杜若」之説。但深山中似此者尚不知幾許，姑以備考云爾。若劉圻父《采杜若》詩「素英緑葉紛可喜」，〔九〕又云「餐花嚼蕊有真樂」，則亦韓保昇所云花黄一種。草豆蔻，花帶紅、白二色，非

同良薑花紅紫灼灼也。至秋花之書，有以「雞冠」當之者，可謂刻畫無鹽，唐突西施。〔一〇〕

雩婁農曰：昔人戲爲杜仲作《杜處士傳》：「若杜若者，顯於古而晦於今，其今之逸民歟？膏以明自煎，蘭以香自爇，杜若非所謂遺其身而身存者耶？」

〔一〕《九歌·湘君》：「采芳洲兮杜若。」《湘夫人》：「搴汀洲兮杜若。」《山鬼》：「山中人兮芳杜若。」又《雲中君》：「華采衣兮若英。」注以若英爲杜若之英。

〔二〕《山海經·西山經》：天帝之山「有草焉，狀如葵，臭如蘼蕪，名曰杜蘅，可以走馬」。郭璞《杜若贊》曰：「蘼蕪善草，亂之蛇牀。不隕其實，自別以芳。佞人似智，巧言如簧。」

〔三〕齊謝朓有《杜若賦》。

〔四〕梁江淹有《杜若頌》。

〔五〕梁沈約詠杜若：「生在窮絶地，豈與世相親？不願逢采擷，本欲芳幽人。」

〔六〕韓保昇：五代後蜀學士，即主修《蜀本草》者。按：羅願《爾雅翼》卷二言杜若「苗似山薑，花黄赤，子赤色」。

〔七〕陶指陶弘景。「旋葍」或作「旋覆」。

〔八〕見《補筆談》卷下。

〔九〕劉子寰，字圻父，南宋人，朱熹弟子。

〔一〇〕《晉書·周顗傳》：庾亮嘗謂顗曰：「諸人咸以君方樂廣。」顗曰：「何乃刻畫無鹽、唐突西施也。」

無鹽：春秋時齊國醜女。

木香

木香，《本經》上品。《宋圖經》著其形狀，云「出永昌山谷。〔一〕今惟舶上來者，他無所出」。按《本經》所載無外番所産，或古今異物。近時用木香治氣極效，蓋《諸蕃志》所謂「如絲瓜」者，〔二〕凡番産皆不繪，兹從《木草衍義》圖之，然皆類馬兜鈴蔓生者，恐非西南徼所産。

雩婁農曰：木香，舊出雲南。《蠻書》云：「永昌山在府南三日程，多青木香。」《雲南志》：「車里土司出，或謂即古産里。」又：「西木香出老撾。」皆不著形狀。大抵深塹絶巖，老木多香，種種殊名，亦難盡憑。夷玀負販，多集大理，粤人裒載，輒云海藥，惟皆枯槎，難譯其柯條花實。

〔一〕宋永昌在雲南。

〔二〕《諸蕃志》二卷，宋趙汝适撰。

澤蘭

澤蘭，《本經》中品。爲婦科要藥。根名「地筍」，亦爲金瘡、腫毒良劑。《安徽志》「都梁山産澤蘭，故名都梁香云」。

雩婁農曰：《淮南子》云：「男子樹蘭而不芳。」藥録亦專供帶下醫，豈賜蘭徵夢，〔一〕遂永爲女子之祥乎？士女秉蕳，〔二〕祓除不祥，殆無異芣苢宜子耶？余過溱、洧，〔三〕秋蘭被坂，紫蕚雜遝，如蒙絳雪，固知詩人紀實不類賦客子虚。〔四〕而鄰鄰周道，塵漲三尺，清露灑芬，西風度馥，不以穢濁減其臭味，其斯爲幽芳歟！

〔一〕見本卷「蘭草」條注〔五〕。

〔二〕《詩·鄭風·溱洧》：「士與女，方秉蕳兮。」

〔三〕溱、洧：河南二水名。

〔四〕司馬相如有《子虚賦》。此言賦客所言皆虚誇不實之辭。

當歸

當歸，《本經》中品。《唐本草注》有大葉、細葉二種。《宋圖經》云「開花似蒔蘿，淺紫色」，李時珍謂「花似蛇床」。今時所用者皆白花，其紫花者葉大，俗呼「土當歸」。考《爾雅》「薜，山蘄」，又「薜，白蘄」，是當歸本有紫、白二種。今以土當歸附於後，大約藥肆皆通用也。

土當歸

土當歸，江西、湖南山中多有之。形狀詳《救荒本草》。惟江、湖産者花紫。李時珍以入「山草」，未述厥狀，但於「獨活」下謂之「水白芷」，亦以充獨活。今江西土醫猶以爲獨活用之。

芍藥

芍藥，《本經》中品。古以爲和，〔一〕今入藥用單瓣者。

雩婁農曰：《詩》「贈之以勺藥」，〔二〕陸《疏》云：「今藥草芍藥無香氣，非是也。」《爾雅翼》以「陸未識其華」。蓋芍藥盛於西北，維揚諸花始於宋世，故陸元恪僅見藥裹之根荄，而未覩金帶之綺麗，羅氏之言是矣。然古時香草必以莖、葉俱香而後名，如蘭、如蘇、如芷，皆竟體芬，不以花著。芍藥奇馥，都恃繁英，氣不勝色，時過即弛，與霜露飄零而臭味彌烈者，蓋未可伯仲也。陸氏之疑，其或以此。若以調和爲據，則古今食饌嗜好全殊，即所謂「食馬肝、馬腸猶合芍藥而鬻之」者。〔三〕士大夫久無此憲章，〔四〕安得尋裂駃騠而沃苦酒者一問之耶？〔五〕

〔一〕和：調和。

〔二〕見《鄭風·溱洧》。

〔三〕羅愿《爾雅翼》卷三：「或以爲勺藥調食，或以爲五味之和，或以爲以蘭桂調食，雖各得彷彿，然未究名實之所起。……今人食馬肝、馬腸者，猶合芍藥而煮之，古之遺法。馬肝，食之至毒者。……則制食之毒者，宜莫良於芍藥。」

〔四〕食憲章，即食譜。言士大夫食譜中無此一味也。

〔五〕此處駃騠指騾，苦酒指醋。沃：澆。

牡丹

牡丹，《本經》中品。入藥亦用單瓣者。其芽肥嫩，可醬食。種牡丹者必剔其嫩芽，則精脈聚於老幹，故有「芍藥打頭，牡丹修脚」之諺。

雩婁農曰：永叔䎃《牡丹譜》，好事者屨踵之，可謂富矣。然蕃變無常，非譜所能盡，亦非譜所能留也。〔一〕但西京置驛，〔二〕奇卉露生，今則洛花如舊，而異萼絶稀，〔三〕豈人工之勤、地利之厚不如故耶？抑造物者觀人之精神所注與否而爲之盛衰耶？漢之經學，六朝駢麗，三唐詩詞碑碣，亦猶是矣。況乎有關於家國之廢興，世道之升降，而造物獨不視人所欲與之聚之，吾何敢信？

〔一〕譜中雖有，而種已變没。

〔二〕唐開元之後，牡丹始盛於西京，三月五日長安看牡丹，車馬奔走，四方輻輳。

〔三〕自唐初以至宋時，洛陽牡丹始終號稱爲天下冠，但却没有出現新的品種。

藁本

《本經》中品。《宋圖經》：「似芎藭而葉細。」《救荒本草》謂之「山園荽」，苗可煠食。

水蘇

水蘇，《本經》中品。即「雞蘇」，澤地多有之。李時珍辨别水蘇、薺薴「一類二種」，極確。

昔人煎雞蘇爲飲，今則紫蘇盛行，而菜與飲皆不復用雞蘇矣。

雩婁農曰：水蘇、雞蘇自是一物，《日用本草》亦云爾，然謂即「龍腦薄荷」。今吴中以餹製之爲餌，〔一〕味即薄荷，而葉頗寬，無有知爲水蘇者。東坡詩：「道人解作雞蘇水，稚子能煎罌粟湯。」〔二〕《本草衍義》：「紫蘇氣香，味辛甘，能散。」今人朝暮飲紫蘇湯，甚無益。醫家謂芳草致豪貴之疾，此有一焉。水蘇氣薄味平，何堪作飲？或取屬對之工。〔三〕

〔一〕餌：小點心。

〔二〕蘇軾《歸宜興留題竹西寺》：「道人勸飲雞蘇水，童子能煎罌粟湯。」

〔三〕此指蘇詩以「雞蘇水」對「罌粟湯」。

假蘇

假蘇，《本經》中品。即荆芥也。固始種之爲蔬。其氣清芳，形狀與醒頭草無異，唯梢頭不紅、氣味不烈爲别。野生者葉尖瘦，色深緑，不中噉，與黄顙魚相反。南方魚鄉，故鮮有以作葅者。

《野菜贊》云：「荆芥苗，煠作蔬，魚肉忌之，犯無鱗魚，即死，與鯉犯紫荆、食鱓飲燒酒殺人等疾。鼠蓂辛苦，〔一〕命之曰『芥』。荆則云『矜』，芥爲言『介』。肉食斯仇，君子攸戒。我食無魚，咀嚼何害？」

〔二〕鼠蓂：即荆芥。

爵牀 附赤車使者。

爵牀，《本經》中品。《唐本草注》謂之「赤眼老母草」。南方陰濕處極多。似香薷而不香。又《唐本草》有「赤車使者」，莖赤根紫如蒨，一類二種。

積雪草

積雪草，《本經》中品。《唐本草注》以爲即「地錢草」。今江西、湖南陰濕地極多。圓如五銖錢，引蔓鋪地，與《本草衍義》、《庚辛玉册》所述極肖。或謂以數枚煎水，清晨服之，能祛百病者，此蓋陽强氣壯，藉此清寒之品以除浮熱，故有功效，虚寒者恐不宜爾。又一種相似而有鋸齒，名「破銅錢」，辛烈如胡荽，不可服。

荏

荏，《别録》中品。白蘇也。南方野生，北地多種之，謂之「家蘇子」，可作糜作油。《齊民要術》謂雀嗜食之。《益部方物記略》有「荏雀」，謂荏熟而雀肥也。李時珍合蘇、荏爲一，但紫者入藥作飲，白者充飢供用，性雖同而用異。

雩婁農曰：荏之利溥矣。種於塍，防牛馬之踐五穀。子爲油，牕壁皆煤，〔一〕則織紝之賴以足於夜也。《魏書》乙弗勿國與吐谷渾同，「不識五穀，惟食魚及蘇子，狀若中國枸杞」。〔二〕

梁沈約有《謝賜北蘇啓》，則蘇重於北地久矣。〔三〕湘中茀路，〔四〕芟夷之勿使滋蔓。物固有用有不用。

〔一〕以此油點燈，墻窗皆成煤炱。

〔二〕吐谷渾爲鮮卑之一支，建國於今青海、甘肅一帶。乙弗勿國在吐谷渾北。

〔三〕《謝司徒賜北蘇啓》云：「曠阻陰山之外，眇絶蒲海之東。自非神力所引，莫或輕至。」

〔四〕茀路：草多阻路。

蘇

蘇，《别録》中品。《爾雅》「蘇，桂荏」，注：「蘇，荏類。」《圖經》：「紫蘇也。」今處處有之。有面背俱紫、面紫背青二種。湖南以爲常茹，謂之「紫菜」。以烹魚尤美，有戲謂「蘇」字從「魚」以此者，亦「水骨水皮」之謔耳。〔一〕又以薑、梅同餹製之，暑月解渴，行旅尤宜。

雩婁農曰：劉原父《採紫蘇》詩云：「只以營一飲，形骸如此劬。」〔二〕宋時重飲子，以「紫蘇熟水」爲第一。〔三〕甚矣，昔人之好服食也！蘇性辛竄，能損真氣，製爲蔬果，稍就平和，飲子則風淫者宜之，無病而爲吴越吟，〔四〕是不可以已乎？或謂客來奉湯，是飲人以藥，人之面不如吾之面，其賦質不爾殊耶？草荼不知盛於何時，近則華夷同沃之，無有以藥物爲敬者。草木廢興，亦復難測。

《野菜贊》云：「紫蘇，《本草》曰：『苴，紫者入藥，白者湯中薄煮之煠食。荆芥則宜生食。』苴曰紫蘇，本入芼品。〔五〕蕩鬱散寒，性温且緊。湯液得之，薑桂可屏。起懵之功，令之猛省。」

〔一〕《鶴林玉露》卷三：王安石撰《字説》，多牽强附會，時人哂之。世傳東坡問荆公：「何以謂之波？」曰：「波者，水之皮。」坡曰：「然則滑者，水之骨也。」

〔二〕劉敞《種紫蘇》詩：「正以營一飲，形骸如此劬。」

〔三〕飲子：即飲料。《遵生八牋》記「熟水」十二品，其「紫蘇熟水」云：「取葉火上隔紙烘焙，不可翻動，候香收起。每用，以滚湯洗泡一次，傾去，將泡過紫蘇入壺，傾入滚水，服之能寬胸導滯。」

〔四〕《史記·張儀列傳》：越人莊舄仕楚執珪，有頃而病。楚王曰：「舄故越之鄙細人也，今仕楚執珪，貴富矣，亦思越不？」中謝對曰：「凡人之思故，在其病也。彼思越則越聲，不思越則楚聲。」使人往聽之，猶尚越聲也。

〔五〕芼品：蔬菜之類。

回回蘇〔一〕

〔一〕原本有圖無文。

豆蔻

即草果。

豆蔻，《别録》上品。即「草果」。《桂海虞衡志》諸書詳晰如繪。嶺南尚以爲食料，唯《南越筆記》以爲「根、葉辛温，能除瘴氣」。雲南山中多有之，根、苗與高良薑相類，而根肥，苗高三四尺。高良薑根瘦苗短，數十莖叢生，葉短，面背光潤，紋細，葉淡緑；草果莖或青或紫，葉長紋粗，色深緑。夏從葉中抽葶卷籜，緑苞漸舒，長萼分綻，尖杪淡黄，近跗紅赭。坼作三瓣白花，兩瓣細長，翻飛欲舞，一瓣圓肥，中裂爲兩。黄鬚三莖，縈繞相糾。紅蕊一縷，未開如鉗。一花之中，備紅、黄、白、赭四色。《圖經》諸説既不詳臚，而含胎充果又與良薑之紅豆蔻、獼子薑之輭紅麥粒互相膠轕。若以三種並列，則花、實幾無一肖。余就滇人所指名而名之，不識嶺外所産與此同異。《滇南本草》：「性温，味辛，無毒。生山野中或蔬圃地。葉似蘆，開白花，結果内含瓤，藏子如豆蔻而粒大，能消食積，解冷宿結滯之鬱，開通胃脾，快利中鬲，令人多進飲食。今人多用爲香料，調劑飲食甚良。又能祛除蠱毒，辟夷人藥毒，佩之能遠患也。」

香薷

香薷(rú)，《别録》中品。江西亦種以爲蔬。凡霍亂及胃氣痛，皆煎服之。

大葉香薷

大葉香薷，生湖南園圃。葉有圓齒，開花逐層如節，花極小，氣味芳沁。蓋香草之族而軼其真名。

石香薷附。

石香薷，《開寶本草》始附入。今湖南陰濕處即有，不必山厓。葉尤細瘦，氣更芳香。

莎草

莎草，《别録》中品。《爾雅》：「薃，侯莎，其實媞。」即「香附子」也。《唐本草》始著其形狀、功用，今爲要藥。與三棱極相類。唯淮南、北産者子小而堅，俗謂之「香附米」者佳。

雩婁農曰：香附，莎根也。陶隱居以爲無識者。《唐本草》始明著之，近時乃爲要藥。考《宋史·莎衣道人傳》〔一〕「道人衣敝，以莎緝之。有瘵者求醫，命持一草去，旬日而愈。衆翕然傳莎草可以愈疾」，莎根之用，其盛於此乎？圯上老人取履授書，〔二〕其事甚怪，然無疑其僞者，蓋抱道德、明術數之士遯世無悶，〔三〕偶露端倪以救世而濟衆，固非鬼神幻化比也。雖然，古人主之用人也，有得於夢與卜者矣；世人之遇藥也，亦有得於神與禱者矣。精誠之極，肸蠁潛通，〔四〕豈徒徵於鬼以警俗聽哉？且天之生物，皆以爲人，然天不能以筆舌示人，則生聖人製作，以前民用。聖人亦不能徧觀而盡識也，時時見於鬼神寤寐而流傳焉。劉涓子《鬼遺方》，〔五〕其最多者，其餘悉數之不能終，夫非盡假托也。且不獨鬼神矣，含生負氣之倫，有知覺則有疾苦，有疾苦則有拯濟。鹿得草而蹶起，〔六〕蛇擣藥而傅瘡，〔七〕黄鼠以豆葉愈虺毒，〔八〕蜘蛛以芋根塗蜂螫，〔九〕凡此皆天之所爲，非物之能自爲也。是以聖人觀蛛蝥而結網，見飛蓬

而製車，其師萬物也，乃師造物也。故曰：「天時有生，地利有宜，人官有能，物曲有利。」〔一〇〕

〔一〕在《方技傳下》。

〔二〕《史記·留侯世家》：張良遊下邳，有一老父至良所，直墮其履圯下，顧謂良曰：「孺子，下取履！」良強忍，下取履。父曰：「履我！」良因長跪履之。父以足受，曰：「孺子可教矣。後五日平明，與我會此。」遂出一編書，曰：「讀此則爲王者師矣。後十年興。十三年孺子見我濟北，穀城山下黃石即我矣。」良視其書，乃《太公兵法》也。

〔三〕《易·乾·文言》：「遯世無悶。」避世隱居，心無苦悶煩躁。

〔四〕肸蠁：隱約恍惚之際。

〔五〕《天中記》卷四十：劉涓子，晉宋間於丹陽夜射一物，高二丈，走聲如雷。明率人跡之，見一小兒曰：「主人爲劉涓子所射。」問之，爲黃父鬼也。尾小兒至其所，見三人，一卧，一看書，一擣藥，即齊呼突而前，三人並走，遺一帙癰疽方，以治病神驗，號《鬼遺方》。

〔六〕薇銜，《唐本草注》謂之「鹿銜草」，言鹿有疾，銜此草即瘥。

〔七〕見卷十四「劉寄奴」條注〔一〕。

〔八〕《北夢瑣言》卷十二：「莊内有鼠狼穴，養四子，爲蛇所吞，鼠狼雄雌情切，乃於穴外坋土，恰容蛇頭，俟其出穴，果入所坋處出頭，度其回轉不及，當腰齧斷而劈蛇腹，銜出四子，尚有氣。置於穴外，銜豆葉嚼而傳之，皆活。」

〔九〕《夢溪筆談》卷二十四：處士劉易「於齋中見一大蜂罥於蛛網，蛛搏之，爲蜂所螫，墜地。俄頃，蛛鼓腹欲裂，徐行入草，蛛嚙芋梗微破，以瘡就嚙處磨之，良久，腹漸消」。

〔一〇〕見《禮記·禮器》。

鬱金

鬱金，《唐本草》始著録。今廣西羅城縣出。其生蜀地者爲「川鬱金」。以根如螳螂肚者爲真。其用以染黄者，則「薑黄」也。考古「鬱鬯」，用鬱釀酒，蓋取其氣芳而色黄，故曰「黄流在中」。〔一〕若如《嘉祐本草》所引《魏略》「生秦國」，〔二〕及《異物志》「生罽賓」、〔三〕《唐書》「生伽毘」，〔四〕則皆上古不賓之地，何由貢以供祭？《爾雅翼》考據甚博。李時珍分根、花爲二條，亦騁辯耳。外裔所産，皆是夷言，「鬱金」之名，自是當時譯者夸飾假附。以之釋經，豈爲典要？今皆附録，以資考辨。

〔一〕見《詩·大雅·旱麓》。毛《傳》：「黄金所以飾流鬯也。」

〔二〕見《三國志·魏書·烏丸等傳》注引《魏略》，「秦國」應作「大秦國」，即古羅馬帝國。

〔三〕罽賓：漢時西域國名。

〔四〕兩《唐書》均無「伽毘國」。疑指古印度之迦毘羅國。

鬱金香

鬱金香，此嶺南所繪，殆李時珍所謂「鬱金花」耶？

高良薑

高良薑，滇生者葉潤根肥，破莖生葶，先作紅苞，光燄炫目。苞分兩層，中吐黄花，亦兩長瓣相抱，復突出尖黄心，長半寸許。有黑紋一縷，上綴金黄蕊如半米，另有長鬚一縷，尖擎小緑珠。俗以上元摘爲盂蘭供養，〔一〕故圃中多植之。按良薑、山薑，杜若、草果，葉皆相類，方書所載，多相合併。嶺南諸紀，〔二〕述形則是，稱名亦無確詁，蓋方言侏㒧，難爲譯也。唯《南越筆記》目覩手訂，又復博雅有稽。余使粤，僅寶山一過，未能貯籠。頃以滇南之卉與《南越筆記》相比附，大率可識。其云「高良薑，出於高涼，故名。根爲薑，子爲紅豆蔻。子未坼曰『含胎』，鹽糟，經冬味辛香，入饌」。又云「凡物盛多謂之蔻，是子如紅豆而叢生，故名紅豆蔻」。今驗此花深紅灼灼，與《圖經》「花紅紫色」相脗合。花罷結實，大如白果，有棱，嫩時色紅緑，子細似橘瓤，無慮數百，香清微辛，殆所謂「含胎」也。老則色紅，滇之婦稚皆識爲「良薑花」。李雨村所述雖刺取《嶺表録異》中語，〔三〕然彼以爲「山薑」，且云「花吐穗如麥粒，嫩紅色」，則是廣、饒所産，與《桂海虞衡志》「紅豆蔻」同。《志》云「此花無實」，則所云爲膾者乃是花，非子也。余則以滇人所呼爲定，而折中以李説。范云「紅豆蔻」，〔四〕蓋即《草木狀》之「山薑」，而《楚詞》之「杜若」也。

〔一〕古以七月十五爲上元，佛教以是日爲盂蘭盆節。
〔二〕指《南方草木狀》、《嶺表録異》諸書，皆稱「山薑」。
〔三〕李調元號雨村，《南越筆記》作者。
〔四〕范：宋范成大，《桂海虞衡志》作者。

薑黃

薑黃，《唐本草》始著録。今江西南城縣裏龜都種之成田，〔一〕以販他處染黃。其形狀全似美人蕉，而根如薑，色極黃，氣亦微辛。《圖經》所云「葉有斜紋，如紅蕉葉而小，根類生薑，圓而有節」，極確。乃又引《拾遺》「老薑」之説，〔二〕殊爲龐雜。陳藏器謂「性大熱」，蓋因老薑致誤。今薑黃染餻，食多則腹痛，豈非寒苦之證？近時亦不入藥用。

雩婁農曰：《閩書》：「薑黃出邵武仙亭山。」〔三〕建昌與閩接，〔四〕故宜。建昌之民曰始業薑黃者贏十倍，今滯而不售，不究所以。考唐時色重黃，詩人之詠曰「杏黃」，曰「鬱金」，誠艷之也。《唐本草》：薑黃「作之方法與鬱金同」，則以鬱金、薑黃染者，其勝於支與槐也遠矣。夫尚黃者非唯正色，亦與金爲近耳。昔時泥金、鏤金唯掖庭用之，宋嚴銷金之禁，罰至重。元以降，金箔、金絲煩費無等，凡繪畫撚織之屬，無物不具。其始以來自蕃舶，不之禁也，日新月異，〔五〕其耗中國之金也有紀極乎？然則中央之色，〔六〕不爲世俗所艷，非金飾之奪之也而何？

〔一〕都：縣以下的行政單位，相當於鄉。此都名裏龜。

〔二〕《本草拾遺》：「薑黄真者是經種三年以上之老薑。」

〔三〕邵武，今屬福建南平。

〔四〕建昌屬江西南城縣。

〔五〕指飾金之物不斷地更新花樣。

〔六〕五行中央爲土，其色黄。

薄荷

薄荷，《唐本草》始著録。或謂即「菝蔄」、「茇葀」之訛。〔一〕中州亦蒔以爲蔬。有二種，形狀同而氣味異。俗亦謂之「臭薄荷」，蓋野生者氣烈近臭，移蒔則氣味薄而清，可噉，亦可入藥也。吴中種之，謂之「龍腦薄荷」，因地得名，非有異也。肆中以糖煎之爲飴。又薄荷醉猫。〔二〕猫咬，以汁塗之。

〔一〕《圖經》云：字書作「菝蔄」。《食性本草》亦作「菝蔄」。揚雄《甘泉賦》作「茇葀」。

〔二〕猫食之則醉。

大葉薄荷

薄荷葉背皆青。江西有一種葉背甚白，呼爲「大葉薄荷」，亦有呼爲「茵陳」者。燒以去瘟，氣辛烈。蓋即江南所謂茵陳者。詳「茵陳」下。

蒟醬

蒟(jǔ)醬，《唐本草》始著録。按《漢書·西南夷傳》：「南粵食唐蒙蜀枸醬。蒙歸，問蜀賈人，獨蜀出枸醬。」顔師古注：「子形如桑椹，緣木而生，味尤辛。今宕渠則有之。」〔一〕此蜀枸醬見傳紀之始。《南方草木狀》則以「生番國爲蓽茇，生番禺者謂之蒟。交趾、九真人家多種，蔓生」。此交、滇之蒟見於紀載者也。《齊民要術》引《廣志》劉淵林《蜀都賦》注，〔二〕皆與師古説同。而鄭樵《通志》乃云：「狀似蓽撥，故有土蓽撥之號。今嶺南人但取其葉及藤，合檳榔食之，〔三〕謂之『蔞』，而不用其實。」此則以蒟子及蔞葉爲一物矣。考《齊民要術》「扶留」所引《吴録》、《蜀記》、《交州記》，皆無「即蒟」之語，唯《廣州記》云「扶留藤緣樹生，其花、實即蒟也，可以爲醬」，始以扶留爲蒟。但《交州記》扶留有三種，一名「南扶留」，葉青，味辛，應即今之蔞葉；其二種曰「穫扶留」，根香美，曰「扶留藤」，味亦辛。《廣州記》所謂「花實即蒟」者，不知其葉青味辛者耶？抑藤根香辛者耶？是蒟子即可名扶留，而與蔞葉一物與否，未可知也。諸家所述蒟子形、味極詳，而究未言蒟葉之狀。宋景文《益部方物略記·蒟贊》云「葉如王瓜厚而澤」，又云「或言即南方扶留藤，取葉，合檳榔食之」。玩贊詞，並未及葉，而「或謂」云云，蓋闕疑也。唐蘇恭説與鄭漁仲同。蘇頌則以淵林之説爲蜀産，蘇恭之説爲海南産。李時珍則直斷蒟、蔞一物無疑矣。夫「枸獨出蜀」一語，已斷定所産。「流味番禺」，〔四〕乃自蜀而粤，故云「流味」，非粤中所有明矣。余使嶺南及江右，其賷灰、蔞葉、檳榔三物，既合食之矣。撫湖南，則長沙不能得生蔞，以乾者裹食之；求所謂蘆子者，烏有也。及來滇，則省垣茶肆之纍纍如桑椹者，殆欲郄車而載，而蔞葉又烏有也。考《雲南舊志》：「元江産蘆子，山谷中蔓延叢生，夏花秋實，土人採之，日乾收貨。」「蔞葉，元江家園遍植，葉大如掌，纍藤於樹，無花無實，冬夏長青。採葉，合檳榔食之，味香美。」一則云「夏花秋實」，一則云「無花無實」，二物判然。以土人而紀所産，固應無妄。余遣人至彼，生致蔞葉數叢，葉比嶺南稍瘦，辛味無别。時方五月，無花跗也。得蘆子數握，土人云四五月放花，即似蘆子形，七月漸成實。蓋蔞葉園種，可栽以餉，而蘆子産深山老林中，蔓長，故但摘其實。《景東廳志》：「蘆子，葉青花緑，長數十丈。每節輒結子，條長四五寸。」與蔞葉長僅數尺者異矣。徧考他府州志，産蘆子者如緬寧、思茅等處頗多，而蔞葉則唯元江及永昌有之，故滇南蘆多而蔞少。獨怪滇之紀載皆狃於鄭漁仲諸説，信耳而不信目，爲可異也。《滇海虞衡志》謂「滇俗重檳榔茶，無蔞葉，則剪蔞子合灰食之。此吴人之食法」。夫吴人所食乃桂子，非蘆子也。又以元江分而二之，爲蒟有兩種，一結子以爲醬，一發葉以食檳榔。夫物一類而分雌雄多矣，其調停今古之説，亦是考據家調人媒氏。然又謂海濱有葉，滇、黔無葉，以子代之，不知「冬夏長青」者又何物耶？蓋元江地熱，物不蛀則枯，葉行數百里，肉瘠而香味淡矣。蘆子苞苴能致遠，乾則逾辣。滇多瘴，取其便而味重者餌之，其植蔞者則食蔞耳。嶺南之蔞走千里而近至贛州，色味如新，利在而爭逐，亦無足異。蘆子爲醬，亦芥醬類耳。近俗多以番椒、木櫑子爲和，此製便少，亦今古之變食也。《本草綱目》引嵇氏之言，〔五〕「《本草》以蒟易蔞子，〔六〕非矣」，其説確甚。後人輒易之，故詳著其別。蓋蒟與蓽茇爲類，不與蔞爲類。朱子《詠扶留詩》：「根節含露辛，苕穎扶援緑。蠻中靈草多，夏永清陰足。」形容如繪。曰「根節」，曰「苕穎」，曰「清陰」，獨不及其花實，亦可爲《雲南志》之一證。《赤雅》：「蒟醬，以蓽茇爲之，雜以香草。蓽茇，蛤蔞也。」蛤蔞何物也？豈以蔞同賁灰合食故名耶？抑別一種耶？《滇黔紀遊》：「蒟醬乃蔞蒻所造。」蔞蒻則非子矣，蔞故不妨爲醬。又李時珍引《南方草木狀》云：「《本草》以蒟易蔞子，非矣。蔞子一名扶留草，形全不同。」今本並無此數語。〔七〕《唐本草》始著蒟醬，嵇氏所謂《本草》，當在晉以前，抑時珍誤引他人語耶？染皁者以蘆子爲上色，《本草》亦所未及。

〔一〕「宕渠」，原本誤作「石渠」，據《漢書》顔注改。

〔二〕左思《蜀都賦》六臣注中有劉淵林注，曰「蒟醬緣木而生，其子如桑椹」云云。

〔三〕「及藤合檳榔」五字，原本闕，據《通志》補。

〔四〕左思《蜀都賦》：「蒟醬流味於番禺之鄉。」

〔五〕嵇氏，即《南方草木狀》作者嵇含。

〔六〕「易」，原本誤作「爲」，據《本草綱目》卷十四改。下一處同。

〔七〕上引數語不見於今本《南方草木狀》，僅見於《本草綱目》。

蔞葉

蔞葉，生蜀、粵及滇之元江諸熱地。蔓生有節，葉圓長光厚，味辛香，翦以包檳榔食之。《南越筆記》謂「遇霜雪則萎」，故昆明以東不植。古有「扶留藤」，「扶留」急呼則爲「蔞」，殆一物也。醫書及傳記皆以爲即「蒟」，說見彼。滇之蔞種於園，與粵同，重蘆而不重蔞，故志蔞不及粵之詳。莖味同葉，故《交州記》云「藤味皆美」。

馬蘭

馬蘭，《日華子》始著録。今皆以爲野蔬。葉與花似野菊。陳藏器謂「葉如澤蘭而臭」，頗涉附會。此草處處有之，並無別名，究不得其名「馬蘭」之義。李時珍備列諸方，竊恐有「馬藺」之訛，蓋北人呼「馬練」如「馬蘭」也。

《野菜贊》云：「馬蘭丹多澤生，葉如菊而尖長，左右齒各五，花亦如菊而單瓣，青色。鹽湯汋過乾藏，蒸食，又可作饅餡。生擣治蛇咬。馬蘭不馨，名列香草。蛇菌或中，利用生搗。大哉帝德，鼓腹告飽。虺毒不逢，行吟用老。」

薴薴

薴薴（níng），《本草拾遺》始著録。今河壖平野多有之。形狀如《拾遺》及李時珍所述。

石薺薴

石薺薴，《本草拾遺》始著録。方莖對節，正似水蘇，高僅尺餘。葉大如指甲，有小毛。滇南呼爲「小魚仙草」，或以其似蘇而小，因「蘇」字從「魚」而爲隱語耶？

山薑

山薑，《本草拾遺》始著録。江西、湖南山中多有之。與陽藿、茈薑無别，惟根如嫩薑而味不甚辛，頗似黄精。衡山所售黄精，多以此僞爲之。《宋圖經》「山薑」乃是高良薑。李時珍謂「子似草豆蔻，甚猛烈」，良是。而謂「花赤色」，則未確，乃子赤色耳。

廉薑

廉薑，《齊民要術》引據甚詳。《本草拾遺》始著録。南贛多有之，似山薑而高大。土人不甚食，以治胃痛甚效云。

荆三棱

荆三棱，《開寶本草》始著録。處處有之。雞爪三棱、黑三棱、石三棱，皆一物而分大小。《救荒本草》：「黑三棱，葶味甜，根味苦，皆可食。」今湖南至多，擇其小者以爲香附子。

雩婁農曰：三棱，茅屬也。生於山澤者苗肥而根碩，名之曰「荆」，非所謂「江淮之間，一茅三脊」耶？〔一〕世以封禪包匭，疑爲瑞草，不知《禹貢》厥篚多爲祭物，纖縞橘柚，豈皆爲非常之珍？後世儀物煩多，不給於供，至爲「三年一郊天，六年一祭地」之説，侈備物而闊享祀，豈非議禮者務爲浮夸之過哉？

〔一〕《管子·封禪》：「古之封禪，鄗上之黍，北里之禾，所以爲盛；江淮之間，一茅三脊，所以爲藉也。」

蓬莪朮

蓬莪(é)朮，《嘉祐本草》始著録。《宋圖經》：「浙江或有之，頗類蘘荷，莪在根下，如鴨雞卵。」今所用者即此。昔人謂鬱金、薑黄、莪朮三物相近，其實性不同，形亦全别。

藿香

藿香，《南方草木狀》有之，《嘉祐本草》始著録。今江西、湖南人家多種之，爲辟暑良藥，蓋以其能治脾胃吐逆，故霍亂必用之。《别録》有藿香，不著形狀。《圖經》云舊附「五香」條，疑其以爲扶南之香木也。

雩婁農曰：《山海經》謂薰草其葉如麻，〔一〕今觀此草，非類麻者歟？《别録》「藿香」舊載「木類」，《宋圖經》據《草木狀》諸説，以爲草本，其即《别録》之藿香與否，未可知也。薰、藿一聲之轉，海上之藥，都出後世，余疑藿香即古薰草。若零陵香，則葉圓小，殊不類麻。以「藿」爲

「薰」，雖屬刱説，然其功用氣味，實爲蘭匹，不猶愈於以一枝數花之葉如茅者强名曰蕙，而不可服食者乎？

〔一〕《西山經》言薰草「麻葉而方莖」。

野藿香

野藿香，南安山中多有之。形如藿香。葉色深緑，花色微紫，氣味極香。疑即古所謂「薰草」葉如麻者。蓋自蘭草今古殊名，而蕙亦無確物矣。

零陵香

零陵香，《嘉祐本草》始著録。即《别録》之「薰草」也。《宋圖經》：「零陵、湖嶺諸州皆有之。」〔一〕余至湖南，遍訪，無知有零陵香者，以狀求之，則即「醒頭香」，京師呼爲「矮糠」，亦名「香草」，摘其尖梢置髮中者也。《補筆談》：「買零陵香，擇有鈴子者，乃其花也。」此草葉、莖無香，其尖乃花所聚，今之以尖爲貴，即「擇有鈴子」之意。《嶺外代答》謂「可爲褥薦」，未知即此否？贛南十月中，山坡尚有開花者，高至四五尺。《宋圖經》謂「十月中旬開花」，當即指此。實則秋開，至冬未枯。李時珍以「醒頭香」屬蘭草，不知南方凡可以置髮中辟穢氣，皆呼爲「醒頭」，無專屬也。

〔一〕湖嶺：即湖南南部近五嶺處。

白茅香

白茅香，《本草拾遺》始著録，但云「如茅根」，是未見其莖、葉也。今湖南有一種「小茅香」，俚醫用之，根亦如茅，疑即其類，附以俟考。

肉豆蔻

肉豆蔻，《開寶本草》始著録。今爲治洩泄要藥。李時珍云：「花實如豆蔻而無核，故名。」

白豆蔻

白豆蔻，《酉陽雜俎》載之。《開寶本草》始著録。今廣州有之，形如《圖經》。

補骨脂

補骨脂，《開寶本草》始著録。即「破故紙」，形狀具《圖經》。今醫者多以代桂。

蓽撥

蓽（bì）撥，《南方草木狀》、《酉陽雜俎》皆載之。《開寶本草》始著録。叢生，子亦如桑椹。近時暖胃方多用之。《酉陽雜俎》謂「葉似蕺葉」，則與蔞葉相類。

雩婁農曰：據《南方草木狀》，蒟醬、蓽茇一物也，以生於蕃國、番禺而異。《酉陽雜俎》亦云「葉似蕺，子似桑葚」，《圖經》則大同小異。《唐本草注》云：「似蒟醬子，味辛烈於蒟醬。」凡物因地輒異，況隔瀛海萬里耶？而嶺南時有之，何以復有異同？然則一類二種，非必中外之分矣。乳煎蓽茇治痢。《傳信方》紀唐太宗患痢事。《太宗實録》亦云：有衛士進黃牛乳煎蓽茇方，御用有效。而《獨異志》神其説，謂金吾長史張寶藏遇異僧，謂六十日當登三品，尋以方進，授鴻臚卿。太宗英主，即以重賞旌其治痢之功，獨不可以尚藥等官授之，而乃使爲臚句傳以率蠻夷長耶？〔一〕憲宗以術人柳泌爲台州刺史，敬宗以道士劉從政爲光禄少卿，至文宗以鄭注進藥方，漸至預政，甘露之變，實爲戎首，〔二〕若貞觀中即有予三品文職故事，則元和以後之政爲憲章祖述，而太宗乃作法於涼矣。李藩對憲宗曰：「文皇帝服胡僧長生藥，遂致暴疾不救，誠可鑒矣。」〔三〕嗚呼！人主當疾痛難堪之時，得一良醫，驟起沉疴，其所以酬之者烏得不厚？然爵人衆共，〔四〕既未可豐於所私，而天命所在，必有鬼神呵護而陰導之者，彼扁鵲、太倉公亦安能生必死之人哉？且以方愈疾，私喜而賞之優，必以方不讐，私怒而罰之重。文成、五利寵以將軍、通侯，而卒不免於誅，〔五〕侯生、盧生相謀亡去，遂致坑儒。〔六〕然則摻術與用摻術者，〔七〕可不儆懼乎？

〔一〕朝廷進賓客之禮，上傳語告下爲臚，下傳主唱語告上爲句，其職即後世之鴻臚。

〔二〕戎首：禍首。文宗與李訓、鄭注等謀誅宦官，以觀甘露爲名，誘權宦仇士良，士良覺，先發動政變，殺死宰相王涯以下朝臣千餘人，史稱「甘露之變」。

〔三〕文皇帝即唐太宗。作法於涼：語出《左傳》，此言所開先例涼薄而不可法。

〔四〕人主授官爵，當與衆人共商。

〔五〕事見《史記·孝武本紀》。

〔六〕事見《史記·秦始皇本紀》。

〔七〕摻：操。

益智子

益智子，詳《南方草木狀》。《開寶本草》始著録。今廬山亦有之。廬循遺劉裕益智粽，粽即醬類，非角黍也。〔一〕段玉裁辨之極精核，可以訂訛。〔二〕

〔一〕東晉安帝時，盧循爲廣州刺史。循遺劉裕益智粽，裕報以續命湯。胡三省《通鑑注》：「《本草》曰：益智子生崑崙國，今嶺南州郡往往有之。顧微《交州記》曰：益智葉如蘘荷，莖如竹箭，子從心出，一枝有十子，子肉白滑，四破去之，蜜煮爲粽，味辛。粽，角黍也。」

〔二〕段説見《説文解字注》卷七上「糂」字下。

畢澄茄

畢澄茄，《開寶本草》始著録。《圖經》云：「廣東亦有之，葉青滑，子似梧桐子。」《海藥》以爲即胡椒之嫩者。《廣西志》有「山胡椒」，或謂即畢澄茄也。

甘松香

甘松香，《開寶本草》始著録。《圖經》：「葉細如茅草，根極繁密。生黔、蜀、遼州。」李時珍以壽禪師作「五香飲」，其「甘松飲」即此。〔一〕滇南同三柰等爲食料用。昆明山中亦産之。高僅五六寸，似初生茆而勁，根大如拇指，長寸餘。鮮時無香，乾乃有臭。

〔一〕杜寶《大業拾遺録》：隋壽禪師甚妙醫術，作五香飲：第一沉香飲，次丁香飲，次檀香飲，次澤蘭飲，次甘松飲。

茅香花

茅香花，《嘉祐本草》始著録。《宋圖經》：「苗似大麥，五月開白花，亦有黄花，生劍南。」

縮砂蔤

縮砂蔤（mì），《嘉祐本草》始著録。《圖經》：「苗莖似高良薑。」今陽江産者形狀殊異，俗呼「草砂仁」。《海藥本草》云：「生廣南山谷。」

福州香麻

《宋圖經》：「香麻生福州。四季常有。苗葉而無花。不拘時月採之。彼土人以煎作浴湯，去風甚佳。」

排草

排草，生湖南永昌府。獨莖。長葉，長根。葉參差生，淡緑，與莖同色，偏反下垂，微似鳳仙花葉，光澤無鋸齒。夏時開細柄黄花，五瓣尖長，有淡黄蕊一簇。花罷結細角，長二寸許。枯時束以爲把售之，婦女浸油刷髮。根、莖香味與元寶草相類。考《本草拾遺》：「白茅香，生安南，〔一〕如茅根，道家用以作浴湯。」李時珍以爲「今排香之類」。此草乾時花葉脱盡，宛如茅根，殆即此歟？諸家皆未究其花、實，故無確訓。《廣西志》「排草」，屢載所出，亦無形狀。《南越筆記》以爲「莖穿葉心」，則似元寶草也。

〔一〕「安南」，原本誤作「嶺南」，據《證類本草》卷九、《本草綱目》卷十四引陳藏器語改。

元寶草

元寶草，江西、湖南山原、園圃皆有之。獨莖細緑，長葉上翹，莖穿葉心，分杈復生小葉。春開小黄花五瓣，花罷結實。根香清馥。土醫以葉異狀，故有「相思燈臺」、「雙合合」諸名。或云患乳癰，取懸置胸間，左乳懸右，右乳懸左，即愈。《簡易草藥》有「茅草香子」，治痧症極效，按其形狀亦即此。

三柰

三柰，《本草綱目》始録入「芳草」。按：《救荒本草》：「草三柰，葉似蓑草而狹長，開小淡紅花，根香，味甘微辛，可煮食，葉亦可煠食。」核其形狀，與今廣中所産無小異。蓋香草多以嶺南爲地道，其實各處亦間有之，採求不及耳。

辟汗草

辟汗草，處處有之。叢生，高尺餘。一枝三葉，如小豆葉。夏開小黄花，如水桂花。人多摘置髮中，辟汗氣。按：《夢溪筆談》：「芸香，〔一〕葉類豌豆。秋間葉上微白如粉污。」《説文》：「芸似苜蓿。」或謂即此草。形狀極肖，可備一説。

〔一〕《夢溪筆談》卷三原文作「芸，香草也」，此作「芸香」字不妥。

小葉薄荷

小葉薄荷，生建昌。細莖小葉，葉如枸杞葉而圓。數葉攢生一處，梢開小黄花如粟。俚醫用以散寒發表，勝於薄荷。

蘭香草

蘭香草，湖南、南贛皆有之。叢生，高四五尺。細莖對葉，葉長寸餘，本寬末尖，深齒濃紋。梢葉小圓，逐節開花如丹參、紫菀，而作小筩子。尖瓣外出，中吐細鬚，淡紫嬌媚，秋深始開。莖、葉俱有香氣。南安呼爲「婆絨花」，以其瓣尖柔細如翦絨，故云。或云以煼肉可治嗽。衡山俚醫亦用之。

芸

《爾雅》「權，黄華」，注：「今謂牛芸草爲黄華。華黄，葉似菽蓿。」疏：「權，一名黄華。郭云『今謂牛芸草爲黄華，華黄，葉似菽蓿』，《説文》亦云『芸，草也，似苜蓿』，《淮南子》説『芸草，可以死復生』，《月令》註云『芸，香草也』，《雜禮圖》曰『芸，蒿也，葉似邪蒿，香美可食』。然則『牛芸』者，亦芸類也。郭以時驗而言之，故云『今謂牛芸草爲黄華』也」。

《爾雅翼》：「仲冬之月，芸始生。芸，香草也，謂之『芸蒿』，似邪蒿而香，可食。其莖幹婀娜可愛，世人種之中庭，故成公綏賦云『莖類秋竹，葉象春檉』是也。沈括曰：『芸類豌豆，作小叢生，其葉極芳香，秋後葉間微白如粉汙。南人採寘席下，能去蚤虱。』今謂之『七里香』。《老子》曰：『夫物芸芸，各歸其根。』芸當一陽初起，《復》卦之時，於是而生。又《淮南》説芸可以死而復生。此則歸根復命，取之於芸，雖卷施拔心不死，蓋不足貴也。〔一〕《洛陽宫殿簿》曰『顯陽、徽音、含章殿前各芸香一二株而已』，而《晉宫閣名》曰『太極殿前芸香四畦，式乾殿前芸香八畦』，乃知《離騷》所謂『蘭九畹』、『蕙百畮』、『畦留夷與揭車』，蓋有之也。采茹爲生菜甚香。古者祕閣載書，置芸以辟蠹，故號芸閣。」《夏小正》曰：正月采芸，二月榮芸。

宋梅堯臣《書局一本》詩：〔二〕「有芸如苜蓿，生在蓬藋中。草盛芸不長，馥烈隨微風。我來偶見之，乃穉彼蘙蒙。上當百雉城，南接文昌宫。借問此何地，删修多鉅公。天喜書將成，不欲有蠹蟲。是産兹弱本，蒨爾發荒叢。黄花三四穗，結實植無窮。豈料鳳閣人，偏憐葵藿紅。〔三〕」

《洛陽宫殿簿》：「顯陽殿前芸香一株，徽音殿前芸香二株，含英殿前芸香二株。」

《晉宫閣名》：「太極殿前芸香四畦，式乾殿前芸香八畦，徽音殿前芸香雜花十二畦，明光殿前芸香雜花八畦，顯陽殿前芸香二畦。」

《墨莊漫録》：「文潞公爲相日，赴秘書省曝書宴，令堂吏視閣下芸草，乃公往守蜀日，以此草寄植館中也。因問：『蠹出何書？』一座默然。蘇子容對以『魚豢《典略》』。公喜甚，即借以歸。」

《王氏談録》：「芸，香草也。舊説謂可食，今人皆不識。文丞相自秦亭得其種，分遺公。歲種之公家庭砌下，有草如苜蓿，摘之尤香。公曰：『此乃牛芸。《爾雅》所謂「權，黄華」者。』校之，香烈於芸，食與否皆未試也。」

《夢溪筆談》：「古人藏書，辟蠹用芸。芸，香草也，今人謂之『七里香』者是也。葉類豌豆，作小叢生，其葉極芬香，秋後葉間微白如粉污。辟蠹殊驗。南人採置席下，能去蚤蝨。予判昭文館時，曾得數株於潞公家，移植祕閣後，今不復有存者。香草之類，大率多異名。所謂蘭蓀，〔四〕即今菖蒲是也；蕙，今零陵香是也；茝，今白芷是也。」

《聞見後録》：「芸草，古人用以藏書，曰『芸香』是也。置書帙中即無蠹，置席下即去蚤蝨。葉類豌豆，作小叢，遇秋，則葉上微白如粉污。南人謂之『七里香』。大率香草花過即無香，縱葉有香，亦須采掇嗅之方覺。此草遠在數十步外已聞香，自春至冬不歇，絶可翫也。」

《説文解字注》：「芸，草也，似目宿。《夏小正》「正月采芸，爲廟采也」，「二月榮芸」。《月令》「仲冬芸始生」，注：「芸，香草。」高注《淮南》、《吕覽》皆曰：「芸，芸蒿，菜名也。」《吕覽》曰「菜之美者，陽華之芸」，注：「芸，芳菜也。」賈思勰引《倉頡解詁》曰：「芸蒿，似斜蒿，可食。」沈括曰：「今謂之『七里香』者是也。葉類豌豆，其葉極芬香。古人用以藏書辟蠹。採置席下，能去蚤蝨。」從草，云聲，王分切，十三部。淮南王説芸草可以死復生。」淮南王，劉安也。可以死復生，謂可以使死者復生，蓋出《萬畢術》、《鴻寶》等書，今失其傳矣。〔五〕

〔一〕《爾雅》言卷施草拔心不死。郭注以爲即《離騷》「朝搴阰之木蘭兮，夕攬洲之宿莽」之「宿莽」。

〔二〕詩題原作《書局後叢莽中得芸香一本》。

〔三〕「蘂」，梅堯臣《宛陵集》作「葉」。

〔四〕原本「蒸」字後復有一「蒸」字，據《夢溪筆談》卷三删。

〔五〕本段原不分正文及注，今以大字爲《説文》本文，小字爲段注。

植物名實圖考卷之二十六　群芳

紫薇

《曲洧舊聞》：「紅薇花，或曰：便是『不耐癢樹』也。其花夏開，秋猶不落，世呼『百日紅』。」

南天竹

《夢溪筆談》：「南燭草木，記傳、《本草》所説多端，今少有識者。爲其作青精飯，色黑，乃誤用烏臼爲之，全非也。此木類也，又似草類，故謂之『南燭草木』，〔一〕今人謂之『南天燭』是也。〔二〕南人多植於庭檻之間，莖如朔藋，有節。高三四尺，廬山有盈丈者。葉微似楝而小，至秋則實赤如丹。南方至多。」按：所述乃「天竹」，非「南燭」。

李衎《竹譜》：「藍田竹，在處有之，人家喜栽花圃中。木身上生小枝，葉葉相對，而頗類竹。春花穗生，色白微紅。結子如豌豆，正碧色，至冬色漸變如紅豆，顆圓正可愛，臘後始凋。世傳以爲子碧如玉，取藍田種玉之義，故名。〔三〕或云：此本是南天竺國來，自爲『南天竺』，人訛爲『藍田竺』。〔四〕人取此木置鳥籠中作架，最宜禽鳥。」

《甕牖閒評》：「或云人家種南天竹，則婦人多妒。余聞之舊矣，未知其果然否。向在江陰時，有一曹檢法者，其妻悍甚，蓋非止妒也。曹曾建一新第，求所謂南天竺者，將植於堂之東偏。余是時偶到彼，姑以所聞告之，曹憮然應曰：『其果然耶？余家今無是，尚不能安帖，況復植此感動之物乎？』余曰：『事未可知，聊爲耳目之玩，亦自不惡也。』曹曰：『耳目未必得玩，而先潰我心腹矣，則不如其已。』遽命撤去，坐客無不笑之。南天竹以其有節似竹，故亦謂之竹。而沈存中《筆談》乃用此『燭』字，不知何謂。」

梁程晉《天竹賦序》曰：〔五〕「中大同二年秋，河東柳惲爲祕書監，晉以散騎爲之貳，讎校之暇，情甚相狎。監署西廡有異草數本，緑莖疎節，葉膏如翦，朱實離離，炳如渥丹。惲爲晉言，西真書號此爲東天竺，〔六〕其說曰：軒轅帝鑄鼎南湖，百神受職，東海少君以是爲獻，且白帝云：『女媧用以鍊石補天，試以拂水，水爲中斷，試以御風，風爲之息，金石水火，洞達無閡。』帝異焉，命植於蓬壺之圃。〔七〕此其遺狀也，然不如向時之驗矣。晉怪斯言誕而不經，因竊歎曰：物故有弱而剛，微而彰。當其時也，雷轟而騎翔；非其時也，穴蟠而泥藏，豈特斯草也？感而作賦。」

〔一〕「燭」，原本缺，據《夢溪筆談》卷二十六補。

〔二〕「燭」，原本誤作「竹」，據《夢溪筆談》卷二十六改。

〔三〕《搜神記》卷十一：陽雍伯，性篤孝。父母亡，葬無終山，山高八十里，上無水，雍伯汲水，作義漿於阪頭，行者皆飲之。三年，有一人就飲，以一斗石子與之，使至高平好地有石處種之，云：「種此可生好玉。」公未娶，又語云：「汝後當得好婦。」語畢不見。乃種其石。數歲，時時往視，見玉子生石上。有徐氏者，右北平著姓，女甚有行。雍伯乃求婚徐氏。徐氏笑以爲狂，因戲云：「得白璧一雙來，當聽爲婚。」雍伯至所種玉田中，得白璧五雙，以聘。徐氏大驚，遂以女妻公。

〔四〕「田」，原本誤作「天」，據《竹譜》卷十改。

〔五〕此賦本名《東天竺賦》。唯《歷代賦彙·補遺》卷十五作《天竹賦》。

〔六〕西真書：即佛教之書。

〔七〕神仙家云東海上有三神山，名蓬萊、方壺、瀛洲。

萬壽子

萬壽子，湖北園圃中種之。葉聚枝梢，子垂葉下，宛似天竹子，爲冬月盆玩。

春桂

春桂，即「山礬」，本名「椇花」。黄山谷以其葉可染，不假礬而成色，故更名「山礬」。或以爲「瑒花」，殊誤，宋人已辨之。〔一〕

〔一〕宋張淏《雲谷雜記》：瑒花，黄庭堅謂野人採花葉以染黄，不借礬而成色，乃以「山礬」爲名。

蘭花

蘭花，即陶隱居所謂「燕草」。李時珍以爲「土續斷」，《遯齋閑覽》以爲「幽蘭」。其種亦多，山中春時一莖一花、一莖數花者所在皆有。閩産以素心爲貴。俗以蜜漬其花入茶。其根有毒，食之悶絶。兹圖不悉列。

雩婁農曰：《離騷草木疏》謂：「蘭可浴不可食。聞蜀士云：屢見人醉渴，飲瓶中蘭華水吐利而卒者。〔一〕又峽中儲毒以藥人，蘭華爲第一，乃知甚美必有甚惡。蘭爲國香，人服媚之，又當愛而知其惡也。」嗚呼！蘭爲上藥，豈毒草哉！不識真蘭，徒爲謗書，皆緣以葉似麥門冬者爲蘭，而終不自知其誤，誰實倡此瞀言耶？洪慶善云：「蘭草生水傍，澤蘭生水澤中，山蘭生山側，似劉寄奴，而葉無椏，不對生，花心微黄赤。」〔二〕格物洵微矣。在山則山，在澤則澤，易地皆然，豈殊臭味？無稽之説，舍旃舍旃！

〔一〕「卒」，《四庫》本《離騷草木疏》作「醒」。

〔二〕宋洪興祖，字慶善，著有《楚辭補注》。

紅蘭

《邵陽縣志》：「紅蘭生谷中，每經野燒，葉盡而花獨發，俗稱『火燒蘭』。花微赭，瓣有紅絲，心有紅點，惟香淡而不能久。」按：紅蘭，長沙山中皆有之。葉厚勁而闊，有光，與春蘭異。開花亦小，都無香氣。攷《粵西偶記》：「全州有赤蘭亭，亭左右前後皆大松千章，獨二松高大倍常，松上生赤蘭如寄生，葉似建蘭，花開赤色，香聞數里。聞有上樹分其種者，雷震而死。」其言近誕。雖不知其色香何似，然既有紅蘭一種，則亦非曇花可比。古木常爲神據，粵俗尚鬼，似此良多。又《南越筆記》有「朱蘭」，葉如百合，開只一朵，朵六出，别一種也。

丁香花

《山堂肆考》：「江南人謂丁香爲『百結花』。」《草花譜》：「紫丁香，花如細小丁香而瓣柔色紫，蓓蕾而生。」按：丁香北地極多，樹高丈餘，葉如茉莉而色深緑。二月開小喇叭花，有紫、白兩種，百十朵攢簇，白者香清。花罷結實如連翹。

棣棠

《花鏡》：「棣棠花，藤本，叢生。葉如荼蘼，多尖而小，邊如鋸齒。三月開花，金黄色，圓若小毬。一葉一蕊，但繁而不香。其枝比薔薇更弱，必延蔓屏樹間。與薔薇同架，可助一色。春分翦嫩枝，扦於肥地即活。其本妙在不生蟲蛃。」〔一〕按：棣棠有花無實，不知其名何取。其莖中瓤白如通草，但細小，不堪翦製。

〔一〕蛃：朝生暮死之蟲。

白棣棠

白棣棠，比黄棣棠花瓣寬肥，葉少鋸齒，又別一種。

繡毬

《群芳譜》：「繡毬，木本皴體。葉青，微帶黑。春開花五瓣。百花成一朵，團圞如毬滿樹。有紅、白二種。」

《武林舊事》：「禁中賞花非一，鍾美堂花爲極盛。堂前三面皆以花石爲臺三層，臺後分植玉繡毬數百株，儼如鏤玉屏。」

八仙花

《花鏡》：「八仙花，即繡毬之類也。因其一蒂八蕊，簇成一朵，故名『八仙』。其花白瓣，薄而不香。蜀中紫繡毬即八仙花。如欲過貼，將八仙移就粉團樹畔，經年性定，離根七八寸許，如法貼縛水澆。至十月，候皮生，截斷，次年開花必盛。昔日瓊花至元時已朽，後人遂將八仙花補之，亦八仙之幸也。」

錦團團

錦團團，花如丁香，數百朵成簇如繡毬。　按：《廣西通志》：「繡毬花，獨梧郡色猩紅如錦，〔一〕團簇整齊，瓣落而絳跔如珠，〔二〕尚可觀。」疑即此。

〔一〕梧郡：今廣西梧州，清爲梧州府。

〔二〕「趵」字無解，《廣西通志》無此文，疑是「的」字之誤。的，通「菂」。

粉團

《花鏡》：「粉團，一名繡毬。樹皮體皴。葉青而微黑。有大、小二種。麻葉小花，一蒂而衆花攢簇，圓白如流蘇。初青後白，儼然一毬。其花邊有紫暈者爲最俗。以大者爲粉團，小者爲繡毬。閩中有一種『紅繡毬』，但與粉團之名不相侔耳。蘇毬、海桐俱可接繡毬。」按：粉團出於閩，故俗呼「洋繡毬」。其花初青，後粉紅，又有變爲碧藍色者，未復變青。一花可經數月，見日即萎，遇麝即殞。置陰濕穢溷，則花大且久。登之盆盎，違其性矣。

錦帶

《益部方物記》：「苒苒其條，若不自持，緑葉丹英，蔓衍分垂。右錦帶花，蜀山中處處有之，長蔓柔纖，花葉間側，如藻帶然，因象作名。花開者形似飛鳥。里人亦號『鬢邊嬌』。」

《澠水燕談録》：「朐山有花，類海棠而枝長，花尤密，惜其不香，無子。既開，繁麗嫋嫋，如曳錦帶，故淮南人以『錦帶』目之。王元之以其名俚，命之曰『海仙』。」

珍珠繡毬

珍珠繡毬，黑莖瘦硬。葉有歧，似魚兒牡丹葉而小。開五瓣小白花，攢簇如毬。

野繡毬

野繡毬，如繡毬花。葉小有毛。開五瓣小白花，攢簇極密而不圓。

美人蕉

《楓牕小牘》：「廣中美人蕉，大都不能過霜節，惟鄭皇后宅中鮮茂倍常，盆盎溢坐，不獨過冬，更能作花。」

《群芳譜》：「美人蕉，産福建福州府者，其花四時皆開，深紅照眼，經月不謝。中心一朵，曉生甘露。又有一種，葉與他蕉同，中出紅葉一片者；一種葉瘦類蘆箬，花正紅如榴花，日折一兩葉，其端一點鮮緑可愛者，俱亦有『美人蕉』之名。」按：閩廣紅蕉，並非北地所生美人蕉，但同名耳。余在廣東見之。北地生者結黑子如豆，極堅，種之即生。

鐵線海棠

鐵線海棠，花葉細莖似虞美人，開花似秋海棠而大，黄蕊緑心，狀極柔媚。

翠梅

翠梅，矮科柔蔓。開四瓣翠藍花，而背粉紅如紅梅。

金燈

金燈，細莖裊娜。葉如萬壽菊葉而細。開五小瓣黄花，圓扁，頭有小缺如三葉酸葉。

獅子頭

獅子頭，即「千葉石竹」。花瓣極多，開放不盡。初開之瓣已披，後開之瓣方長，一花之上，仰垂各異，徒有縟麗，殊乏整齊。

晚香玉

晚香玉，北地極多，南方間種之。葉、梗俱似萱草。莖梢夏發萼葖數十枚，旋開旋生。長開五瓣尖花，如石榴花蒂而長，晚時香濃。

小翠

小翠，柔莖。長葉，如初生柳葉。開茄紫花，如蠶豆花。

長春花

長春花，柔莖。葉如指，頗光潤。六月中開五瓣小紫花，背白。逐葉發小莖，開花極繁。結長角，有細黑子。自秋至冬，開放不輟，不經霜雪不萎，故名。

罌子粟

《開寶本草》：「罌子粟，味甘平，無毒。主丹石發動不下食。和竹瀝煮作粥，食之極美。一名『象穀』，一名『米囊』，一名『御米』。花紅白色，似髇箭頭，中有米，亦名『囊子』。罌粟殼去穰蔕，醋炒，入痢藥用。」

《圖經》：「罌子粟，舊不著所出州土，今處處有之，人家園庭多蒔以爲飾。花有紅、白二種，微腥氣。其實作瓶子，似髇箭頭，中有米極細。種之甚難。圃人隔年糞地，九月布子，涉冬至春始生苗，極繁茂矣；不爾，種之多不出，出亦不茂。俟其瓶焦黄，則採之，主行風氣，驅逐邪熱，治反胃、胸中痰滯及丹石發動。亦可合竹瀝作粥，大佳。然性寒，利大小腸，不宜多食，食過度則動膀胱氣耳。南唐《食醫方》：療反胃不下飲食。罌粟粥法：白罌粟米二合，人參末三大錢，生山芋五寸長，細切，研三物，以水一升二合，煮取六合，入生薑汁及鹽花少許，攪勻，分二服，不計早晚。食之，亦不妨別服湯丸。」按：罌粟花，唐以前不著録，《開寶本草》收入「米穀下品」。宋時尚罌粟湯，但其穀粟功用僅止濇斂，爲洩痢之藥。明時「一粒金丹」多服爲害。〔一〕近來阿芙蓉流毒天下，〔二〕與斷腸草無異，然其罪不在花也。列之「群芳」。

〔一〕全稱「大聖一粒金丹」，又名「保命金丹」。

〔二〕阿芙蓉：即鴉片。

野鳳仙花

野鳳仙花，生廬山寺庵砌石間。莖、葉與鳳仙花無異，而根甚紫。春時梢端發細莖，開花紅紫，亦如鳳仙花，有細白蕊，經歷數月，喜陰畏日，亦野花中之嬌豔者。與滇南「水金鳳」同，此生於山耳。

龍頭木樨

龍頭木樨，長沙園圃有之。獨莖，長葉，附莖攢生，似初生百合葉而柔。秋開黄花如豆花，有柄横翘。香如木樨，故名。

植物名實圖考卷之二十七　群芳

藍菊

藍菊，蒿莖菊葉。先菊開花，亦如千瓣菊，有紅、白、藍三色。種亦有粗細，以藍色爲秋菊所無，故獨以藍著。其早者六月中開，故又呼「六月菊」。《花鏡》：「藍菊，翠藍黃心，似單葉菊，但葉尖長，邊如鋸齒，不與菊同。」

玉桃

玉桃，葉如芭蕉。抽長莖，開花成串，花苞如小緑桃，花開露瓣，如黄蝴蝶花稍大，偶一有之，故人罕見。《花鏡》有「地湧金蓮」，差相彷彿。

蜜萱

蜜萱，萱之蜜色者，花、葉俱細弱，不易植。

滿天星

滿天星，野菊中之別種。密瓣無數，大於野菊。或謂黄菊不摘頭則瓣小花多，然菊中自有一種千瓣小菊，雖摘頭亦如此。

淨瓶

淨瓶，細莖長葉如石竹。開五瓣粉紫花，如洋長春，而花跗如小瓶甚長，故名。

蔦蘿松

蔦（niǎo）蘿松，蔓生。細葉如松鍼。開小筩子花，似丁香而瓣長，色殷紅可愛。結實如牽牛子而小。

如意草

如意草，鋪地生，如車前。開四瓣翠藍花，有柄橫翹，如翠雀而小。

金箴

金箴，細莖。長葉如指甲。開五瓣小黄花，比金雀稍大。

鐵線蓮

《花鏡》：「鐵線蓮，一名『番蓮』，或云即『威靈仙』，以其本細似鐵線也。苗出後即當用竹架扶持之，使盤旋其上。葉類木香，每枝三葉，對節生。一朵千瓣，先有包葉，六瓣似蓮。先開内花，以漸而舒，有似鵝毛菊。性喜燥，宜鵝鴨毛水澆。其瓣最緊而多，每開不能到心即謝，亦一悶事。春開壓土移栽。」

金絲桃

《花鏡》：「金絲桃，一名『桃金孃』，出桂林郡。花似桃而大，其色更頳。中莖純紫，心吐黄鬚，鋪散花外，儼若金絲。八九月實熟，青紺若牛乳狀，其味甘，可入藥用。如分種，當從根下劈開，仍以土覆之，至來年移植便活。」

水木樨

《花鏡》：「水木樨，一名『指甲』。枝軟葉細。五六月開細黄花，頗類木樨，中多細鬚，香亦微似。其本叢生，仲春分種。」

千日紅

《花鏡》：「千日紅，本高一二三尺，莖淡紫色，枝葉婆娑。夏開深紫色花，千瓣細碎，圓整如球，生於枝杪。至冬，葉雖萎而花不蔫。婦女採簪於鬢，最能耐久。略用淡礬水浸過晾乾，藏於盒，來年猶然鮮麗。子生瓣内，最細而黑。春間下種即生，喜肥。」

萬壽菊

《花鏡》：「萬壽菊，不從根發。春間下子，花開黄金色，繁而且久。性極喜肥。」按：萬壽菊有二種，小者色豔，日照有光如倭段，〔一〕大者名「臭芙蓉」，皆有臭氣。

〔二〕倭段：一種絲織品。「段」通「緞」。

虎掌花

虎掌花，襄陽山中有之。草本，緑莖。葉如牡丹葉。紫花似千瓣萱花，而瓣稍短，中吐粗紫心一莖。他處尠見。

野茉莉

野茉莉，處處有之，極易繁衍。高二三尺，枝葉紛披，肥者可蔭五六尺。花如茉莉而長大，其色多種易變。子如豆，深黑，有細紋。中有瓤白色，可作粉，故又名「粉豆花」。曝乾作蔬，與馬蘭頭相類。根大者如拳，黑硬。俚醫以治吐血。

荷包牡丹

《花鏡》：「荷包牡丹，一名『魚兒牡丹』，以其葉類牡丹，花似荷包，亦以二月開，因是得名。一幹十餘朵，纍纍相比，枝不能勝，壓而下垂，若俛首然，以次而開，色最嬌豔。根可分栽，若肥多，則花更茂而鮮。黄梅雨時，亦可扦活。」按：此花北地極繁，過江漸稀。或以爲即當歸，誤。

翠雀

翠雀，京師圃中多有之。叢生，細緑莖高三四尺。葉多花叉，如芹葉而細柔。梢端開長柄翠藍花，横翹如雀登枝，故名。

秋海棠

《群芳譜》：「秋海棠，一名『八月春』。草本。花色粉紅，甚嬌豔。葉緑色。此花有二種：葉下紅筋者爲常品，緑筋者有雅趣。枝上有種落地，明年自生，夏便開。」黔醫云根治婦科血證。

金雀

《群芳譜》曰：「叢生，莖褐色，高數尺，有柔刺。一簇數葉，花生葉旁，色黄形尖，旁開兩瓣，勢如飛雀，春初即開。」

金錢花

《酉陽雜俎》：「金錢花，本出外國，名曰『毗尸沙』，一名『日中金錢』，俗名『翦金花』。梁大同二年進來中土。」「荆州掾屬以雙陸賭金錢，〔一〕金錢盡，以金錢花相足。魚弘謂得花勝得錢。〔二〕」

《群芳譜》：「一名『子午花』，一名『夜落金錢』，又有一種『銀錢』。」

〔一〕「荆州」，原本誤作「豫州」，據《酉陽雜俎》卷十九改。

〔二〕「魚弘」，原本誤作「魚洪」，據《酉陽雜俎》卷十九改。

玉蝶梅

玉蝶梅，産贛州。蔓生，紫藤。厚葉，面青有肋紋，背白，光滑如紙。圃中多植之。《贛州志》作「玉疊梅」，云各邑皆花白色，藤本。

吉祥草

《談薈》〔一〕：「吉祥草，蒼翠如建蘭而無花，不藉土而能活，涉冬不枯，遇大吉事則花開。」

〔一〕《玉芝堂談薈》，明徐應秋撰。

松壽蘭

松壽蘭，産贛州。形狀極類吉祥草，葉微寬，花六出稍大，冬開。盆盎中植之。秋結實如天門冬實，色紅紫，有尖。滇南謂之「結實蘭」。土醫云：味甘辛。治筋骨痿，用根浸酒，加虎骨膠；治遺精，加骨碎補。

貼梗海棠

貼梗海棠，叢生，單葉，綴枝作花，磬口深紅，無香。新正即開。田塍間最宜種之。《花鏡》云：「有四季花者，滇南結實與木瓜同，俗呼『木瓜花』。其瓜入藥用。春間漬以餹或鹽，以充果實，蓋取其酸澀，以資收斂也。」

望江南

望江南，生分宜山麓、田塍。〔一〕叢生。一莖一葉，葉如蓖麻而大，多花叉，深鋸齒，糙綠有微毛。抽葶發叉，開黃花，如長瓣細菊花，綠蒂長半寸許，如萬壽菊。野花大朵，此爲碩豔。

〔一〕分宜，今江西分宜縣。

盤内珠

盤内珠，生廬山。褐莖叢生，對節發枝。葉似橘葉，梢端抽莖，結青蓇葖，如茉莉而白圓如珠，層層攢綴下垂。開五尖瓣花，黄心數點。土人以其白苞匀圓，故名。

半邊月

半邊月，生廬山。小樹枝，攢生梢頭，葉似繡毬花葉而窄，粗紋極類。春開五瓣短筩子花，外白内紅，似杏花而尖，多蕊。

植物名實圖考卷之二十八　群芳

風蘭

風蘭，生雲南。作叢，望之如碧蘆。葉微苞莖，潤肥對排。花與淨瓶無異。此種植之盆缶亦茂。

風蘭 一名淨瓶。

風蘭，生雲南臨安。〔一〕橫根，根上先生緑實，大如甜瓜，有棱，形似田家磚碌。實上生長柄二葉，葉闊寸許，光潤無瑕。中抽莖開花，先有黃籜，籜坼落而花見，色皓潔如雪蘭。中二瓣窄細，舌有黃粉，邊茸茸如翦絨。莖花欹弱，翩反欲舞，懸之風中不萎。桂馥《札樸》「五月開，曰『淨瓶』，似瓜生石上。兩葉，一大一小，廣寸許。花如雪蘭而小」，即此。

〔一〕今雲南建水縣。

獨占春

獨占春，與虎頭蘭花同而色白，潤潔無纖縷。心有稀疎褐點。開久，近蒂處微頳。幽香雖乏，靜趣彌長。一莖一花，葉細柔同素心蘭。其兩三花者爲「雪蘭」。

雪蕙

雪蕙，生雲南。一枝數花，秋末開。

朱蘭

朱蘭，雲南山中有之。葉光潤似銅紫蘭而寬。冬間初紅，漸淡，有香。

春蘭

春蘭，葉如甌蘭，直勁不欹。一枝數花，有淡紅、淡綠者，皆有紅縷。瓣薄而肥，異於他處。亦具香味。

虎頭蘭

虎頭蘭，碩大多紅絲，心尤斑斕。有色無香，能耐霜雪。又一種色綠無紅縷者，名「碧玉蘭」，將殘始露赤脈。

朵朵香

朵朵香，細葉柔韌，一箭一花。綠者團肥，宛如撚蠟；黄者瘦長，縷以朱絲，皆饒清馥。又有一箭兩花者，名「雙飛燕」。

雪蘭

雪蘭，大如虎頭蘭。色白微頳，心如渥丹。一枝或一花，或兩花。無香。

雪蘭

雪蘭，此又一種。細瓣繚繞，中心似箭，紅黄渲染。亦乏香氣。

夏蕙大理畫。

夏蕙，葉直如劍，迎風不動。一莖數花，鵞黄色。五六月開，幽香不減素蘭。

小緑蘭

小緑蘭，葉柔緑幹，緑花白舌，一莖四五花，名「春緑」，又名「雲蘭」。出蒼山石壁，香幽和，品最貴，常在雲氣中也。

大緑蘭大理畫。

大緑蘭，一本十餘葉，一幹十餘花。花緑舌紅，高出葉外，名「冬緑」。

蓮瓣蘭

蓮瓣蘭，有紅、緑、白、黄各色，白者香尤烈。

元旦蘭

元旦蘭，即「蓮瓣」之一種。葉瘦如韭花，白如玉，元旦開。

火燒蘭

火燒蘭，滇山皆有之。葉粗黄花，背黑似火燒者。花碧香烈，春杪盛開。

風蘭大理。

風蘭，葉短，幹長，花碧。生石厓古木上，挂檐間即活。

五色蘭大理。

五色蘭，葉柔小，一枝十餘花，紅、黄、紫、緑互相間雜。滇南蘭之最異者，士女珍佩之。

大硃砂蘭大理。

大硃砂蘭，葉長闊。一莖數十花，朱色，秋開。

小硃砂蘭大理。

小硃砂蘭，葉短，一莖數花，尤韻。

佛手蘭

佛手蘭，生雲南。根如蒜，大於蔓菁，環生衆根如九子芋。葉長二三尺，似萲草，寬寸餘，光滑細膩，同文殊蘭，而根色深紫，突出土上。葉傍迸莖，扁闊挺立，發苞孕蕾，花在苞中，鉤屈如佛手柑，故名。花形開放，逼似玉簪，紫豔照燿。内外六瓣，瓣外紫内白，中亦紫，稍淡。五六長鬚黑紫，端有横蕊深黄。一苞五六花，先後參差，可半月餘。然老本亦僅一箭，新荑未易有花也。

天蒜

天蒜，雲南圃中植之。根、葉與佛手蘭無異，唯花色純白，紫鬚繚繞，横綴黄蕊。按閩中「金燈花」亦名「天蒜」，未知與此同異。

蘭花雙葉草

蘭花雙葉草，生滇南山中。雙葉似初生玉簪，葉微有紫點。抽短莖，開花如蘭，上一大瓣，下瓣微小，兩瓣傍抱，中舌厚三四分如人舌，正圓，色黄白，中凹，嵌一小舌如人咽，色深紫。花瓣皆紫點極濃。土醫云此真蘭花雙葉草也。《滇本草》所載即此。

紅花小獨蒜

紅花小獨蒜，根如小蒜，大如指。葉如初生茅草，高五六寸。傍發紫箭，開小紫紅花，五瓣微尖，亦似蘭花而極小，心尤嬌豔。土人云：與黄花者一類，大小二種。

黄花獨蒜 一名老鴉蒜。

黄花獨蒜，生雲南山中。根如小蒜，葉似初生棕葉而窄，又似虎頭蘭葉而短，有皺。傍發箭，開五瓣黄花，紫紅心似蘭花，白及輩，而瓣圓短。

羊耳蒜

羊耳蒜，生滇南山中。獨根大如蒜，赭色。初生一葉如玉簪葉，即從葉中發葶，開褐色花。中一瓣大如小指甲，夾以二尖瓣，又有三尖鬚翹起。蓋「黄花小獨蒜」之種族。

鴨頭蘭花草

鴨頭蘭花草，生雲南太華諸山。黑根細短，尖葉内翕，抱莖齊生，似玉簪抽葶葉而長又肥，内緑外淡，有直勒道。莖梢發叉，開白緑花，微似蘭花，有柄長幾及寸。三瓣品列，中瓣後復有一大瓣，色淡。花心有紫暈微凸，心下近莖出雙尾，白縷如蒴，燕尾分翹。野卉中具纖巧之致。

鷺鷥蘭

鷺鷥蘭，雲南圃中多有之。葉如蘐草，翕而皺。夏抽葶開花，六瓣六蕊，瓣白蕊黄，間以細鬚。志謂之「鷺鷥毛」，以其潔白纖細，如執鷺羽。舒苞襯萼，沐露刷風，佇立階墀，靜態彌永。桂馥《札樸》謂：「爲蘭之别派，無香有韻。覺虎頭碩大，神意皆癡。」

象牙參

象牙参，生滇南山中。初茁芽即作苞，開花如白及花而多窄瓣。一苞四五朵，陸續開放。花罷生葉，似吉祥草而闊。根如麥門冬。土醫云：治半身不遂、痿痺弱證。

小紫含笑

小紫含笑，生雲南山中。紫莖抱葉，梢垂紫苞，開口如笑。内露黄白瓣，掩映參差，難爲形擬。一名「青竹蘭」。

植物名實圖考卷之二十九　群芳

佛桑

佛桑，一名「花上花」，雲南有之。《嶺南雜記》：「佛桑與扶桑正相似，中心起樓，多一層花瓣。」《南越筆記》：「佛桑，一名『花上花』。花上複花，重臺也。即『扶桑』，蓋一類二種。」又楊慎《外集》：「朱槿之紅鮮重臺者，永昌名之曰『花上花』。」《徐霞客遊記》：「永昌花上花者，葉與枝似木槿，而花正紅。閩中扶桑相類，但扶桑六七朵並攢爲一花。此花一朵四瓣，從心中又抽出疊其上，殷紅而開久，自春至秋猶開。雖插地輒活，如柳然。然植庭左則活，右則否，亦甚奇也。」〔一〕檀萃《虞衡志》謂「佛桑不應改爲扶桑」，〔二〕殊欠考詢。

〔一〕見《滇中游記》。

〔二〕檀萃：清乾隆進士，官雲南禄勸知縣，著《滇海虞衡志》。

蓮生桂子花

蓮生桂子花，雲南園圃有之。細根叢茁。青莖對葉，葉似桃葉，微闊。夏初葉際抽枝，參差互發。一枝蓓蕾十數，長柄柔緑，圓苞揺丹，頗似垂絲海棠。初開五尖瓣紅花，起臺生小黄筒子，五枝簇如金粟。筒中復有黄鬚一縷，内嵌淡黄心微突。此花大僅如五銖錢，朱英下揭，黈蕊上擎，〔一〕宛似别樣蓮花中撑出丹桂也。結角如「婆婆鍼線包」而上矗，絨白子紅，老即迸飛。

〔一〕黈：黄色。

金蝴蝶

金蝴蝶，生雲南圃中。細莖如蔓。葉對生如石竹而長，色緑微勁。夏開五瓣紅花似翦秋羅，初開每瓣有一缺，饒裊娜之致。

黄連花

黄連花，獨莖亭亭，對葉尖長。四月中梢開五瓣黄花，如迎春花，繁密微馨。昆明鄉人摳售於市，因其色黄，强爲之名。

野丁香

野丁香，生雲南山坡。高尺許，赭莖甚勁。數葉攢簇，層層生發。花開葉間，宛似丁香，亦有紫、白二種。

牛角花

牛角花，生雲南平野。鋪地叢生，緑莖纖弱。發叉處生二小葉，又附生短枝三葉。莖梢開花如小豆花，又似槐花，有黄、紫、白三種。春疇匝隴，燦如雜錦。土人以小葩上翹，結角尖彎，故名「牛角」。

白刺花

白刺花，生雲南田塍。長條横刺，刺上生刺，就刺發莖，如初生槐葉。春開花似金雀而小，色白，裊裊下垂，瓣皆上翹，園田以爲樊。

報春花

報春花，生雲南。鋪地生。葉如小葵，一莖一葉。立春前抽細葶，發杈開小筩子五瓣粉紅花，瓣圓，中有小缺，無心。盆盎、山石間簇簇遞開，小草中頗有綽約之致。按傅玄《紫華賦序》：「紫華一名『長樂』，生於蜀。」蘇頲亦有《長樂花賦》。《遵義府志》引《益部談資》云：「長樂花，枝葉皆如虎耳草。秋後叢生盆盎間，開紫色小花，冬末轉盛，鮮麗可愛。居人獻歲，以此爲餽，名曰『時花』。」核其形狀，當即此花。今滇俗亦以歲晚盆景。

小雀花

小雀花，生雲南山坡。小樹高數尺，瘦幹細韌。春開小粉紅花，附枝攢簇，形如豆花而小，瓣皆雙合，上覆下仰，色極嬌韻。花罷生葉。

素興花

素興花，生雲南。蔓生。藤、葉俱如金銀花，花亦相類。初生細柄如絲，長苞深紫，裊裊滿架。漸開五瓣圓長白花，淡黄細蕊，一縷外吐，香濃近濁。亦有四季開者。《滇略》云：「南詔段素興好之，故名。」志謂即「素馨」，殊與粤産不類。蒙化廳有「紅素興」，又有「雞爪花」，相類而香遜。檀萃《滇海虞衡志》以爲即與茉莉爲儔、同出番禺之素馨，未免刻畫無鹽，唐突西施。

燈籠花

燈籠花，昆明僧寺中有之。藤老蔓雜，小葉密排，糙澀無紋，俱如絡石。春開五棱紅筩子花，長幾徑寸，五尖翻翹，色獨新緑，黄鬚數莖，如鈴下垂。僧云移自騰越。〔一〕余以爲山中「石血」之别派耳。

〔一〕騰越：即今雲南騰衝。

荷包山桂花

荷包山桂花，生雲南山中。小木緑枝。葉如橘葉，翩反下垂。葉間出小枝，開花作穗，淡黄長瓣，類小豆花。花未開時，緑蔕扁苞，纍纍滿樹，宛如荷包形，故名。近之亦有微馨。

滇丁香

丁香，生雲南圃中。木本如藤。葉如枇杷葉，微尖而光。夏開長柄筩子花，如北地丁香成簇，而五瓣團團，大逾紅梅，柔厚嬌嫩；又似秋海棠，中有黃心兩三點，有色鮮香，〔一〕故不甚重。

〔一〕鮮香：少香也。

藏丁香

藏丁香，或云種自西藏來。枝幹同滇丁香。葉糙有毛。開花白色，有香，故勝。

地湧金蓮

地湧金蓮，生雲南山中。如芭蕉而葉短，中心突出一花如蓮，色黃。日拆一二瓣，瓣中有蕤，與甘露同。新苞抽長，舊瓣相仍，層層堆積，宛如雕刻佛座。王世懋《花疏》有一種「金蓮寶相」：「不知所從來，葉尖小如美人蕉，三四歲或七八歲始一花，黃紅色，而瓣大於蓮。」按此即廣中「紅蕉」，但色黃爲別。《滇本草》：「味苦濇，性寒，治婦人白帶、久崩、大腸下血，亦可固脱。」

丈菊

《群芳譜》「丈菊，一名『迎陽花』，莖長丈餘，幹堅粗如竹，葉類麻，多直生，雖有傍枝，只生一花，大如盤盂，單瓣色黃，心皆作窠如蜂房狀，至秋漸紫黑而堅。取其子種之，甚易生。花有毒，能墮胎」云。按：此花向陽，俗間遂通呼「向日葵」，其子可炒食，微香，多食頭暈。滇、黔與南瓜子、西瓜子同售於市。

壓竹花

壓竹花，一名「秋牡丹」，雲南園圃植之。初生一莖一葉，如牡丹葉濃緑糙澀。抽葶高二尺許，附葶葉微似菊葉，尖長多叉。葶端分叉，又抽細葶打苞，宛如罌粟。秋開花如千層菊，深紫縟豔，大徑寸餘，緑心黄暈，蕊擎金粟。一本可開月餘。

藏報春

藏報春，滇南圃中植之。葉如蜀葵葉，多尖叉。就根生葉，長柄肥柔。春初抽葶開花，如報春，稍大。跗下作苞，花出苞上。一葶數層，一層四五苞，與報春同時而不如報春繁縟耐久。滇近藏，凡花以「藏」名者，異之也。

鐵線牡丹

鐵線牡丹，生雲南圃中。大致類罌粟花。土醫云：性温，能散，暖筋骨，除風濕，治跌打損傷，搗細入無灰酒煮熱，包敷患處。

七里香

七里香，生雲南。開小白花，長穗如蓼，近之始香。

草葵

草葵，生雲南。黄花五出，而三二瓣分開，形幾近方。

野梔子

野梔子，生雲南。秋開花如梔子。

草玉梅

草玉梅，生雲南。鋪地生葉，抽葶，開尖瓣白花如積粉。

白薔薇

白薔薇，滇南有之。五瓣黄蕊，莖紫，葉如荼蘼，香達數里。

黐花

黐（chī）花，生雲南。黄花四出如桂葉，在頂上者獨白如雪，蓋初生者。根可黏物，故名。

野蘿蔔花

野蘿蔔花，生雲南。細莖長葉。秋開花五瓣，色如靛。

珍珠梅

珍珠梅，白花數十朵爲毬，春開。

緬梔子

緬梔子，臨安有之。〔一〕緑幹如桐，葉如瑞香葉，凸脈勁峭，矗生幹上。葉脱處有痕斑斑如蘚紋。

〔一〕此雲南近緬之臨安。

海仙花

海仙花，生雲南海邊。紫莖獨挺，繁花層綴，五瓣缺脣，嬌紅奪目。土人夏日持售於市，曰「三台花」，以花作三層也。其葉如萵苣。

白蝶花

白蝶花，生雲南山中。長葉抱莖，開大白花，三瓣品列，内復擎出白瓣，形如蜂蝶，雙翅首尾，宛然具足。大瓣下又出一尾，長三寸許。質既皓潔，形復詭異，秋風披拂，栩栩欲活。〔一〕

〔一〕「活」，原本誤作「治」，據文意改。

緑葉緑花

緑葉緑花，〔一〕生雲南山中。緑葉對茁，如白及而短。抽矮莖，梢端開花，如群蛙據草，緑背白足，裊裊欲墜。亦可名「緑蟾蜍花」。

〔一〕上「緑」字原缺，據上下文補。

植物名實圖考卷之三十　群芳

赬桐

《南方草木狀》：「赬（chēng）桐花，嶺南處處有。自初夏生至秋，蓋草也。葉如桐，其花連枝萼，皆深紅之極者。俗呼『貞桐花』，貞，音訛也。」按：赬桐，廣東徧地生，移植北地，亦易繁衍。京師以其長鬚下垂如垂絲海棠，呼爲「洋海棠」。其莖中空。冬月密室藏之，春深生葉，插枝亦活。

夾竹桃

李衎《竹譜》：「夾竹桃，自南方來，名『拘那夷』，又名『拘拏兒』。花紅類桃，其根、葉似竹而不勁，足供盆檻之玩。」

《閩小記》：「曾師建《閩中記》：南方花有北地所無者，闍提茉莉、俱那異皆出西域，盛傳閩中。『俱那衛』即『俱那異』，〔一〕夾竹桃也。」

〔一〕二「俱」字，原本均作「枸」，據《閩小記》改。

木棉

《本草綱目》李時珍曰：「交廣木棉，樹大如抱，其枝似桐，其葉大如胡桃葉。入秋開花，紅如山茶花，黄蕊，花片極厚，爲房甚繁，短側相比。結實大如拳，實中有白棉，棉中有子。今人謂之『斑枝花』，訛爲『攀枝花』。李延壽《南史》所謂林邑諸國出『古貝』。花中有鵝毳，抽其緒紡爲布。張勃《吴録》所謂『交州永昌木棉樹，高過屋，有十餘年不換者，實大如盃，花中棉輭白，可爲縕絮及毛布』者，皆指似木之木棉也。」

《嶺南雜記》：「木棉樹大可合抱，高者數丈。葉如香樟，瓣極厚，一條五六葉。正、二月開大紅花，如山茶而蕊黄色。結子如酒盃，老則拆裂，有絮茸茸，與蘆花相似。花開時無葉，花落後半月始有新緑葉。其絮，土人取以作裀褥。海南蠻人織以爲巾，〔一〕上出細字，花卉尤工，乃名曰『吉貝』，即古所謂『白疊布』。今詢之粤人，亦無有織作者，或别是一種耳。廣州閱武廳前與南海廟各一株，甚大，開時赤光照耀，坐其下如入朱明之洞也。」〔二〕按：《廣西通志》「木棉，嶺西最易生。或取以作衣被，輒致不仁之疾」，以爲「吉貝」，誤之甚矣。李時珍以木棉與棉花並入「隰草」，亦攷之未審。

〔一〕「織」，原本誤作「識」。

〔二〕廣東羅浮山有朱明洞，傳是神仙所居。

含笑

《捫蝨新話》：「含笑有大小，小含笑香尤酷烈。又有紫含笑。予山居無事，每晚涼坐山亭中，忽聞香一陣，滿室郁然，知是含笑開矣。」《南越筆記》：「含笑與夜合相類。大含笑則大半開，小含笑則小半開。半開多於曉，一名『朝合』。小含笑白色，開時蓓蕾微展，若菡萏之未敷，香尤酷烈。古詩云：『大笑何如小笑香，紫花那似白花粧。』〔一〕又有紫含笑，初開亦香，是子瞻所稱『涓涓泣露』、〔二〕『暗麝著人』者。〔三〕羅浮夜合、含笑，其大至合抱，開時一谷皆香，亦異事也。」

《藝花譜》：「含笑花産廣東。花如蘭，開時常不滿，若含笑然，隨即凋落。」

〔一〕此宋楊萬里《含笑》詩句。

〔二〕蘇軾《正月二十六日，偶與數客野步嘉祐僧舍東南，野人家雜花盛開，扣門求觀，主人林氏媪出應，白髮青裙，少寡獨居三十年矣。感歎之餘，作詩記之》有句「涓涓泣露紫含笑，焰焰燒空紅佛桑」。

〔三〕宋釋惠洪《冷齋夜話》卷一：東坡謫儋耳，見黎女競簪茉莉，含檳榔，戲書几間曰：「暗麝著人簪茉莉，紅潮登頰醉檳榔。」

夜合花

夜合花，産廣東。木本長葉，花青白色，曉開夜合。

賀正梅

賀正梅，似梅而小。廣東歲朝植之盆盎。〔一〕

〔一〕歲朝：正月初一。

鳳皇花

鳳皇花，樹葉似槐，生於澳門之鳳皇山。開黄花，經年不歇，與葉相埒。深冬换葉時花少減，結角子如豌豆。今園林多植之，或云洋種也。按：《嶺南雜記》：「金鳳花，色如鳳心，吐黄絲，葉類槐。余在七星巖見之，從僧乞歸其子，種之不生。」

末利

末利，見《南方草木狀》。《木草綱目》列於「芳草」。此草花雖芬馥，而莖、葉皆無氣味，又其根磨汁可以迷人，未可與芷蘭爲伍。退入「群芳」，衹供簪髻。

素馨

《南方草木狀》：「耶悉茗花、末利花，皆胡人自西國移植於南海。南人愛其芳香，競植之。陸賈《南越行紀》曰：『南越之境，五穀無味，百花不香。』此二花特芳香者，緣自别國移至，不隨水土而變，與夫橘北爲枳異矣。〔一〕彼之女子，以綵線穿花心，以爲首飾。」

《桂海虞衡志》：「素馨花，比番禺所出爲少，當有風土差宜故也。」

《龜山志》：「素馨，舊名『耶悉茗』，一名『野悉密』。昔劉王有侍女名素馨，其冢上生此花，因名。」〔二〕

《嶺外代答》：「素馨花，番禺甚多，廣右絶少。土人尤貴重。開時旋掇花頭裝於他枝，或以竹絲貫之，賣於市，一枝二文，人競買戴。」

《嶺南雜記》：「素馨，較茉莉更大，香最芬烈。廣城河南花田多種之，每日貨於城中，不下數百擔，以穿花鐙，綴紅、黄佛桑其中。婦女以綵線穿花繞髻，而花田婦人則不簪一蕊也。」

《南越筆記》：「素馨，本名『耶悉茗』。珠江南岸有村曰莊頭，周里許，悉種素馨，亦曰花田。婦女率以昧爽往摘，以天未明見花而不見葉，其稍白者，則是其日當開者也。既摘，覆以濕布，毋使見日。其已開者，則置之。花客涉江買以歸，列於九門。一時穿燈者、作串與瓔珞者數百人，城内外買者萬家，富者以斗斛，貧者以升，其量花若量珠然。花宜夜，乘夜乃開，上人頭髻乃開，見月而益光豔，得人氣而益馥。竟夕氤氲，至曉猶有餘香。懷之辟暑，吸之清肺氣。花又宜作燈，雕玉鏤冰，玲瓏四照，遊冶者以導車馬。楊用修稱粤中素香燈爲天下之絶豔，信然。兒女以花蒸油，取液爲面脂頭澤，謂能長髮潤肌。或取蓓蕾，雜佳茗貯之。或帶露置於瓶中，經信宿，以其水點茗。或作格懸繫甕口，離酒一指許，以紙封之，旬日而酒香徹。其爲龍涎香餅、香串者，治以素馨，則韻味愈遠。隆冬花少，曰『雪花』，摘經數日仍開。夏月多花，瓊英狼藉，入夜，滿城如雪，觸處皆香，信粤中之清麗物也。」

〔一〕《晏子春秋》卷六：「橘生淮南則爲橘，生於淮北則爲枳，葉徒相似，其實味不同。所以然者何？水土異也。」

〔二〕《龜山志》：宋黄曄撰，記廣東風土。劉王：指五代時南漢國主劉隱。一説素馨爲劉氏之女。

夜來香

夜來香，産閩、廣。蔓生，葉如山藥葉而寬，皆仰合不平展。秋開碧玉五瓣花，夜深香發，清味如茶。北地亦植之，頗畏寒。廣中以其多陰藏虵，委之籬落。閩人云：斷腸草經野燒三次，即變此花，猶有毒云。

文蘭樹

文蘭樹，産廣東。葉如萱草而闊長。白花似玉簪而小。園亭石畔多栽之。按：此草近從洋舶運至北地，亦以秋開。《南越筆記》：「文殊蘭，葉長四五尺，大二三寸而寬，花如玉簪、如百合而長大，色白甚香，夏間始開。」是皆蘭之屬。江西、湖南間有之，多不花。土醫以其汁治腫毒，因有「秦瓊劍」諸俚名。

黄蘭

黄蘭，産廣東，或云洋種，今徧有之。叢生，硬莖。葉似茉莉花，如蘭而黄，極芳烈。

彩蝶

彩蝶，産廣東。莖葉如秋海棠，翠花長蕊。野生山間，種不常見。

馬纓丹

《南越筆記》：「馬纓丹，一名『山大丹』。花大如盤，蕊時凡數十百朵，每朵攢集成毬，與白繡毬花相類。首夏時開，初黃色，蕊鬚如丹砂，將落復黃，黃紅相間，光豔炫目。開最盛最久，八月又開。有以『大紅繡毬』名之者。又以其瓣落而枝矗起槎枒，甚與珊瑚柯條相似，又名『珊瑚毬』。言『大紅繡毬』者，以開時也；言『珊瑚毬』者，以落時也。」按馬纓丹又名「龍船花」，以花盛開時值競渡，故名。

鴨子花

鴨子花，産廣東。似蓼而大，葉長數尺。以其花如小鴨，故名。

鶴頂

鶴頂，産廣東。又名「吕宋玉簪」。葉如射干葉，花六瓣，深紅，黄蕊似山丹，而瓣圓大。

朱錦

朱錦，産廣東，叢生林麓，極易繁衍。葉如月季花葉。花有紅、黄二種，如小牡丹，苞如木芙蓉。婦女常簪之。

西番蓮即轉心蓮。

《南越筆記》：「西番蓮，其種來自西洋。蔓細如絲，朱色，繚繞籬間。花初開如黄白蓮，十餘出。久之，十餘出者皆落，其蕊復變而爲鞠。〔一〕瓣爲蓮而蕊爲鞠，以蓮始而以鞠終，故又名『西洋鞠』。」

〔一〕鞠：即「菊」字。

百子蓮

百子蓮，産廣東，或云洋種，廿年前不知其異也。色極嬌麗，一花經數日不蔫，婦女競簪之，價始高。近日種植較多矣。

珊瑚枝

珊瑚枝，産廣東，或云番種，不知其名，花圃以形似名之。按：《南越筆記》謂「馬纓丹花落而生槎杈，人呼爲『珊瑚毬』」，或誤以爲一種。

繸冠花

繸（suì）冠花，〔一〕如雞冠之尖繸者，〔二〕高六七尺。每葉發杈開花，秋時百穗俱垂，宛如纓珞。移植湖湘，亦易繁衍。惟旁莖大脃，經風輒折，必作架護持之。稍寒即瘁，不如雞冠耐久也。

〔一〕毸：與「穗」通。

〔二〕此「雞冠」指雞冠花。

换錦花

《南越筆記》：「脱紅换錦，脱緑换錦，此『换錦』之所以名也。葉似水仙，冬生，至夏而落。獨抽一莖二尺許，作十餘花。花比鹿葱而大，或紅或緑，葉落而花，故曰『脱紅』、『脱緑』。花落而葉，故曰『换錦』。花與葉兩不相見也。」按：此即石蒜一類，惟花肥多、莖粗稍異。

鈴兒花

鈴兒花，一名「弔鐘花」，生廣東山澤間。歲暮葉脱始蕾。樵人折以入市，插置膽瓶。春初花開，狀如小鈴。花落葉發，不宜栽蒔。

華蓋花

華蓋花，産廣東，或云番舶攜種種生者。葉如秋葵，花似木芙蓉，未曉而開，清晨即落，良夜秉燭，始見其花，皆戲呼爲「曇花」。植者亦罕。

玲甲花

玲甲花，番種也。花如杜鵑，葉作兩歧。樹高丈餘，濃陰茂密，經冬不凋。夷人喜植之。

水蠟燭

《南越筆記》：「水蠟燭，草本，生野塘間。秋杪結實，宛與蠟燭相似。」

油葱即羅幃草。

《嶺南雜記》：「油葱，形如水仙葉。葉厚一指而邊有刺。不開花結子，從根發生，長者尺餘。破其葉，中有膏，婦人塗掌中以澤髮代油。貧家婦多種之屋頭，問之則怒，以爲笑其貧也。」按：油葱，粤西人以其膏治湯火灼傷有效。又名「羅幃」，花如山丹，以爲婦女所植，故名。

鐵樹

《嶺南雜記》：「鐵樹，高數尺。葉紫如『老少年』，開花如桂而不香。」

《南越筆記》：「朱蕉，葉芭蕉而榦棕竹，亦名朱竹。以枝柔不甚直挺，故以爲蕉。葉紺色，生於榦上。榦有節，自根至杪，一寸三四節或六七節，甚密。然多一榦獨出無傍枝者。通體鐵色微朱，以其難長，故又名『鐵樹』。」按：鐵樹治痢證有神效，廣西土醫用之。

喝呼草

《廣西通志》：「喝呼草，榦小而直上，高可四五寸。頂上生梢，横列如傘蓋。葉細，生梢兩旁，有花盤上。每逢人大聲喝之，則旁葉下翕，故曰『喝呼草』。然隨翕隨開。或以指點之，亦翕。前翕後開，草木中之靈異者也。俗名『懼内草』。」

《南越筆記》：「知羞草，葉似豆瓣相向。人以口吹之，其葉自合，名『知羞草』。」按：此草生於兩粵，今好事者攜至中原，種之皆生。秋開花，茸茸成團，大如牽牛子，粉紅嬌嫩，宛似小兒帽上所飾絨毬。結小角成簇。大約與夜合花性、形俱肖，但草本細小，高不數尺。手拂氣噓，似皆知覺，大聲呵喝，即時俯伏。草木無知，觀此莫測。唐階指佞，〔一〕應非誑言；蜀州舞草，或與同彙。〔二〕彼占閏、傾陽，轉爲數見。〔三〕

〔一〕《博物志》卷三：唐堯時有屈佚草生於庭，佞人入朝，則屈而指之。一名指佞草。

〔二〕明曹學佺《蜀中廣記》卷六十一：虞美人草，亦謂之舞草。人或近之，抵掌謳曲，必動摇如舞也。

〔三〕雲南有和山花，樹高六七丈，其質似桂，其花白，每朵十二瓣，應十二月，遇閏輒多一瓣。又有娑羅花、優曇花，亦遇閏輒多一瓣。另傳説梧桐可知月正閏，歲生十二葉，一邊六葉，從下數一葉爲一月，有閏則十三葉，視葉小處則知閏何月。又黄楊木歲長一寸，閏月年反縮一寸。又有説藕之生亦應月，月生一節，遇閏輒益一節。傾陽：即向陽，如向日葵之類。

植物名實圖考卷之三十一　果類

林檎

林檎（qín），《開寶本草》始著録。即沙果。李時珍以爲「文林郎果」，即此。

榅桲

榅（wēn）桲（bó），《開寶本草》始著録。今惟産陝西。形似木瓜，又似梨，多以飣盤。有攜至京師者，取其香氣，置盤笥中以薰鼻煙，不復供食。

胡桃

胡桃，《開寶本草》始著録。北方多有之，唯永平府所産皮薄，〔一〕謂之「露穰核桃」。木堅，作器物良。

〔一〕清永平府在今河北東北部，治所在今秦皇島之盧龍縣。

榛

榛，《開寶本草》始著録。《禮記》女贄榛、栗。〔一〕《説文》作「亲」。《詩義疏》謂「有二種，遼東、上黨皆饒」。〔二〕鄭注《禮》云：「關中鄜坊甚多。」今直隸、東北所產極多，販市天下。《山西志》：「出長治、壺關、潞城，而大同屬之廣靈與宣化界產尤美。〔三〕太原山阜間叢生，樹高丈餘。」俱如李時珍所述。其實周匝有圓葉，似畫家作雲托日狀。殼甚堅，多不實，「十榛九空」，非虛語也。《爾雅翼》以鄜坊多產，遂謂其字從「秦」以此，〔四〕不知《說文》本作「亲」，假借作「榛」，而燕、晉皆饒，何獨秦也？北人謂有鼠如鼦，聚榛爲糧，貯之穴中，山氓多掘取之，其即「鼠果」之類歟？

〔二〕《曲禮下》：「婦人之摯，椇，榛，脯，脩，棗，栗。」

〔三〕此《詩義疏》實即陸璣《毛詩草木鳥獸蟲魚疏》之別名。

〔三〕山西廣靈與河北宣化相接。

〔四〕鄜坊在陝西，屬秦地。

菴羅果

菴羅果，《開寶本草》始著録。蓋即今之「沙果梨」。色黃如梨，味如頻果而酥，爲果中佳品，亦不能久留。殆以沙果與梨樹相接而成。

雩婁農曰：菴羅果，昔人皆謂產西洛，而李時珍獨引梵語爲證。夫西方當天地之遒斂，〔一〕少雨多風，故果碩而味雋。漢都長安，距玉門近，多致異域種。今則北達幽薊，南抵宛洛，數千里移植幾徧，蓋江淮以北，地脈同也。橘不踰淮，著於《考工記》，〔一〕《禹貢》獨以橘柚爲荆州厥包。〔二〕一果實之微，前後聖人皆致意焉。此豈以奉口腹哉？蓋熟觀於天時、地利，明著其土物之不宜，而杜後世侈心之萌也。夫麻、麥、荏、菽，奏庶艱食，〔四〕瓜蓏之屬，園圃所亟。惟橘柚有不可遷之性而能致遠，〔五〕《書》曰「厥包」，明乎非黍、稷、薁、棗可以徙移種蓺，而江南佳實，橘柚外殆皆未可包致矣。漢之上林，晉之華林，〔六〕務求奇詭；道君艮嶽，〔七〕乃僦南海荔支而花實之。蔡絛誇載於《叢談》，〔八〕蓋深謂前人拙耳。嗚呼！一簞食，一千乘，〔九〕雖愚者亦知其輕重，獨奈何置安盂於不顧，〔一〇〕珍朵頤而菅民力，〔一一〕致使高臺廣陛，蕪没荆棘，豈不大可喟哉！昔人有射猿麛而投弓者，謂違物性必有大咎。草木無知，亦禀自然，彼陳、唐之檜，一碎於雷，一汩於海，〔一二〕豈有感於盛衰之機，甘爲枯槎泛梗而不願與艮嶽之石相隨北去耶？噫，其違物性也亦甚矣！

〔一〕秋氣肅殺，生物收斂。

〔二〕《周禮·冬官考工記》：「橘逾淮而北爲枳。」

〔三〕《書·禹貢》「厥包橘柚」係揚州，非荆州。厥包：即貢物。

〔四〕《書·益稷》：「暨稷播，奏庶艱食鮮食。」孔《傳》：「艱，難也。衆難得食處，則與稷教民播種之。」

〔五〕不可遷：移於北方則不生。

〔六〕漢上林苑、晉華林園皆爲皇帝私囿。

〔七〕宋徽宗崇信道教，自册爲教主道君皇帝。政和間，於上清寶籙宫之東作萬歲山，山周十餘里，亭館連綿，因山在都之艮（東北方），故名艮嶽。

〔八〕《鐵圍山叢談》卷六：徽宗每召儒臣流覽艮嶽，一璫執荔枝簿立石亭下，中使一人宣旨，人各賜若干。吾一日偶獲侍從魯公（即其父蔡京）入，時許，共賞椰實，一小璫登梯就摘而剖之，諸璫人荔枝二枚。

〔九〕此指千乘之國，即天下。

〔一〇〕安盂：安於覆盂。

〔一一〕朵頤：鼓腮大嚼，此指口腹之欲。《管子·牧民》：「野蕪曠則民乃菅，上無量則民乃妄。」菅：即姦。菅民：使民不能營生業而爲姦盜。

〔一二〕檜汩於海事見卷二十四「射干」條注〔三二〕。碎於雷者不詳。葉夢得《避暑録話》卷上凡言三檜，其中唐檜爲白居易手植，爲花石綱所取，枯死於道。汩於海者亦唐檜。又有一陳檜，在長興大雄寺陳霸先舊宅，又欲取以獻，因聞唐檜沉海，乃已。是陳檜得全也。

柑

柑，《開寶本草》始著録。南方種類極多，其獅頭柑則唯皮可啖。皮、核、葉皆入藥。

橙

橙，《開寶本草》始著録。今以産廣東新會者爲天下冠。湖南有數種，味甘酸不同。

新會橙

廣東新會縣橙爲嶺南佳品，皮薄緊，味甜如蜜，走數千里不變，形狀與他亦稍異。食橙而不及此，蓋不知橙味。

荔支

荔支，《開寶本草》始著録。以閩産者佳。江西贛州所屬定南等處，〔一〕與粤接界，亦有之。其核入藥。

雩婁農曰：吾至滇，閲《元江志》有荔支。〔二〕適粤中門生權牧其地，訪之，則曰：「邑舊産此果，以誅求爲吏民累，並其樹刈之，今無矣。」余謂之曰：「粤人聞人言荔支，輒津津作大嚼狀。今元江物土既宜，足下何不致南海嘉種，令民以法種之，俟其實而嘗焉？其日曝火烘者，走黔、湘以博利，浸假而爲安邑棗、武陵橘，〔三〕非勸民樹藝之一端乎？」則應曰：「元江地熱瘴甚，牧以三年代，率不及期而請病。其僕傔以熱往、以櫬歸者相繼也，〔四〕亦何暇作十年計乎？且滇亦大矣，他郡皆無，此郡獨有，園成而賦什一，民即不病，而筐篚之費，馱負之費，供億餽問無虚日，不厲民，將焉取之？」余恍然曰：「一騎紅塵，詩人刺焉。〔五〕爲民上者，乃以一味之甘，致令草木不得遂其生乎？噫！」

〔一〕定南：今江西定南縣，在江西最南端。

〔二〕元江在今雲南。

〔三〕河内汲郡棗一名安邑棗。《藝文類聚》卷八十七引魏文帝詔：「凡棗味，莫若安邑御棗。」《三國志·吴書·三嗣子傳》裴松之注：李衡漢末爲丹陽太守，遣客往武陵種橘千株，臨死敕兒曰：「汝母惡我治家，故窮如是，然吾州里有千頭木奴，不責汝衣食，歲上一匹絹，亦可足用耳。」

〔四〕傔：僕從。櫬：棺木。

〔五〕杜牧《過華清宫》：「長安回望繡成堆，山頂千門次第開。一騎紅塵妃子笑，無人知是荔枝來。」

海松子

海松子，《開寶本草》始著録。生關東及永平等府。樹碧實大，凌冬不凋。

水松附。

水松，産粤東下關。種植水邊，株多排種，水浸易長。葉碧花小，如柏葉狀，樹高數丈。葉清甜可食，子甚香美。按《南方草木狀》：「水松，葉如檜而細長，出南海。土産衆香，而此木不大香，故彼人無佩服者。嶺北人極愛之，然其香殊勝在南方時。植物，無情者也，不香於彼而香於此者，豈屈於不知己而伸於知己者歟？物理之難窮如此。」蓋即此松。又《南越筆記》：「水松者，椶也，喜生水旁。其幹也得杉十之六，其枝葉得松十之四，故一名『水杉』，言其枝葉則曰『水松』也。東粵之松，以山松爲牡，水松爲牝。水松性宜水。蓋松喜乾，故生於山；檜喜濕，故生於水。水松，檜之屬也，故宜水。廣中凡平隄曲岸，皆列植以爲觀美。歲久，蒼皮玉骨，礧砢而多癭節，高者呰䮊，〔一〕低者蓋漫，其根漬水，輒生鬚鬣，嫋娜下垂。葉清甜可食，子甚香。」

〔一〕呰䮊：並排相連。

楊梅

楊梅，《開寶本草》始著録。吴中產者佳，可爲粽，即醬也。廣信以釀酒。《汀州志》：「鹽藏，可治傷破。」

橄欖

橄欖，《開寶本草》始著録。湖南及江西建昌府亦間有之，有尖、圓各種。

烏欖

烏欖，嶺南種之。其核中仁長寸許，味如松子，亦多油。過嶺以鹽、餹炒食，甚香。《嶺南雜記》以爲即「木威子」，從之。《廣東志》：「粵中多種烏欖，其利多。白欖，種者少。號曰『青子』。番禺婦女多以斲烏欖核爲務。核以炊，仁以油，及爲禮果。」〔一〕

〔一〕禮果：禮品之果。

椰子

椰子，《開寶本草》始著録。瓊州有之。羊城夏飲其汁，云能解暑。度嶺則汁漸乾，味變矣。

桄榔子

桄榔子，《開寶本草》始著録。一名「麪木」，廣中有之。木爲車轂，不易折；以爲箭鏃，中人則血沸。

椑柹

椑（bēi）柹，《開寶本草》始著録。色青，以作漆。

獼猴桃

獼猴桃，《開寶本草》始著録。《本草衍義》述形尤詳。今江西、湖廣、河南山中皆有之，鄉人或持入城市以售。《安徽志》：「獼猴桃，黟縣出，一名『陽桃』。九、十月間熟。」李時珍解「羊桃」云：「葉大如掌，上緑下白，有毛似苧蔴而團。」此正是獼猴桃，非羊桃也。枝條有液，亦極黏。

甜瓜

甜瓜，《嘉祐本草》始著録。北方多種，暑月食之。瓜蒂，《本經》上品。《圖經》云：「瓜蒂，即甜瓜蒂，能吐人。」瓜子仁，《别録》爲腸、胃、脾内壅要藥。

雩婁農曰：余觀《聞見前録》謂吕文穆公行伊水上，見賣瓜者，意欲得之，無錢可買。其人偶遺一枚於地，悵然食之。後臨水起亭，以「饐瓜」爲名，不忘貧賤之意。〔一〕喟然嘆曰：「無主之李，志士不食，文穆雖貧，何至爲東郭之乞餘哉？」吾嘗過瓜疇矣，河南、北善種瓜，瓜將熟，結廬以守，「中田有廬，疆埸有瓜」，〔二〕猶古制也。瓜成，集婦子而并手摘之。其晚實者，瓜小味劣，俗名「拉秧瓜」，棄而不顧，行者居者斷其蔓而得之，無過問者。或旅人道暍，不能度阡越陌，有就而餽之者。若種西瓜而取其子，則陳於康衢，以待食者而留子焉。有茶社或並設瓜飲，必伯夷之粟而後食，〔三〕賢者無取乎其矯。文穆貧時不能得美瓜，「饐」訓「傷熱濕」，亦通「噎」，或得病瓜及瓜之噎人者歟？否，則字當作「饁」，野人之饋，抑哀王孫而進食者歟？〔四〕吾慮後人以文穆不避瓜田納履之嫌者，〔五〕故辨之。

〔一〕以上見邵伯温《邵氏聞見録》卷七。吕文穆：宋初大臣吕蒙正，謚文穆。

〔二〕見《詩·小雅·信南山》。

〔三〕伯夷、叔齊不臣於周而並周粟亦不食。

〔四〕《史記·淮陰侯列傳》：「信釣於城下，諸母漂，有一母見信飢，飯信，竟漂數十日。信喜，謂漂母曰：『吾必有以重報母。』母怒曰：『大丈夫不能自食，吾哀王孫而進食，豈望報乎！』」

〔五〕古語："瓜田不納履，李下不整冠。"避嫌也。

枸橼

枸橼（yuán），詳《草木狀》。《宋圖經》始著録。即"佛手柑"。

金橘

金橘，《歸田録》云産於江西。今江南亦多有之，唯寧都産者瓤甜如柑。冬時色黄，經春復青，或即以爲"盧橘"。又一種小者爲"金豆"，味烈，贛南糖煎之。《本草綱目》收入"果部"。《辰谿志》："橘小而長者爲『牛嬭橘』，四季可花，隨花隨實，皮甘可食。"即此。

公孫桔

公孫桔，産粵東。樹高丈餘，枝葉繁茂，花果層次駢綴，自下熟上，由紅至青，尖頂尚花，下已紅熟。香甜適口，味帶微酸。皮可化痰。經冬不凋。辰州諸屬橘類有"公引孫"，即此。附金橘後，以備一種。

銀杏

銀杏，《日用本草》始著録。即"白果"，一名"鴨脚子"，或云即"平仲"。木理堅重，製器不裂，匠人重之。

西瓜

西瓜，《日用本草》始著録，謂「契丹破回紇始得此種」。疑即今之哈蜜瓜之類，入中國而形味變成此瓜。《夏小正》：「五月乃瓜，〔一〕乃者急辭；〔二〕八月剥瓜，畜瓜之時。」〔三〕瓜兼果蔬，故授時重之。近世供果，惟甜瓜、西瓜二種。《本草》「瓜蒂」，陶隱居以爲甜瓜蒂。瓜以供食，不入藥。王世懋以邵平「五色子母瓜」當即甜瓜。〔四〕考《廣志》貍頭、蜜筩、女臂諸名，惟甜瓜種多色異，足以當之。而所謂「瓜州瓜大如斛」，「青登瓜大如三斗魁」，則非西瓜無此巨觀，但無西瓜名耳。昔賢詩多云「甘瓜」字爲雅馴，而張載《瓜賦》「玄表丹裏，呈素含紅」，甜瓜鮮丹紅瓤者，故以爲仙品。〔五〕劉楨《瓜賦》「厥初作苦，終然允甘」，〔六〕甜瓜未甚熟及近蒂時有苦者，西瓜無是也。楊誠齋詩「風露盈籃至，甘香隔壁聞。緑團罌一捏，白裂玉中分」，花蘂夫人《宮詞》「玉人手裏剖銀瓜」，五代、宋時西瓜已入中國，所詠乃以白色爲上，則仍是甜瓜也。西瓜雖有白瓤而味佳者，其種後出，亦希有。《墨莊漫録》：「襄邑出一種瓜，大者如拳，破之，色如黛，甘如蜜，餘瓜莫及。」此甜瓜之美者，吾鄉名曰「酥瓜」，握之輒碎。一種黄者，大而易種，甘而不脃，俗曰「噎瓜」，言其速食則噎也。又古之言瓜者皆云「削瓜」，乃食其膚。〔七〕周王羆性儉率，〔八〕有客食瓜，侵膚稍厚，羆及瓜皮落地，引手就地，取而食之。食西瓜者反此。《昌平州志》「物産」：「香瓜皮青子細，瓤甘肉脃，氣香味美，絶勝甜瓜。甜瓜類最繁，有圓有長，有尖有匾，大或徑尺，小或一捻。其棱或有或無，其色或青或緑，或黄斑糝斑，或白路黄路，其瓤或白或紅，其子或黃或赤，或白或黑，要之，味不出乎甘香而已。」瓜種蓋盡於此。余嘗取種種於湘中，味變爲「越瓜」。《南方志》有謂甜瓜皮質堅老、入醬爲葅者，毋亦類是？《山西通志》：「西瓜今出榆次中郝、東郝、西郝三村。一種黑皮黃瓤絳子，一種緑皮紅瓤黑子，子有文，名『刺麻瓜』，一種緑皮紅瓤紅子，名『蜜瓜』，味殊甘美，今以入貢。」市廛售者有一種「三白瓜」，皮、瓤、子白，味絶美，但未熟則淡，既熟易瓢（俗謂瓜漸腐曰瓢，言如絲絡之縷也）。種者亦不繁。圃人云：「每一科得兩瓜，即稱稔歲也。」江以南業瓜者蓋尠，余所至，如湖廣之襄陽、長沙，皆有瓜疇。江西贛州瓜美而子赤，豐城瀕江亦種之。滇南武定州瓜以正月熟，上元饌瓜，鏤皮爲燈，物既非時，味亦迥別，亦可覘物候之不齊矣。

〔一〕瓜：始食瓜也。

〔二〕「乃者急辭」，《大戴禮記》原書作「乃者急瓜之辭」。

〔三〕剥瓜：削瓜作葅。

〔四〕《史記·蕭相國世家》：「召平者，故秦東陵侯。秦破，爲布衣，貧，種瓜於長安城東，瓜美，故世謂之東陵瓜。」按：《藝文類聚》卷八十七引《史記》，「瓜美」作「種瓜有五色甚美」。

〔五〕《藝文類聚》卷八十七引《神仙傳》曰：「有青燈瓜，大如三斗魁。瓜表玄丹裏，呈素含紅，攬之者壽，食之者仙。」按：今本《神仙傳》無此文。

〔六〕「允」，原本誤作「无」，據《歷代賦彙》劉楨賦改。

〔七〕削去外皮，食其内皮，内皮爲膚。

〔八〕王羆：北周大將。

人面子

人面子，見《南方草木狀》，紀載亦多及之。葉濃，果出枝頭，形如李大，凸凹不正，生青熟黄，味酸。一瓜五六枚、七八枚不等。核如人面，故名。内有仁三粒，必經鹽醋浸過，其仁方甘可食。又其核生則白，熟則色微黑，點茶如梅花片，光澤可愛。此樹最宜沙土，數歲即婆娑偃地。〔一〕

〔一〕婆娑：枝條柔軟狀。

蘋婆

蘋婆，詳《嶺外代答》。〔一〕如皁莢子，皮黑肉白，味如栗，俗呼「鳳眼果」。

〔一〕《嶺外代答》卷八作「頻婆果」，云：「極鮮紅可愛，佛書所謂『唇色赤好如頻婆果』是也。」

黄皮果

黄皮果，詳《嶺外代答》。〔一〕能消食。桂林以爲醬。其漿酸甘似葡萄，食荔支饜飫，以此解之。諺曰：「飢食荔支，飽食黄皮。」又有「白蠟」，與相似，諺曰：「黄皮、白蠟，酸甘相雜。」

〔一〕見卷八，云：「黄皮，子如小棗，甘酸佳味，稍耐久，可致遠。」

羊矢果

羊矢果，生廣東山野間。味微酸，人鮮食之，唯以飼羊，故名。按：《桂海虞衡志》：「羊矢子，色、狀全似羊矢，味亦不佳。」形不甚肖，或乾時黑如羊矢耶？又《南越筆記》：「羊齒子，一曰羊矢，如石蓮而小，色青味甘。」當即此。

秋風子

《桂海虞衡志》：「秋風子，色、狀俱似楝子。」今廣東多有之。其葉本青，經霜則紅。果似梨而小，先青後黄，味酸澀，熟乃可食。

蜜羅即蜜筩。

蜜羅，生閩、廣，南安、施南亦有之。與佛手柑同類，無指爪。廣東又有「櫞果」，形差類。

雩婁農曰：吾少時侍先大夫於楚北學使署中，有幕客自施南回，攜一果見啖，如橘柚而形不正圓，肉白柔厚如佛手柑，以爲即佛手柑不具指爪者。越廿餘年，儤直南齋，〔一〕歲臘，賜果一箭，題曰「蜜羅」，蓋閩中畺吏所進。時大寒，瓤作堅冰，以温水漬之，剖置茶甌，一室盡香，亦内臣所授也。尋使湖北，按試施州，筵之核，〔二〕盤之供，皆是物也。竊以形、味都非珍品，而厥包作貢，因爲賦詩，有「方朔老醜，待詔金門」之誚。〔三〕後使豫章，至贛南，於市中粥一果，形正同，而瓤如橘，味殊酢，又以爲朱欒之異種。及莅滇，則園中植之樹與花，皆佛手柑也，土人名曰「香橼」，始知有指爪者爲「鉤橼」，無指爪者爲「香橼」。又或一枝之上，兩者俱擎，古人有以香橼爲佛手柑者，洵非耳食。按《黔書》「蜜筩柑」，或曰即南海之「紫羅橘」，蓄之樹以浹歲，薦之槃以彌月。滇曰蜜筩，黔曰香橼，誠一物矣。而《興義府志》：「紫羅橘，出安南，俗名『蜜筩』，香色似蜜羅而小，皮薄有穰。」《思南府志》：「香橼，即『蜜羅柑』，氣芬肉厚，點茶、釀酒俱宜。」然則蜜羅、蜜筩爲二物。而余在贛南所啖者，乃蜜筩也。《黔書》述之未晰，《貴州志》有謂作藤生者，亦誤矣。夫一物不知，以爲深恥，余非仰叨恩澤，屢使南中，亦僅嘗遠方之殊味，考傳紀之異名，烏能覩其根葉，薰其花實，而一一辨别之哉？

〔一〕儤直：連日直宿於官府。南齋：此指皇帝的南書房，翰林在此直宿。

〔二〕核：指有核的果品。

〔三〕《史記·滑稽列傳》：東方朔，漢武帝時爲郎，酒酣，據地歌曰：「陸沈於俗，避世金馬門。」金馬門者，宦者署門也，門傍有銅馬，故謂之曰「金馬門」。

栟果

栟果，生廣東。與蜜羅同，而皮有黑斑，不光潤。此果花多實少，方言謂詐爲「栟」，言少實也，猶北地謂瓜花之不結實者曰「謊花」耳。核最大。五月熟，色黄，味亦甜。

葧臍

葧（bó）臍，《爾雅》「芍，鳧茨」，即此。諸家多誤以爲「烏芋」。《宋圖經》所述形狀正是今葧臍。

棠梨

棠梨，《爾雅》：「杜，赤棠，白者棠。」《本草綱目》始收入「果部」。《救荒本草》：「葉、花皆可食。」

天茄子

天茄子，《救荒本草》謂之「丁香茄」。茄作蜜煎，葉可作蔬。其形狀絶類牽牛子。或即以爲牽牛花，殊誤。

無花果

無花果，《救荒本草》録之。《本草綱目》引據頗晰。

海紅

海紅，即海棠花實。《本草綱目》始收入「果部」。京師以糖裹食之。

波羅蜜

波羅蜜，詳《桂海虞衡志》。《本草綱目》始收入「果部」。不花而實。兩廣皆有之。核中仁如栗，亦可炒食。滇南元江州産之。三五日即腐，昆明僅得食其仁。其餘多同名異物。《粤志》謂：「無花結果，或生一花，花甚難得，即『優鉢曇花』。」可備一説。

五斂子

五斂子，即楊桃，詳《草木狀》。《本草綱目》始收入「果部」。能消猪肉毒，其味酸淡，或謂以糯米澆之則甜，又可以蜜漬之。蘇長公詩「恣傾白蜜收五棱」也。〔一〕廣人以爲蔬，能辟嵐瘴，其汁能吐蠱毒。

〔一〕蘇軾《次韻正輔同游白水山》詩：「赤魚白蟹箸屢下，黄柑緑橘籩常加。糖霜不待蜀客寄，荔支莫信閩人誇。恣傾白蜜收五稜，細斸黄土栽三椏。」

天師栗

天師栗，《益部方物記》載之。〔一〕李時珍以爲武當山所産「娑羅子」即此，《通志》從之。〔二〕湖北園圃有種植者，亦呼「娑羅果」。

〔一〕《益部方物略記》：天師栗惟西蜀青城山中有之，云張天師學道於此所遺，故名。似栗而味美，惟獨房若橡爲異耳。

〔二〕此指清《續通志》。

露兜子

露兜子，產廣東，一名「波羅」。生山野間，實如蘿蔔，上生葉一簇，尖長深齒。味、色、香俱佳，性熱。按《嶺南雜記》：「番荔支，大如桃，色青，皮似荔支殼而非殼也。頭上有葉一宗，擘開，白穰黑子，味似波羅蜜。」即此也。又名「番婁子」，形如蘭，葉密長大，〔一〕抽莖結子，其葉去皮存筋，即「波羅麻布」也。果熟金黄色，皮堅如魚鱗狀。去皮食肉，香甜無渣。六月熟。

〔一〕「密」，原本誤作「蜜」，據文意改。

榧子

榧子，產廣州，亦柑桔之類。陳皮本以柑皮製者爲最，市間亦有以榧皮爲之者，質稍薄而味亦遜。

雞矢果

雞矢果，產廣東。葉似女貞葉而有鋸齒，果如小石榴，一名「番石榴」，味香甜。極賤，故以「雞矢」名之。按：《南越筆記》：「番石榴，又名秋果。」《嶺外代答》：「黄肚子如小石榴，皮乾硬如没石子，枯莖如棘，其上點綴布生，不甚噉食。」當即此。樹小花黄白，果如梨大，生青熟黄。連皮食香甜。六月熟。

落花生

落花生，詳《本草從新》。處處沙地種之。《南城縣志》：「俗呼『番豆』，又曰『及地果』。」《贛州志》：「落花生，一名『長生菓』。花落時根下結實如豆。性與王瓜相反，不可同食。」

糖刺果

糖刺果，生江西籬落間。蔓葉如薔薇，白花有深缺，黄蘂。土人以其果熬糖，故名。

番荔枝

番荔枝，産粵東。樹高丈餘，葉碧。菓如梨式，色緑，外膚礧砢如佛髻。〔一〕一果内有數十包，每包有一小子如黑豆大，味甘美。花微白。按麻姑山亦有番荔枝，〔二〕據寺僧所述，亦甚相類，惟未見其結實，而僧言實不可食。故附繪備考。

雩婁農曰：余使粵時，尚未聞有番荔支，頃有粵人官湘中者，爲余畫荔支圖而并及之。夫似荔者有「山韶子」，一曰「毛荔支」；又有「龍荔」，介乎二果之間，其形與味皆有微類者。若此果，則但以「礧砢」目之耳。麻姑山之樹未見其實，而緑心突起，已具全形。及至滇，乃知其爲「雞嗉子」。《滇志》以入「果品」，而人不甚食，其膚亦肖荔也。昔人作《同名録》，大抵皆慕古人之人，而以其名爲名，有名其名而類其人者，有絶不類其人者。志同名者，蓋深求其同不同，而恐人之誤於同也。若斯果及雞嗉子之微相肖者，雖欲附端明諸公之譜以幸存其名，〔三〕烏可得耶？

〔一〕礌砢：即磊砢，果實多節疤狀。

〔二〕麻姑山在江西撫州。

〔三〕宋蔡襄曾爲端明殿學士，著有《荔枝譜》。

番瓜

番瓜，産粤東海南，家園種植。樹直，高二三丈，枝直上，葉柄旁出。花黄。果生如木瓜大，生青熟黄，中空有子，黑如椒粒。經冬不凋。無毒，香甜可食。按《益部方物記》：「脩幹澤葉，結實如綴，膚解核零，〔一〕可用治痹。」其形狀亦頗類，但謂「葉甚似桑」，而不云子可食，姑附識備考。又《羅江縣志》「石瓜，一名『冬瓜樹』，可治心痛」云。

〔一〕皮開而核落。

佛桃

佛桃，湖南圃中間有之。木、葉俱如佛手柑。實如橙而長，色尤鮮潤，瓤如橙，極酢，不可入口，而香氣勝於佛手柑。

岡拈子

岡拈子，生廣東山野間。形如葡萄，内多核，味酸微甜。牧豎採食，不登於肆。

山橙

山橙，生廣東山野間。實堅如鐵，不可食。土醫治膈證，煎其皮作飲，服之良效。販藥者多蓄之。

黎檬子

黎檬子，詳《嶺外代答》。一名「宜母子」，味酸，婦子懷姙，食之良，故名。又名「宜濛子」。廣州下茅香檬，蓋元時栽種者，尤香馥云。

瓦瓜

瓦瓜，産廣東。類南瓜，葉小，採置盤中，經歲不壞，日久肉乾，外殼如瓦缶。

哈蜜瓜

哈蜜瓜，《西域聞見録》有十數種。緑皮緑瓤而清脆如梨、甘芳似醴者爲最上。圓扁如阿渾帽形，〔一〕白瓤者次之。緑者爲上。皮淡白，多緑斑點，瓤紅黄色者爲下。然可致遠久藏。回子謂之「冬瓜」，可收至次年二月。餘皆旋摘旋食，不能久留云。余僕直禁近，歲蒙賞果。出莅滇南，仍邀驛賜。蓋瓜之貢者，瓤皆紅黄色，取其致遠，不責以美尚。邊圉賞賚，〔二〕則有瓜乾，即明王世懋所謂「乾以爲條，味極甘」，而誤以爲甜瓜者也。陝甘人云：「種之中土皆紅瓤小犀，一年即變。」非我國家恩威西被，此瓜亦烏能與天馬、葡萄同來闕下，便番錫賚，所以示文德武功加於無外也？洪忠宣萬里羈留，卒能攜種南還。〔三〕臣子幸際大一統之盛，得嘗前賢所

未嘗，若以黄𤓰少師，適從何來，何以讀忠宣書？〔四〕

〔一〕阿渾：即阿訇。

〔二〕邊圉：邊疆。

〔三〕洪皓，謚忠宣，南宋初出使金國，被扣留，在荒漠十五年，堅貞不屈，艱苦備嘗，全節而歸，被譽爲蘇武第二。所撰《松漠紀聞》卷二云：「西瓜形如扁蒲而圓，色極青翠，經歲則變黄。其瓞類甜瓜，味甘脆，中有汁尤冷。予攜以歸。今禁圃鄉圃皆有，亦可留數月，但不能經歲仍不變黄色。」

〔四〕《魏書·郭祚傳》：祚領太子少師，曾從世宗幸東宫。肅宗幼弱，祚懷一黄𤓰出奉肅宗。時應詔左右趙桃弓與御史中尉王顯迭相脣齒，深爲世宗所信，祚私事之。時人譏之，號爲「桃弓僕射，黄𤓰少師」。《資治通鑑·唐紀五十七》：元稹爲祠部郎中知制誥，朝論鄙之。會同僚食瓜於閣下，有青蠅集其上，中書舍人武儒衡以扇揮之，曰：「適從何來，遽集於此！」同僚皆失色，儒衡意氣自若。儒衡蓋以蠅喻元稹。此處以兩個吃瓜的典故比喻諂媚之臣。

野木瓜

《救荒本草》：「野木瓜，一名『八月樝』，又名『杵瓜』。出新鄭縣山野中，蔓延而生，妥附草木上。葉似黑豆葉微小，光澤，四五葉攢生一處。結瓜如肥皂大，味甜。採嫩瓜，换水煮食。樹熟者亦可摘食。」

水茶臼

《救荒本草》：「水茶臼，生密縣山谷中。科條高四五尺，莖上有小刺。葉似大葉胡枝子葉而有尖，又似黑豆葉而光厚亦尖。開黄白花。結果如杏大，狀似甜瓜瓣而色紅，味甜酸。果熟紅時摘取食之。」

木桃兒樹

《救荒本草》：「木桃兒樹，生中牟土山間。樹高五尺餘，枝條上氣脈積聚爲疙瘩狀，類小桃兒，極堅實，故名『木桃』。其葉似楮葉而狹小，無花叉，卻有細鋸齒；又似青檀葉。梢間另又開淡紫花。結子似梧桐子而大，熟則淡銀褐色，味甜可食。採取其子熟者食之。」

文冠果

《救荒本草》：「文冠果，生鄭州南荒野間。陝西人呼爲『崖木瓜』。樹高丈許，葉似榆樹葉而狹小，又似山茱萸葉亦細短。開花彷彿似藤花而色白，穗長四五寸。結實狀似枳殼而三瓣，中有子二十餘顆，如肥皁角子。子中瓤如栗子，味微淡，又似米麪，味甘可食。其花味甜，其葉味苦。採花煠熟，油鹽調食；或採葉煠熟，水浸淘去苦味，亦用油鹽調食；及摘實取子，煮熟食。」

櫨子樹

《救荒本草》：「櫨（lú）子樹，舊不著所出州土，今鞏縣趙峰山野中多有之。樹高丈許，葉似冬青樹葉，稍闊厚，背色微黄；葉形又類棠梨葉，但厚。結果似木瓜稍團，味酸甜，微澀，性平。果熟時採摘食之，多食，損齒及筋。」

植物名實圖考卷之三十二　果類

棗

棗，《本經》上品。《爾雅》詳列數種。乾者爲大棗，入藥。核中仁、木心、葉、根、樹皮皆有主治。

葡萄

葡萄，《本經》上品。有圓、長二種，西北極多。江南亦間有之，實多圓而色紫，味亦遜。

蘡薁附。

蘡（yīng）薁（yù），即野葡萄。李時珍收入「果部」，以爲《詩》「六月食薁」即此。〔一〕舊附「葡萄」下，從之。

雩婁農曰：江南少蒲萄，而蘡薁極賤。但不食西域「馬乳」，〔二〕亦烏知蒲萄野生外尚有異種乎？陶隱居以蒲萄即當是蘡薁，正緣未見西園佳實解渴消餶也。今北種漸徙於南，或飛騎致之，不比荔支色香易變，富貴者望西風而大嚼。彼大如豆而色紫黑者，牧豎與烏雀口就而齧啄之矣。雲南所出大如棗，不能乾而貨於遠，地接西藏，故應佳。又有一種「石蒲萄」，生於石壁，能發痘瘡，疑即野蒲萄，而回回所謂「瑣瑣」者歟？

〔一〕《豳風・七月》：「六月食鬱及薁。」毛《傳》：「薁，蘡薁也。」

〔二〕即馬奶子葡萄。

橘

橘柚，《本經》上品。《别録》諸説皆合橘、柚爲一類，《本草衍義》以爲「柚」字誤衍。考橘皮用甚廣，《本經》又云「一名橘皮」。寇説爲的。〔一〕今以橘入《本經》，而以柚别爲一條附後。

〔一〕寇宗奭《本草衍義》云：「橘、柚自是兩種，故曰『一名橘皮』，是元無『柚』字也。」

柚附。

柚，《爾雅》：「櫾，條。」《日華子》始著其功用，主治消食，解酒毒，治飲酒人口氣，去腸胃中惡氣，療妊婦不思食、口淡。南方極多，以紅囊者爲佳。李時珍以朱欒、蜜筩併爲一種，殊未的。又《爾雅》「櫠椵」注：「柚屬，大如盂。」《正義》謂范成大所謂「廣南臭柚大如瓜，其皮甚厚」者。〔一〕按此即閩中所謂「泡子」，味極酢。亦有可食者，多以爲盤供，與紅囊柚一類二種。

〔一〕見范氏《桂海虞衡志》。

橘紅

橘紅，産廣東化州。〔一〕大如柚，肉甜，刮製其皮爲橘紅。以城内産者爲佳，然真者極難得。俗謂化州出滑石，樹生石間，故化痰有殊功。贋者皆以柚皮就化州作之。昔人謂陳皮必須橘皮，橙尚可用，柚則性、味皆異。而化州所産，則形狀殊非橘也。

附：揅經堂《化州橘記》〔二〕

按志，橘紅出化州者佳。化州四鄉多橘，以城内者爲佳。城内多橘矣，以及聞州衙譙鼓者爲致佳。及聞鼓之橘多矣，以衙内蘇澤堂前者爲致佳。蘇澤堂堂祇兩樹矣，尤推賴氏園中老樹一株爲致佳。老樹久枯，其根下生新樹，今數十年，高丈許，故復稱老樹。賴氏守此世爲業，買者就樹摘之，以示其真。花多實少之年，一枚享千錢，雖官不能攫之。園中近老樹者數十株亦佳，然惟老樹皮紅，有白毛戟手，香烈而味辛，識者入手能辯之。夫蘇澤堂橘，官物也，徵之者多，則州牧不暇給。長官若買之，則官不受價，否則攫而已。予于庚辰十一月過州，知賴園之橘可買也，命僕人入園訪老樹。賴叟曰：「老橘賣已盡，惟零丁數枚矣。」即以數千錢摘之。賴叟其古橘中人歟？〔三〕或云化城多蒙石，蘇澤堂當石上，而賴園老樹根下蒙石之力或更巨。物性所秉，或亦然歟？

〔一〕化州：今屬廣東茂名。

〔二〕「堂」，疑當作「室」。揅經室，指阮元。

〔三〕牛僧孺《玄怪録》卷三：有巴邛人家有橘園，霜後諸橘盡收，餘有二大橘，如三四斗盎。巴人攀摘，輕重亦如常橘，剖開，每橘有二老叟，鬚眉皤然，肌體紅潤，皆相對象戲，身僅尺餘，談笑自若。

蓮藕

蓮藕，《本經》上品。實、薏、蕊、鬚、花房、葉、鼻皆入藥。

芡

芡，《本經》上品。即「雞頭子」。嫩莖可爲蔬。䓈也，蔿也，雞壅也，雁頭也，烏頭也，雁啄也，一物而數名也。莖之嫩者曰「蔿蔌」。葉蹙衂如沸而大曰「芡盤」。〔一〕梂苞吐葩，有喙曰「芡嘴」。唐人詩「紫羅小囊光緊蹙，一掬珍珠藏蝟腹」，〔二〕言其實也。粥之，粉之，咀嚼之；根味如芋，煮食之，竟體芬芳，無剩物矣。歐陽文忠公詩：「爭先園客采新苞，剖蚌得珠從海底。都城百物貴新鮮，厥價難酬與珠比。」又云：「郤思年少在江湖，野艇高歌菱荇裏。香新味全手自摘，玉潔沙磨輭還美。」〔三〕身近魏闕，心遊江湖，長安居不易，〔四〕古與今如一丘之貉。〔五〕其詩末云「何時遂買潁東田」。今新鄭有文忠墓道，然則文忠並未復泛章江，〔六〕志云衣冠葬者，未可信也。「兒童不識字，耕稼鄭公莊」，數百年來，頗能副文忠之屬。〔七〕山谷云：「建州絶無芡，頗思之。」〔八〕滇南百果盈衢，聞亦少此。徐勉戒子書：〔九〕「中年聊於東田開營小園，瀆中並饒荷茇，湖裏殊富芰蓮，雖云人外，城闕密邇。」如此佳致，消受良難。

〔一〕《埤雅》卷十五：「芡葉似荷而大，其上有數十蹙衄如沸。」蹙衄：鼓起的小包，如沸水之泡。

〔二〕無名氏《雞頭》詩。

〔三〕見歐陽修《初食鷄頭有感》詩。

〔四〕《唐才子傳》卷四：白居易弱冠觀光上國，謁顧況。況恃才少所推可，因謔之曰：「長安百物皆貴，居大不易。」及覽詩卷，乃嘆曰：「有句如此，居天下亦不難，老夫前言戲之耳。」本文則指居官朝廷之不易。歐氏晚年仕途多坎坷，飽受黨爭之苦。

〔五〕吳氏此處或有及身之慨。

〔六〕歐陽修，江西吉安人。章江即贛江。泛章江，辭官退隱於故鄉。史書言歐陽修辭官後居於潁陽，卒於此。

〔七〕陸游《老學庵筆記》卷一：「張芸叟過魏文貞公（魏徵）舊莊，居者猶魏氏也，爲賦詩云：『破屋居人少，柴門春草長。兒童不識字，耕稼鄭公莊。』」言賢者後代凋零也。鄭公：魏徵封鄭國公。歐陽修獎拔士類，王安石、蘇洵皆受其賞識，蘇氏兄弟及曾鞏皆出其門下，而其後代無聞者，吳其濬於此頗有感慨。

〔八〕此陸游詩，題《建州絶無芡，頗思之，戲作》，非黄庭堅詩。

〔九〕徐勉：梁武帝時名臣。其誡子書爲名篇，見《梁書》本傳。

梅

梅，《本經》中品。烏梅以突烟薰造，白梅以鹽汁漬晒，皆入藥。核仁、根、葉亦皆主治。

桃

桃，《本經》下品。桃花、桃葉、莖皮、核仁、桃毛皆入藥。實在樹，經冬不落者爲「桃梟」，一曰「桃奴」。汁流出爲「桃膠」。以木爲橛、爲符，皆辟鬼氣。〔一〕

〔一〕《本草綱目》卷三十八引《典術》云：「桃乃西方之木，五木之精，仙木也。味辛氣惡，故能厭伏邪氣，制百鬼。今人門上用桃符辟邪，以此也。」卷二十九又引許慎云：「羿死於桃棓，棓，杖也，故鬼畏桃。而今人用桃梗作杙橛以辟鬼也。」

杏

杏，《本經》下品。核仁入藥。回部、關東出者仁大，充果實，即「巴旦杏仁」也。

栗

栗，《別録》上品。一梂三顆，中扁者爲「栗楔」，栗内薄皮爲「栗荴」，花爲「栗線」，樹皮、根、殼、梂、彙皆入藥。

茅栗

茅栗，野生山中。《爾雅》「栵，栭」，注：「樹似槲樕而卑小，子如細栗，可食。今江東亦呼爲『栭栗』。」《詩》「其灌其栵」，〔一〕陸璣《疏》：「木理堅韌而赤，可爲車轅。」即此。

〔一〕見《大雅·皇矣》。

櫻桃

櫻桃，《别録》上品。《爾雅》謂之「楔」，即「含桃」也。有紅、白數種。潁州以爲脯。

山櫻桃

山櫻桃，《别録》上品。野生子小，不堪食。

芰

芰(jì)，《别録》上品。三角、四角爲芰，兩角爲菱。《爾雅》：「蔆，蕨攈」，又「薢茩」，〔一〕注：「或曰蔆也」。郭氏兩存其説，遂啓後人疑誤。楚人謂菱爲芰，《國語》曰：「屈到嗜芰，將死，屬其宗老曰：『祭我必以芰。』及祥，〔二〕宗老將薦芰，屈建命去之。」〔三〕孫子荆、柳子厚皆以屈建忘親違命爲非，〔四〕蘇長公以屈到亂命，不可爲訓，建能據典抑情爲知禮。〔五〕議者以爲辨。余竊以爲尚有未盡者焉。屈到之死及祥有日月矣，宗老以遂命爲忠，何必及祥而始薦？子木數典而忘，何待及祥而後止宗老之薦？子木之止，殷祭也，〔六〕非時薦也。〔七〕古者大夫士宗廟之祭，有田則祭，無田則薦。釋者云：祭有常禮，有常時。薦非正祭，但遇時物即薦。夫國之大事，在祀與戎，大夫三廟，祭有常經，其敢干大典以取戾？考士祭三鼎，大夫祭五鼎，上大夫八豆，下大夫六豆，少牢饋食，籩豆鼎俎，有其數矣，有其實矣。多一芰則非其數，易一芰則非其實，非數非實，謂之亂常。「孔子簿正祭器，不以四方之食供簿正。」〔八〕不可多也，不可易也，禮在則然。至於春韭、夏麥、秋黍、冬稻，四時薦新，庶人之禮，可通大夫。然薦其時食，禮文不具，非闕文也，蓋無常品也。後世祭法不古若，然大夫之祭則以羔豚，雖有僭竊，無敢以太牢祭者。而歲時伏臘，各循其俗之所尚。盧氏之法則有環餅牢丸，〔九〕曾氏之法則有節羹卧粥，〔一〇〕言禮者未或非之。子木守祀典以奉殷祭，而思所嗜以薦時食，其誰曰不宜？若常祭而責以薦其所嗜，然則其父有嗜牛炙者，其子將遂用牛享乎？時薦而必準以韭麥黍稻，則貉之國五穀不生，唯黍生之，將一薦黍而已乎？江以南不藝黍，將無所薦而遂已乎？《禮》又曰：「所以交於神明者，非食味之道也。」〔一一〕「魂氣歸天，形魄歸地」，〔一二〕尚聲尚臭，求諸陰陽，〔一三〕豈以一物之薦而神來格，〔一四〕一物不薦而神其吐之乎？且謂人子之於親，可同於鬼魅之求食乎？〔一五〕竈神之索黄羊，〔一六〕蠶神之求膏粥，〔一七〕故鬼之乞甌犧，神豈能食或憑焉？赫赫楚國，而到相之，生之日無偉烈可銘，死之日乃以口腹之細而縱欲以敗禮度，使子木徇其屬而不違，則是死其父以爲鬼物，而不以毀譽爲心，抑亦忍矣。《楚茨》之詩曰「神嗜飲食」，乃一曰「黍稷」，再曰「牛羊」，三曰「燔炙」。梁武帝祀宗廟，用菜果，去犧牲，識者以爲是不血食。〔一八〕故禮莫重於祭，祭莫大於用牲。蘋蘩藴藻，季女尸之，禮之微者。〔一九〕《爾雅翼》以爲菱芡加籩之實，非屈到所得薦，其持論亦過拘。夫事死如事生。天子饗大牢，故諸侯大夫而祭以牛則僭；天子籩有菱芡，將遂禁人之食菱芡乎？是不然矣。羅氏又曰：「吴越俗，采菱時士女皆集，故有《采菱曲》，爲游蕩之極。」〔二〇〕夫采菱艷曲，自爲樂府遺音，後人倚之，同於鄭、衛耳。余嘗過邗溝，〔二一〕達苕、霅，〔二二〕陂塘水滿，菱科漾溢，寶鏡花摇，櫜韜紅絢，牽荇帶而通舟，裹荷葉而作飯，烏覩所謂白足女郎踏槳倚柁、曼聲煙波間乎？

〔一〕「⿱艹邂⿱艹逅」，今本《爾雅》或作「薢茩」。

〔二〕祥：祥祭，親喪滿一年爲小祥，二年爲大祥。

〔三〕屈建，屈到之子，字子木，爲楚令尹。其去芰之薦，理由是：「其祭典有之曰：國君有牛享，大夫有羊饋，士有豚犬之奠，庶人有魚炙之薦。籩豆脯醢，則上下共之。不羞珍異，不陳庶侈。夫子不以其私欲干國之典。」見《國語·楚語上》。

〔四〕見柳宗元《非國語》。

〔五〕見蘇軾《屈到嗜芰論》。

〔六〕殷祭：正式之大祭。

〔七〕時薦：平時時鮮之供。

〔八〕見《孟子·萬章下》。趙岐注：「先爲簿書以正其宗廟祭祀之器，即其舊禮取備於中國，不以四方珍食供其所簿正之器度。」

〔九〕《初學記》卷二十六引盧諶《祭法》曰：「春祠用饅頭、湯餅、髓餅、牢丸。……夏祠別用乳餅。冬祠用環餅也。」環餅：或曰即饊子，以糖或蜜和麵，搓細油炸。此饊子與今之饊子似稍有不同，疑油條之類皆是。牢丸：或說即湯餅。水煮之麵食也。

〔一〇〕陸游《老學庵筆記》卷七：「南豐曾氏享先，用節羹、醃鵝、𨠵粥。」二物不詳。

〔一一〕《禮記·郊特牲》原文作：「所以交於神明之義也，非食味之道也。」

〔一二〕亦見《禮記·郊特牲》。

〔一三〕不知神之所往，故以聲音臭味求諸天地陰陽之間。

〔一四〕來格：來至。

〔一五〕鬽：即「魅」字。

〔一六〕《後漢書·陰識傳》：「陰子方者，至孝有仁恩，臘日晨炊而竈神形見。子方再拜受慶，家有黄羊，因以祀之。自是已後，暴至巨富。」

〔一七〕梁吴均《續齊諧記》：吴縣張成夜起，忽見一婦人立於宅東南角，舉手招成，謂曰：「此地是君家蠶室，我即此地之神。明年正月半，宜作白粥，泛膏於上以祭我，當令君蠶桑百倍。」成如言，自此以後年年大得蠶。

〔一八〕宗嗣斷絶，祖宗之神不能享受子孫祭祀。

〔一九〕《詩·召南·采蘋》：「誰其尸之？有齊季女。」毛《傳》：「古之將嫁女者，必先禮之於宗室，牲用魚，芼之以蘋藻。」

〔二〇〕羅氏：羅願，引文見所著《爾雅翼》。「吴越俗」，《爾雅翼》原文作「吴楚之風」。

〔二一〕邗溝：在揚州。

〔二二〕苕、霅二水，在湖州。

柹

柹，《别録》中品。有烘柹、醂柹、白柹、柹霜、柹餻，皆以法製成。

木瓜

木瓜，《别録》中品。《爾雅》謂之「楙」。味不木者爲「木瓜」，圓小味澀爲「木桃」。一曰「和圓子」。大於木桃爲「木李」，一曰「榠樝」。今皆蜜煎方可食。花入餹爲醬，尤美。歸德以上供。

枇杷

枇杷，《别録》中品。葉爲嗽藥。浙江産者，實大核少。

龍眼

龍眼，《本經》中品。歸脾湯用之，今以爲補心脾。

檳榔

檳榔，《别録》中品。「大腹子」，《開寶本草》始著録。皆一類，而大腹皮入藥。又「山檳榔」，一名「蒳子」，瓊州有之。葉可績爲布，亦可爲席。

甘蔗

甘蔗，《别録》中品。《糖霜譜》博核，録以資考。

雩婁農曰：⿰甘干⿰甘庶，南産也。閩、粤河畔，沙礫不穀，種之彌望，行者拔以療渴，不較也。章貢間，閩人僑居者業之，就其地置竈與磨以煎餹。必主人先芟刈，而後里鄰得取其遺秉滯穗焉，〔一〕否則罰利重，故稍吝之矣，而邑人亦以擅其邑利爲嫉。余嘗以訊其邑子，皆以不善植爲詞，頗詫之。頃過汝南、郾、許，時見薄冰，而原野有青葱林立如叢篁密篠滿畦被隴者，就視之，乃⿰甘庶也。衣稍赤，味甘而多汁，不似橘枳畫淮爲限也。魏太武至鼓城，遣人求蔗於武陵王，唐代宗賜郭汾陽王甘蔗二十條。昔時異物見重，今則與柤、梨、棗、栗同爲河洛華實之毛，豈地氣漸移？抑趨利多致其種與法而人力獨至耶？但閩粤植於棄地，中原植於良田，紅藍徧畦，〔二〕昔賢所唏，〔三〕棄本逐末，開其源尤當節其流也。

〔一〕《詩・小雅・大田》：「彼有遺秉，此有滯穗。」即收割遺漏下的穀穗。

〔二〕紅藍之花可作顏料。見卷十四「紅花」條〔一〕。

〔三〕唏：嘆息。

烏芋

烏芋，《别録》中品。即慈姑。

慈姑又一種。

慈姑，廣東産者葉圓肥，開花藍白色。考《花鏡》「雨久，花苗生水中，葉似茈菰，夏開花如牽牛而色深藍」，或即此類。

梨

梨，《别録》下品。《北夢瑣言》著其治風疾之功。今亦以爲膏治咳。北地宜之。

淡水梨

淡水梨，産廣東淡水鄉，色青黑，與奉天所産香水梨相類。〔一〕南方梨絶少佳品，土人云此梨可匹北産。姑繪以備考。

〔一〕奉天：今瀋陽。

李

李，《別録》下品。種類極多，《別録》「有名未用」有「徐李」，李時珍以爲即無核李云。

南華李

南華李，産廣東南華寺。古有緑李，今北地所産多紫黄色。此李色青緑。繪以備一種。

柰

柰，《別録》下品。即「頻果」。

安石榴

安石榴，《別録》下品。實有甘、酸、紅、白、瑪瑙數種。

榧實

榧（fěi）實，《別録》下品。樹似杉。實青時如橄欖，老則黑。玉山與浙江交界處多種之。〔一〕

〔一〕玉山縣在江西東部。

枳椇

枳（zhǐ）椇（jǔ），《唐本草》始著録。即「枸」也。詳《詩疏》。能敗酒。俗呼「雞距」，亦名「拐棗」，山中皆有之。《本草拾遺》「木蜜」即此。

山樝

山樝，〔一〕《唐本草》始著録。即「赤爪子」。李時珍以爲《爾雅》「朹，繫梅」即此。北地大者味佳，製爲糕，小者唯入藥用。《齊民要術》引《廣志》云「朹木易種，多種之爲薪，又以肥田」，郭注《山海經》亦云「朹可燒糞田」。蓋此木與槲栩同生山萊，落實取材，薪檽是賴。〔二〕郭注《爾雅》但云「可食」，尚未標以爲果，而入藥則盛於近世也。

〔一〕今通寫作「山楂」。

〔二〕薪檽：柴薪。

槲實

槲（hú）實，《唐本草》始著録。似橡、栗而圓，斗亦小，其葉爲「槲若」。

橡實

橡實，《唐本草》始著録。即「橡栗」也。曰柞，曰櫟，曰芧，曰栩，皆異名同物。其實曰「皁斗」，以染皁。《説文》：「栩，柔也。其實皁，一曰樣。」又「樣，栩實」，《繫傳》云「今俗書作橡」。狙公賦之，〔一〕鶋雛集之，〔二〕山人饑歲拾以爲糧。〔三〕或云葉之柔可代茗飲，然則染之、食之、飲之、薪之，橡之爲用大矣。

〔一〕《莊子·齊物論》：「狙公賦芧，曰：『朝三而暮四。』衆狙皆怒。曰：『然則朝四而暮三。』衆狙皆說。」賦：給予。

〔二〕《詩·唐風·鴇羽》：「肅肅鴇羽，集于苞栩。」《小雅·四牡》：「翩翩者鵻，載飛載下，集于苞栩。」

〔三〕《晉書·摯虞傳》：虞「流離鄠杜之間，轉入南山中，糧絶飢甚，拾橡實而食之」。杜甫詩中亦有紀拾橡實而食者。

菴摩勒

菴摩勒，《唐本》附。即「餘甘子」。生閩、粤及四川。

錐栗

錐栗，長沙山岡多有之。大樹。葉細而厚，面緑有光，背黄白而澀。結實作梂，數十梂攢聚一枝。一梂一實，似栗而圓，大如芡實。内仁兩瓣，味淡微澀。按《本草拾遺》：「鉤栗，生江南山谷。大木數圍，冬月不凋。其子似栗而圓小。又有『雀子』，相似而圓黑，久食不飢。」蓋即此種。與栗相類，非櫧類也。葉擣汁可成膠，油雨傘者用之。又一種栗大如橡栗，味甘，煼食尤美，蓋即「鉤栗」。其小如芡實者，當即「雀子」。湖南通呼「錐栗」，一類有大小耳。

苦櫧子

苦櫧（zhū）子，《本草拾遺》始著録。苦者實圓葉寬。

雩婁農曰：櫧之名見《山海經》。余過章貢間，聞輿人之誦曰：「苦櫧豆腐，配鹽幽菽。」豆豉也。皆俗所嗜尚者。得其腐而烹之，至舌而澀，至咽而饜，津津焉有味回於齒頰，蓋不肉食之氓，得苦甘者而咀吮之，不似淡食同嚼蠟矣。郭注謂櫧「似柞」。夫柞一物而數名，栩也，杼也，櫟也，櫪也，橡也，樣也，其實曰梂，曰斗。櫧之葉醜栗，〔一〕實醜橡，固橡屬也。與橡實同而長者，別名「槲」，又曰「樸樕」。其不結實而中繭絲者，爲「青棡」。青棡亦有數種，飼蠶者能辨之。陸《疏》：「徐州人謂櫟爲杼，秦人謂柞櫟爲櫟。」《説文》以「樣」爲「栩實」。小學家展轉訓詁，但指其類耳。《上林賦》「沙棠櫟櫧」，沙棠爲一物，櫟櫧亦應爲一物。櫧、杼聲音輕重，鴇羽所集，〔二〕其此實耶？長沙秋時傾筐入市，浸浸以腐供賓筵，北地不聞此製也。汝南有一種黄栗樹，與櫟頗類，而中棟梁，非不材之木。櫧木爲柱不腐，亦有紅、白二種，白者理疏，紅者理密，中什器，誠非橡、槲伍，其亦如櫄、樗之別乎？〔三〕

〔一〕醜：類也。

〔二〕見本卷「橡實」條注〔二〕。

〔三〕櫄：即「椿」字。李時珍《本草綱目》卷三十五上：「椿皮色赤而香，樗皮色白而臭。」

麪櫧

麪櫧與苦櫧同，葉長而狹，實尖。

韶子

韶子，《本草拾遺》始著録。《虞衡志》謂之「山韶子」。俗呼「毛荔支」，謂荔支子變種，味酸。

都角子

都角子，《本草拾遺》始著録。似木瓜，味酢。

石都念子

石都念子，《本草拾遺》始著録。即「倒捻子」。東坡名爲「海漆」，亦名「胭脂子」。

軟棗

軟棗，即「牛奶柿」。《救荒本草》以爲即「羊矢棗」，段玉裁《説文解》從之。〔一〕《名苑》云即「君遷子」，《本草綱目》從之，引《本草拾遺》云「生海南」。今嶺南有「羊矢棗」，《南越筆記》述之甚詳，蓋同名異物也。《禮記·内則》「芝栭、蔆、椇」，《疏》引賀氏説，以栭爲「軟棗」。〔二〕《爾雅》注以「栭」爲「栭栗」。釋經者多以郭説爲長。郭注遵羊棗，云「實小而圓，紫黑色，俗呼羊矢棗」。狀與軟棗符。

〔一〕《説文解》即《説文解字注》。

〔二〕賀氏以芝、栭爲二物。

棎子

棎子，《本草拾遺》始著録。《甕牖閒評》以爲梨類。

無漏子

無漏子，《本草拾遺》始著録。即「海棗」也，廣中有之。

植物名實圖考卷之三十三　木類

柏

柏，《本經》上品。葉、脂、實俱入藥用。有圓柏、側柏。圓柏即栝。有赤心者俗名「血柏」。

檜

檜，即栝。《書疏》：〔一〕「栝，柏葉松身。」與《爾雅》「檜」同。《爾雅翼》：「今人謂之『圓柏』。」以别於側柏。其一種「刺柏」，木理亦相類。《老學菴筆記》謂有「海檜」、「土檜」二種。海檜難致，不知其葉有别否。「檜柏」一枝之間或檜或柏，庭院多植之爲玩。又有「三友柏」，一株而葉有圓、側、刺三種。

〔一〕《尚書》有孔安國《傳》、孔穎達《疏》。此處所引非孔《疏》，而爲孔安國《傳》文。

刺柏

刺柏，葉如針刺人，圃人多翦其葉、揉其幹爲盆玩。或亦曰「刺松」。《説文》：「樱，細理木也。」段氏注：「樱見《西山經》、《南都賦》。郭曰：『樱似松有刺，細理。』劉淵林注《蜀都賦》：『楔似松，有刺。』『楔』蓋『楆』之譌。」按此木理極堅緻，但葉如刺耳。五臺有落葉松，有刺，能毒人肉，今志中失載。

松

松脂，《本經》上品。花爲「松黄」，樹皮緑衣爲「艾蒳」，燒汁爲「松淄」，松節、松心皆入藥。關東松枝幹凌冬翠碧，結實香美，子爲珍果。永平亦有之。凡北地松難長，多節質堅，材任棟梁，通呼「油松」。盛夏節間，汁即溢出。南方松僅供樵薪，易生白蟻，惟水中椿年久不腐。

雩婁農曰：《爾雅》「樅，松葉柏身」，注：「今大廟梁材用此。」〔一〕《尸子》所謂松柏之鼠，不知堂密之有美樅。」樅蓋松類而異質耳。今匠氏攻木者有灰松、黄松二種。灰松易生，質輕速腐，爲藉爲薪，皆是物也。黄松亦曰油松，多脂，木理堅，多生山石間，北地巨室非此不能勝任。余常至盧龍試院，觀所謂古松者，皆數百年物，竦身矗榦，碧潤多節，與老松龍鱗澀不相屬，而長風謖謖，巨浪撼空。審其釵股，則皆七鬣，意謂即「美樅」也。湘中方言謂「松」爲「叢」，簡牘中或作「樅」，則松、樅果一類歟？結實之松，葉同而木駁，凸凹如刻畫，惟燕、遼及滇有之。《演繁露》以樅爲「絲杉」。松、杉葉迥異，《爾雅》兩載，恐非類也。園庭古寺有麈尾松、栝子松、即剔牙松。金錢松、鵝毛松，皆盆几之玩，非棟梁之用，五大夫之庶孽耳。〔二〕塞外、五臺有落葉松，蒙古取其皮以代茶。高寒落木，異乎後凋，又其木堅有刺，毒能腐人肉。寄生白脂厚五六寸，光潔似玉，微軟而堅，或有用爲韡底。又有白松，直榦盤枝，上短下長，望如浮圖，質體獨輕，非木公之別族，〔三〕則因地而異其形性矣。

〔一〕「用此」二字，原本缺，據《爾雅注》補。

〔二〕《史記·秦始皇本紀》：始皇帝上泰山，立石，封，祠祀。下，風雨暴至，休於樹下，因封其樹爲五大夫。庶孽：妾侍所生子，此處意指非松之嫡子。

〔三〕此用「木公」代指松。

茯苓

茯苓，《本經》上品。附松根而生。今以滇產爲上，歲貢僅二枚，重二十餘斤。皮潤細作水波紋，極堅實。他處皆以松截斷，埋於山中，經三載，木腐而茯成，皮糙黑而質鬆，用之無力。然山木皆以此翦薙，尤能竭地力，故種茯苓之山多變童阜，〔一〕而沙崩石隕，阻遏溪流，其害在遠。聞新安人禁之。

〔一〕童：禿。

桂

菌桂，《本經》上品。牡桂，《本經》上品。《別録》又出「桂」一條。牡桂即肉桂，菌桂即箘桂，因字形而誤。今以交趾產爲上。湖南猺峒亦多，不堪服食。桂子如蓮實，生青老黑。

蒙自桂樹

桂之産曰安邊，曰清化，皆交阯境。其産中華者，獨蒙自桂耳。亦産逢春里土司地。〔一〕余求得一本，高六七尺，枝幹與木樨全不相類。皮肌潤澤，對發枝條，緑葉光勁，僅三直勒道，面凹背凸，無細紋，尖方如圭，始知古人「桂以圭名」之説的實有據。而後來辨别者，皆就論其皮肉之腊，而並未目覩桂爲何樹也。其未成肉桂時，微有辛氣，沉檀之香，歲久而結，桂老逾辣，亦俟其時。故桂林數千里，而肉桂之成如麟角焉。江南山中如此樹者，殆未必乏，惜無識其爲桂者。爨下榾柮，馨氣滿坳，安知非留人餘叢同泣萁豆間耶？〔二〕玉蘭著而木蓮微，木犀詠而山桂歇，古之賞者其性，後之賞者其華，草木名實之淆，亦世變風移之一端也。雖然，人不至滇，亦烏知桂之爲桂哉？

〔一〕清雲南開化府逢春里在今文山縣。

〔二〕曹植《七步詩》：「煮豆燃豆萁，豆在釜中泣。本是同根生，相煎何太急。」

巖桂

巖桂，即「木犀」。《墨莊漫録》謂「古人殊無題咏，不知舊何名」。李時珍謂即菌桂之類而稍異，皮薄不辣，不堪入藥。

桂寄生

桂寄生，一名「骨牌草」，生杭州三百年老桂上。大致如車前草而葉厚如桂。三十二色骨牌，無一不具，奇偶相對，巧非意想所及。點子黄圓，生於葉背，皆一一突出似金星草，蓋其子也。余至杭，曾取玩之。或云治吐血有殊功。

雩婁農曰：古者烏曹作博。〔一〕《説文》：「博，局戲，六箸十二棊。」《方言》：「博，或謂之棊。所以投博謂之枰，或謂之廣平。所以行棊謂之局，或謂之曲道。」《顔氏家訓》：「古爲大博則六箸，小博則二焭，今無曉者。」鮑宏《博經》：「博局之戲，各投六箸，行六棊，故曰六博。用十二棊，六白六黑。所擲骰謂之瓊。瓊有五采，刻一畫者曰塞，刻二畫者曰白，刻三畫者曰黑，一邊不刻，在五塞之間，謂之五塞。」博戲之法，今皆不傳。曰棊，曰枰，則與奕類。《廣韻》：「博[扌焭]，一曰投子。」則瓊也，焭也，骰也，投也，一物也，蓋今骰子所自昉也。然其采有梟、盧、雉、犢爲勝負。其法用骰子五枚，分上爲黑，下爲白，黑者刻二爲犢，白者刻二爲雉。全黑爲盧，采十六；二雉三黑爲雉，采十四；二犢三白爲犢，采十；全白爲白，采八。尚黑而下白，非今采也。潘氏《紀聞》始有「重四賜緋」之説。〔二〕南唐劉信一擲六骰皆赤，〔三〕宋王昭遠一擲六齒皆赤，〔四〕其製與今骰子微相類。然古骰子唯刻木，故名「五木」。後世用石用玉，漸用象用骨，故「骰」字從骨。骨牌者，蓋自骰子出，而三十二具之采色，究不知始於何時。《歸田録》載葉子戲，或謂即今以紙爲牌所由昉。然游戲之具，與世推移，執今證古，多不相師。彼桂樹之寄生，必不始生於近世，豈此三十二具之奇偶，乃造物機械偶露於小草，〔五〕而爲人所窺尋耶？抑人世既有此戲，而草木乃賦形而維肖耶？夫寄生多種，何獨異於桂？嶺南、北之桂寄生與他木同，何獨異於餘杭之桂？豈小説家所謂浙江爲月路所經，故月桂之子獨落於靈隱、天竺，其所産之桂，特鍾神奇耶？〔六〕夫草木之異，非祥則妖。合朔連理，〔七〕以符聖世，而戈甲人物之象，〔八〕爲兵禍先兆。彼牧猪奴之戲，〔九〕何關休咎，而乃刻畫點染，瑣瑣焉而不憚煩耶？抑又聞之，人心所屬，物即應之？鄭氏書帶之草，應著述之勞也；〔一〇〕田氏復生之荆，應友于之義也。〔一一〕湘妃之竹有淚，哀之極也；〔一二〕男子樹蘭不芳，情之異也。易道闡幽，而蓍草獨盛於太皞之墟；〔一三〕象教盛行，而木理始有菩薩之像。〔一四〕金石之堅，能昭誠格，卉木無知，尤徵蕃變。然則寄生之有骨牌也，非以示摴蒱投瓊之易其術，即人事游戲，沉溺忘返，而小草乃爲之效尤而極巧也。滇之夷重女而賤男，永昌之裔有「低頭草」焉，見婦人則低其頭，婦以饋夫，即制其夫。人之所忌，其氣燄足以取之。妖由人興，不從其所好，即伺其所畏，理固然也。彼竹葉之符，〔一五〕艾葉之人，〔一六〕徒以意造想象者，又非此類矣。

又按《宋圖經》：「檮葉脱處，有痕如摴蒱，子又似眼目。」則古骰子亦不似今之骰子形方而點正圓也。

〔一〕《事物紀原》卷九：烏曹氏，夏后之臣也，始作博戲。

〔二〕曾慥《類説》卷五十二採潘遺《紀聞談》有「重四賜緋」一條，云：明皇與楊妃彩戰將北，惟重四可勝，連叱之，果重四。上悦，顧高力士令賜緋，因之遂不易。

〔三〕《南唐近事》卷二：徐温命諸元勳爲六博之戲，劉信酒酣，掬六骰於手，曰：「信不負公，當一擲遍赤。」投之於盆，六子皆赤。

〔四〕《宋史·王昭遠傳》：昭遠「喜與里中惡少游處。一日，衆祀里神，昭遠適至，有以博投授之，謂曰：『汝他日儻有節鉞，試擲以卜之。』昭遠一擲，六齒皆赤」。

〔五〕「棫」字無解，疑是「槭」字之誤。

〔六〕《本草圖經》：江東諸處，每至四五月後，常於衢路拾得桂子，大如狸豆，破之，辛香，故老相傳，是月中落也。北方獨無者，非月路也。

〔七〕「合朔」是天文用語，此處應是「合歡」之誤。合歡連理，與麥秀兩歧之類均被當作祥瑞。

〔八〕冰花有結成戈甲人物之象者。

〔九〕《晉書·陶侃傳》：摴蒱者，牧豬奴戲耳。

〔一〇〕《三齊略記》：鄭玄刊注《詩》、《書》，日棲遲于淄川黌山，上有古井不竭，獨生細草，葉形似薤，俗謂鄭公書帶草。

〔一一〕《續齊諧記》：京兆田真兄弟三人，共議分財，生貲皆平均，堂前一紫荆樹，共議欲破三片。明日就截之，其樹即枯，狀如火燃。真見之大驚，謂諸弟曰：「樹本同株，聞將分斫，所以顦顇，是人不如木也！」因不解樹，樹應聲榮茂，兄弟相感，合財寶，遂爲孝門。

〔二〕《述異記》：舜南巡狩不返，葬於蒼梧之野。堯二女娥皇、女英追之不及，至洞庭之山，淚下染竹成斑。妃死，爲湘水神。竹亦名湘妃竹。

〔三〕太皡即伏羲。陳爲太皡之墟，見《左傳》梓慎語。參見本書卷十一「蓍」條。

〔四〕剖木見紋理如菩薩像的故事歷代多有。

〔五〕明祝允明《游羅浮山記》：劉真人修道時，弟子苦蛇虎，劉即竹上一葉書符，惡類悉絕。後此一叢竹葉皆有天生符，他竹不爾也。

〔六〕舊時端午日，以菖蒲根刻作小人，以艾爲小虎，云以辟邪。

木蘭

木蘭，《本經》上品。李時珍以爲即白香山所謂「木蓮生巴峽山谷間，俗呼黃心樹」者，疏證甚核。〔一〕余尋藥至廬山，一寺門有大樹合抱，葉似玉蘭而大於掌。僧云：「此厚朴樹也。」掐其皮，香而辛。考陶隱居木蘭注謂「皮厚，狀如厚朴，而氣味爲勝」，《宋圖經》謂「韶州取外皮爲木蘭，肉爲桂心」，李華賦序亦云「似桂而香」，則廬山僧以爲厚朴，與韶州以爲桂，皆以臭味形似名之，而轉失其嘉名。張山人石樵僑居於黔，語余曰：「彼處多木蘭樹，極大，開花如玉蘭而小，土人斷之以接玉蘭，則易茂。木質似柏而微疎，俗呼『泡柏木』，川中柏木船皆此木耳。」

因爲作圖。余繹其説，始信廬山所見者即木蘭，而李時珍之解亦未的。輒憶天隨子詩曰：「幾度木蘭船上望，不知原是此花身。」〔二〕蓋實録，非綺詞也。然是木也，功列桐君之書，〔三〕形載騷人之詞，刳舟送遠，假名汎彼，而擷華者又復以李代桃，用其身而易其謚，遂使注書者泛引而失真，求材者炫名而遺實，宜乎李華有感而賦，謂「自昔淪芳於朝市，墜實於林丘，徒鬱咽而無聲，可勝言而計籌」也。〔四〕

木蓮花，見《黄海山花圖》，全似蓮花，不類辛夷。

〔一〕白居易有詩題作「木蓮樹生巴峽山谷間，巴民亦呼爲黄心樹，大者高五丈，涉冬不凋，身如青楊，有白文，葉如桂，厚大無脊，花如蓮，香色豔膩皆同，獨房蕊有異。四月初始開，自開迨謝，僅二十日。忠州西北十里有鳴玉谿，生者穠茂尤異。元和十四年夏，命道士毌丘元志寫，惜其遐僻，因題三絶句云」。

〔二〕天隨子即唐末詩人陸龜蒙。范成大《吴郡志》卷六引《嵐齋録》云：唐張搏爲蘇州刺史，植木蘭花於堂前。花盛時燕客，命即席賦之。陸龜蒙醉，强題兩句：「洞庭波浪渺無津，日日征帆送遠人。」頹然醉倒。客欲續之，皆莫詳其意。既而龜蒙稍醒，續曰：「幾度木蘭船上望，不知元是此花身。」遂爲絶唱。

〔三〕桐君：不知何許人，有説爲黄帝時人，採藥求道而成仙，有《藥録》傳世。

〔四〕見唐李華《木蘭賦》。

辛夷

辛夷，《本經》上品。即「木筆花」。又有「玉蘭」，花可食，分紫瓣、白瓣二種。

雩婁農曰：王世懋《花疏》據苕溪漁隱謂「玉蘭爲宋之迎春花，今廣中尚仍此名」，又云「玉蘭花古不經見」。〔一〕余謂木蘭、玉蘭一類二種，唐、宋以前但賞木蘭，自玉蘭以花色香勝，而騷客詞人競以「玉雪」、「霓裳」摸寫姑射，〔二〕而緘舌不與木蘭一字矣。余由豫章泝湘，徑黔抵滇，所見茶花多矣。譜滇茶花者幾及百種，庭廡間位置爭以深紅軟枝、分心卷瓣爲上品，舊時圖畫册子濃鬢闊瓣、濡染綺麗者，已棄擲山阿，付與樵豎。而白花黑果填溢於湘、黔、章貢山谷中，落實而焚膏者，滇中固無此利，即江湘間士大夫相燕賞於玉茗寶珠間者，亦不盡知其爲族類也。玉蘭雅潔，芳榭名園非是不稱，正如芝蘭玉樹，欲生階前，〔三〕彼山鬼朝搴、〔四〕子規夜上、〔五〕托根亂石間者，非澤畔羇人，澗阿孤寺，〔六〕烏能見而憐之？《離騷》而降，遷客淹留，雲埋水隔，愁落根生，衹是故矣。宋景文贊曰：「木蓮生峨眉山中，不爲園圃所蒔。」〔七〕日涉者尚不得一逢，況不窺園者耶？雖然，日食五穀，不辨黍稷亦多矣，又何論深山古木！

〔一〕苕溪漁隱即宋胡仔之號，曾輯《苕溪漁隱叢話》，此處應指該書。

〔二〕《莊子·逍遥遊》：「藐姑射之山，有神人居焉，肌膚若冰雪，綽約若處子。」此以姑射仙子喻指「玉蘭」。

〔三〕《世説新語·言語》：「謝太傅（謝安）問諸子侄：『子弟亦何預人事，而正欲使其佳？』諸人莫有言者，車騎（謝玄）答曰：『譬如芝蘭玉樹，欲使其生於階庭耳。』」

〔四〕《離騷》：「朝搴阰之木蘭兮，夕攬洲之宿莽。」《九歌·山鬼》：「被石蘭兮帶杜衡，折芳馨兮遺所思。」

〔五〕子規：杜鵑鳥。夜上：夜間啼鳴。

〔六〕澗阿：澗水邊。

〔七〕見宋祁《益部方物略記》。

杜仲

杜仲，《本經》上品。一名「木棉」。樹皮中有白絲如膠，芽、葉可食，花、實苦澀，亦入藥。《湘陰志》：「杜仲皮粗如川産，而肌理極細膩，有黄白斑文。」

槐

槐，《本經》上品。《救荒本草》：「芽可煠食，花炒熟亦可食。」

檗木

檗（bò）木，《本經》上品。即「黄檗」，根名「檀桓」。湖南辰沅山中所産極多，染肆用之。

楡

楡，《本經》上品。種甚多，今以有莢者爲「姑楡」，無莢者爲「郎楡」。南方楡秋深始結莢，不可食，即《拾遺》之「㮁楡」也。其有刺者爲「刺楡」，質堅。其皮白者爲「枌楡」，北方食之。又《别録》中品有「蕪荑」，説者謂即楡莢仁醖爲醬者。李時珍又云有「大蕪荑别有種」，不知何物。

漆

漆，《本經》上品。山中多種之。斧其木，以蛤盛之，經夜則汁出。

女貞

女貞，《本經》上品。今俗通呼「冬青」。李時珍以實紫黑者爲女貞，實紅者爲冬青，極確。湖南通謂之「蠟樹」，放蠟之利甚溥。又有小蠟樹，枝、葉、花、實皆同，而高不過四五尺。《救荒本草》「涷青，芽葉可食」，即此。

五加皮

五加皮，《本經》上品。仙經謂之「金鹽」。〔一〕江西種以爲籬，其葉作蔬，俗呼「五加蕻」。京師燒酒亦有「五加」之名，殆染色爲之。

〔一〕梁蕭繹《金樓子》卷五：五茄一名金鹽。《神仙服食經》：玉豉與五茄煮服之，可神仙，是以西域真人曰：「何以支長久？食石畜金鹽。何以得長壽？食石用玉豉。」

枸杞

枸杞，《本經》上品。根名「地骨皮」。陸璣《詩疏》「苞杞一名地骨」是也。嫩葉作蔬，根、實入服食家用，〔一〕故有「仙人杖」之名。又「溲疏」，《本經》下品，代無識者，《唐本草注》：「子似枸杞。」

〔一〕服食家：以服食修仙者。

溲疏附。

溲疏，前人無確解。蘇恭云：「子八九月熟，色似枸杞，必兩兩相對。」今江西山野中亦有之，葉似枸杞，有微齒。圖以備考。

蔓荆

蔓荆，《本經》上品。又「牡荆」，《别録》上品。即「黄荆」也。子大者爲蔓荆。有青、赤二種，青者爲荆，赤者爲楛。北方以製莒筐、籬笆，用之甚廣。沙地亦種之。江南器多用竹，故荆條叢生，無復採織。

酸棗

酸棗，《本經》上品。《爾雅》：「樲，酸棗。」注以爲即「樲棘」。又「白棘」，《本經》中品。

李當之云：「白棘是酸棗樹鍼。」又《别録》有「刺棘花」，亦即棘花也。

蕤核

蕤核，《本經》上品。《傳信方》：「治眼風淚癢，用之得效。」《救荒本草》：「俗名蕤李子，果可食。」《本草綱目》以爲郭注《爾雅》「棫，白桵」即此，亦可備一説。

厚朴

厚朴，《本經》中品。《唐書》龍州土貢厚朴。〔一〕《本草綱目》謂「葉如槲葉，開細花，結實如冬青子，生青熟赤，有核，味甘美」。滇南生者葉如楮葉，亂紋深齒，實大如豌豆，謂之「雲朴」，亦以冒川産。川中人云：凡得朴樹，輒掘窖以火煨逼，名曰出汗，必以黄葛樹同納窖中，及出汗後，則二物氣味糅雜，不能辨矣。《説文》：「朴，木皮也。」段氏注：「《洞簫賦》：『秋蜩不食，抱朴以長吟。』顔注《急就篇》、《上林賦》『厚朴』曰：『朴，木皮也。此樹以皮厚得名。』《廣雅》：『重皮，厚朴也。』」今朴皮重卷如筒厚者難致。滇南呼「朴」爲「婆」。桂馥《札樸》以爲「駮樹」，殊欠考詢。

〔一〕見《地理志》。唐龍州州治在今四川江油。

秦皮

秦皮，《本經》中品。樹似檀，取皮漬水便碧色，書紙看之皆青。湖南呼爲「稱星樹」，以其皮有白點如稱星，故名。

合歡

合歡，《本經》中品。即「馬纓花」。京師呼爲「絨樹」，以其花似絨線，故名。《救荒本草》：「夜合樹，嫩葉味甘，可煠食。」

皁莢

皁莢，《本經》中品。有「肥皁莢」、「猪牙皁莢」。刺爲癰疽要藥。《救荒本草》：「嫩芽可煠食。子去皮，糖漬之，亦可食。」滇南皁角樹至多，角長尺餘，秋時懸垂樹末，如結組綸。〔一〕每塑廟像將成，必焚皁角以除穢。歲首亦或爇於門外。考《五國故事》：「蜀王衍好燒沉檀、蘭麝之類，芬馥氤氳，晝夜不息，既而厭之，乃取皁角燒之。」則以皁角爲香者蓋始於蜀，而滇亦染其俗耳。又《湖南志》謂無論諸惡瘡，但以皁角末醋調敷即愈云。

〔一〕組綸：以絲編織的佩帶。

桑

桑，《本經》中品。《爾雅》「女桑，桋桑」注：「今俗呼桑樹小而條長者爲『女桑樹』。」「檿桑，山桑」注：「似桑，材中作弓及車轅。」今吴中桑矮而葉肥，蓋即女桑。江北桑皆自生。材中什器，蓋即「檿桑」；蠶絲勁黄，所謂「檿絲」矣。桑枝、根、白皮、皮中汁、霜後葉，及葚耳、蘚花、柴灰、蝨蟲，〔一〕皆入藥。

〔一〕木中蠹蟲。

桑上寄生

桑上寄生，《別録》中品。葉圓微尖，厚而柔，面青光澤，背淡紫有茸。子黄色如小棗，汁甚黏，核如小豆。諸書悉同，惟《圖經》云「三四月花，黄白色」。余所見冬開花，色黄紅，殘則淺黄耳。後人執「蔦女蘿」之説强爲糾紛，〔一〕若如陸《疏》所云，乃是蔓生，〔二〕何能併合？南方毛蕫、石斛、風蘭、寄生亦非一種，《本草衍義》謂有服他木寄生而死者，用寄生者烏可不慎？廣西所産多榕寄生，或云桑寄生於榕，又謂有桑寄桑者，尤謬。吾未見有服此藥而效者，緣少真者耳。

雩婁農曰：「蔦與女蘿」，《傳》曰：「蔦，寄生也。」〔三〕陸《疏》以爲「子如覆盆子，赤黑甜美」，今寄生子既不可食，形亦不類。或云鳥銜樹子遺樹上而生。余以十月後莅贛南，群木多隕，有鬱葱者如花如果，遣人折枝，視之，皆寄生也，所托樹非一，而葉厚毛背，紅花黄子，無異形，信乎感氣而生，别是一物也。桑寄生以去風保産見重於世。桂、椒生者，土人云性與桂、椒同。桃、柳所生，俗方亦取用之。蓋皆盜本木之精華而奪其雨露之施，假而不歸，如借叢者久而叢枯而亡矣。讀郁離子《伐桑寄生賦序》云「如瘡痍脱身，大奸去國」，有會余心者焉。其賦有曰：「農植嘉穀，惡草是芟。物猶如此，人何以堪？獨不聞三桓競爽，魯君如寄；〔四〕田氏厚施，姜、陳易位。〔五〕大賈入秦，伯翳以亡；〔六〕園謀既售，芈化爲黄。〔七〕蠹憑木以槁木，姦憑國以盜國。鬼居肓而人隕，〔八〕梟寄巢而母食。〔九〕故曰非其種者，鋤而去之，信斯言之可則。」

〔一〕見本書卷二十二「兔絲子」條。

〔二〕陸璣《詩疏》云：「蔦一名寄生，葉似當盧，子如覆盆子，赤黑甜美。女蘿，今兔絲，蔓連草上生，黄赤如金，今合藥兔絲子是也。」

〔三〕《詩·小雅·頍弁》毛《傳》。

〔四〕春秋時魯國孟孫氏、叔孫氏、季孫氏三家均爲魯桓公三子後代。自宣公之後，魯國政權轉移到三桓手中，魯君形同虚設。

〔五〕春秋時，齊國的田常放貸於民，以大斗出，以小斗入，大得民心。傳至田和，遷齊康公於海上，自爲齊君，齊國由姜姓變爲田姓。

〔六〕吕不韋爲陽翟大賈，以有孕之姬人獻秦公子子楚，後生嬴政。秦國祖先爲助大禹平水土之柏翳，即伯益。

〔七〕趙人李園入楚，欲進其女弟與楚王，聞楚王不能育，先進其妹與春申君黄歇，待有孕後又説黄歇進之楚王。生子後，立爲太子，而李園妹爲后。

〔八〕《左傳》成公十年：晉侯病，「秦伯使醫緩爲之。未至，公夢疾爲二豎子，曰：『彼，良醫也。懼傷我，焉逃之？』其一曰：『居肓之上，膏之下，若我何？』醫至，曰：『疾不可爲也。在肓之上，膏之下，攻之不可，達之不及，藥不至焉，不可爲也。』」

〔九〕陸璣《詩疏》：「自關而西謂梟爲流離，其子適長大，還食其母。」

吴茱萸

吴茱萸，《本經》中品。《爾雅》：「椒樧，醜菉。」《禮記》作「藙」。又「食茱萸」，《唐本草》始著録。《宋圖經》或云即茱萸粒大堪噉者，蜀人呼爲「艾子」。《益部方物記》「藙、艾同字」云。〔一〕又名「欓子」。

〔一〕艾亦讀「刈」。

山茱萸

山茱萸，《本經》中品。陶隱居云：「子如胡頽子，可噉，合核爲用。」《救荒本草》謂之「實棗兒」。

秦椒　蜀椒

秦椒，《本經》中品。《爾雅》：「檓，大椒。」又蜀椒，《本經》中品。今處處有之，以蜀産赤色者佳。川中用綵結爲念珠等物是也。

崖椒

崖椒，《宋圖經》收之。李時珍以爲即椒之野生者。

衛矛

衛矛，《本經》中品。即「鬼箭羽」。湖南俚醫謂之「六月凌」，用治腫毒。按《圖經》曲節草有「六月凌」、「緑豆青」諸名。此木春時枝葉極嫩，結實如冬青而色緑，性味苦寒，殆即一物。

梔子

梔（zhī）子，《本經》中品。即「山梔子」，以染黄者，以七棱至九棱者爲佳。

枳實

枳實，《本經》中品。橘踰淮而北爲枳。或云江南亦别有枳，蓋即橘之酸酢者，以别枸橘耳。《補筆談》辨别枳實、枳殼極晰。

楝

楝（liàn），《本經》下品。處處有之。四月開花，紅紫可愛，故花信有「楝花風」。〔一〕《湘陰志》：「苦楝，掘溝埋之，可成楝城。〔二〕植當風處，可辟白蟻。」〔三〕

〔一〕江南自初春至初夏，五日一番風候，謂之「花信風」。梅花風最先，楝花風最後，凡二十四番花信風。

〔三〕《植物名實圖考長編》卷二十「楝」條引《無錫縣志》云：「許舍山中多虎，童男女晝不出户。尤叔保使人拾楝樹子數十斛，作大繩，以楝子置繩股中，埋於山之四圍。不四五年，楝大成城，土人遂呼爲楝城，乃作四門，時其啓閉，虎不敢入。」此云《湘陰志》，疑誤。

〔二〕藩籬如城墻。

桐

桐，《本經》下品。即俗呼「泡桐」。開花如牽牛花，色白。結實如皁莢子，輕如榆錢。其木輕虚，作器不裂，作琴瑟者即此。其花紫者爲「岡桐」。

梓

梓，《本經》下品。有角長尺餘，如箸而黏，餘皆如楸。

柳

柳，《本經》下品。華如黄蕊，子爲飛絮。前人以絮爲花，殊誤，陳藏器已辨之。但絮有飛揚者，亦有就枝團簇者，俗以爲雌雄。又種生與插枝生者莖幹亦不同云。

欒華

欒華，《本經》下品。子可爲念珠。《救荒本草》：「木欒，葉味淡甜，可煠食。」

石南

石南，《本經》下品。詳《本草衍義》。毛文錫《茶譜》：「湘人四月採石南芽爲茶，去風，暑月尤宜。」桂陽呼爲「風藥」，充茗浸酒，能愈頭風。

郁李

郁李，《本經》下品。即「唐棣」。實如櫻桃而赤，吴中謂之「爵梅」，〔一〕固始謂之「秧李」。有單瓣、千葉二種。單瓣者多實，生於田塍；千葉者花濃，而中心一縷連於蔕，俗呼爲「穿心梅」。花落，心蔕猶懸枝間，故程子以爲棣蕚甚牢。〔二〕《圖經》合「常棣」爲一，未可據。

〔一〕即「雀梅」。

〔二〕程顥《哭子厚先生》詩：「千古聲名聯棣蕚，二年零落去山丘。」

鼠李

鼠李，《本經》下品。《宋圖經》：「即烏巢子。」《本草衍義》以爲即「牛李子」，叙述綦詳。李時珍云：「取汁刷染緑色。」此即江西俗呼「凍緑柴」，一名「羊史子」。《救荒本草》「女兒茶，一名『牛李子』，一名『牛筋子』。葉味淡，微苦，可食，亦可作茶飲」，即此。唯江西别有「牛金子」，子黑色，與此異。

蔓椒

蔓椒，《本經》下品。枝軟如蔓，葉上有刺，林麓中多有之。

巴豆

巴豆，《本經》下品。生四川。

豬苓

豬苓，《本經》中品。舊説是楓樹苓，今則不必楓根下乃有。《莊子》謂之「豕橐」，〔一〕功專利水。

〔一〕《太平御覽》卷九百八十九：「豬苓」條引《莊子》曰：「豕橐，藥也。」今《莊子》書無此句。

詹糖香

詹糖香，《别録》上品。《唐本草》云：「出晉安，葉似橘，煎枝爲香，似沙糖而黑。」今寧都州香樹形狀正同，俗亦採枝葉爲香料。開花如桂，結紅實如天竹子而長圓。圖以備考。湖南有一種野樟，葉極香，甚相類，夏時結子稍異。

楮

楮實，《别録》上品。《詩疏》〔一〕：「幽州謂之『穀桑』，荆、揚、交、廣謂之『穀』。」《酉陽雜俎》：「葉有瓣曰楮，無曰構。」按穀、構一聲之轉，楚人謂乳穀亦讀如構也。皮爲紙，亦可爲布。葉、實可食。皮中白汁以代膠。《救荒本草》謂之「楮桃」。

〔一〕此陸璣《詩疏》。

杉

杉，《别録》中品。《爾雅》「柀，煔」，《疏》：「俗作杉。」結實如楓松梂而小，色緑。有油杉，可入藥。胡杉性辛，不宜作櫬。又「沙木」，亦其類。有赤心者，《本草拾遺》謂之「丹桎木」。

雩婁農曰：吾行南贛山阿中，嶇嵚蒙密，如薺如簪，而丁丁者衆峰皆答，〔一〕蓋不及合抱而縱尋斧矣。按志皆曰「杉」，而土語則曰「沙」，疑俚音之轉也。閲《嶺外代答》，知杉與沙爲一類而異物。《南城縣志》謂杉有數種。有自麻姑山來者，持山僧所折杉枝，似榧似松，葉細潤而披拂，余始識杉與沙果有異。然江湘率皆沙也。及莅滇，夾道巨木，森森竦擢，絲葉如翼，苔膚無鱗，蓋蔭暍而中櫄傍題湊者，〔二〕皆百餘年物。視彼瘦幹短蹷、亂葉攫拏如尋人而刺者，真有雞冠佩劍、未遊聖門時氣象。〔三〕夫物有類，而一類中又有鉅細精粗。孔、翠、鶉、鷊，五采焕矣，見鳳皇而闇然無文也。駷、驪、驓、騨，四蹄輕矣，遇騠駃而瞠乎其後也。〔四〕史之傳儒林、文學、隱逸、循吏者，一傳十數，其品詣獨無異乎？服虔聞崔烈講《春秋》，知其不踰己；〔五〕李謐師孔璠，而璠後復就謐請業。〔六〕同遊培塿，烏覩松栢！〔七〕荀淑有重名，遇黄憲孺子而以爲師表；〔八〕文中子年十五，而王孝逸白首北面。〔九〕豫章生七日而有干霄之勢，天姿之異，有獨鍾焉。韓昌黎云：「世無孔子，不當在弟子之列。」〔一〇〕然則昔之結廬教授、開門成市者，設

遇聖賢大儒，不猶去社叢而入鄧林、舍檮木而仰柜格哉！〔一一〕

〔一〕丁丁：伐薪之聲。

〔二〕蔭暍：蔭庇暑熱之人。樿傍：棺。題湊：槨室。

〔三〕《史記·仲尼弟子列傳》：「子路性鄙，好勇力，志抗直，冠雄雞，佩豭豚，陵暴孔子。孔子設禮，稍誘子路。子路後儒服委質，因門人請爲弟子。」

〔四〕駃騠：良馬。

〔五〕服虔：東漢末大儒，曾官九江太守，著《春秋左氏傳解》。崔烈於靈帝時入錢五百萬爲司徒。

〔六〕《魏書·逸士列傳》：北魏李謐，少好學，博通諸經。師事小學博士孔璠，數年後，璠還就謐請業。同門生爲之語曰：「青成藍，藍謝青，師何常，在明經。」

〔七〕培塿：或作「部婁」，小土堆。《左傳》襄公二十四年：「部婁無松柏。」

〔八〕《後漢書·黄憲傳》：黄憲，字叔度，「世貧賤，父爲牛醫。潁川荀淑至慎陽，遇憲於逆旅，時年十四，淑竦然異之，揖與語，移日不能去，謂憲曰：『子，吾之師表也』」。

〔九〕文中子即王通，隋時大儒。王孝逸爲書學博士。王通《中説》記賈瓊語：「夫子十五爲人師焉。陳留王孝逸，先達之傲者也，然白首北面，豈以年乎？」夫子，謂文中子。

〔一〇〕韓愈《答吕毉山人書》：「如僕者，自度若世無孔子，不當在弟子之列。」

〔一一〕「柜」，原本誤作「拒」，據文義改。社叢：野祠旁之叢木。鄧林：《山海經·海外北經》：夸父與日逐走，道渴而死，棄其杖，化爲鄧林。檮木：疑是「尋木」之誤。八尺爲尋。柜格見《山海經·大荒西經》：「西海之外，大荒之中，有方山者，上有青樹，名曰柜格之松，日月所出入也。」

沙木

沙木，《嶺外代答》謂與杉同類，尤高大成叢，穗小，與杉異。今湖南辰、沅猺峒亦多種之。大約牌筏商販皆沙木，〔一〕其木理稍異者則杉木耳。

〔一〕牌筏商販：把販賣的木材編成筏子，順流漂下。

樟 附樟寄生。

釣樟，《别録》下品。《本草拾遺》有「樟材」。江西極多，豫章以木得名，〔一〕南過吉安則不植。李時珍以豫爲釣樟，即樟之小者。又有赤、白二種，作器不蠹。滇南樟尤香，而木質堅緻。

雩婁農曰：豫章以木名郡。今江西寺觀叢祠及衙署，婆娑垂蔭者皆豫章也。《明興雜記》謂神木廠有樟扁頭者，圍二丈，長卧四丈餘，騎而過其下，高可以隱，雖不易覯，而合抱參天，萬牛迴首，〔二〕則村墟道塗間皆遇之，不足異也。顧南至章貢，北抵彭蠡，湯沐之邑方千里，〔三〕逾境則淮與濟、汶矣。其質有赤、白，不知何者爲豫，何者爲樟。師古謂豫即「枕木」，〔四〕今亦無是名也。爲器，爲舟，爲鼓顙，〔五〕爲几面，煎汁爲腦，熬子爲油，江右賴之。祠其巨者爲神，無敢烹彭侯者。〔六〕見《搜神記》。樟公之壽，幾閱大椿，〔七〕見《花木考》。社而稷之，〔八〕洵其宜也。

其寄生曰「占斯」，别入藥。顧桑柳諸蔦皆葉瘁而獨榮。〔九〕豫章之木，冬不改柯，鬱鬱葱葱。

惟見「骨碎補」一物，長葉赭荄，浸淫其上，不及尋其皮如厚朴而色似桂者，良足惜已。

〔一〕豫章：漢郡名，治在今南昌，以産豫章木得名。

〔二〕杜甫《古柏行》：「大厦如傾要梁棟，萬牛回首丘山重。」

〔三〕湯沐：洗浴。天子有事於祭祀，則先沐浴齋戒以示敬。諸侯朝貢，天子於王畿之内賜諸侯以封邑，供其湯沐齋戒，稱湯沐邑。

〔四〕枕頭之木。

〔五〕鼓之框架。

〔六〕《搜神記》卷十八：「吴先主時，陸敬叔爲建安太守，使人伐大樟樹，下數斧，忽有血出。至樹斷，有一物人頭狗身，從樹穴中出走。敬叔曰：『此名彭侯。』烹而食之，其味如狗。《白澤圖》曰：木之精名彭侯，狀如黑狗，無尾，可烹食之。」

〔七〕《花木考》：壽樟在建昌縣治南，邑人李公懋入朝，高宗問：「樟公安否？」李奏以「枝葉婆娑，四時常青」。《莊子·逍遥遊》：「上古有大椿者，以八千歲爲春，八千歲爲秋。」

〔八〕爲神社之木。

〔九〕蔦：寄生。寄生於桑柳。桑柳之葉已憔悴，而其上之寄生獨榮茂。

檀香

檀香，《别録》下品。《廣西通志》考據明晰。嶺南有之。

櫸

櫸(jǔ)，《别録》下品。材紅紫，堪作什品。固始呼「胖柳」。

植物名實圖考卷之三十四　木類

雲葉

《救荒本草》："雲葉，生密縣山野中。其樹枝、葉皆類桑，但其葉如雲頭花叉，又似木欒樹葉，微闊。開細青黄花。其葉味微苦。採嫩葉煠熟，换水浸淘去苦味，油鹽調食。或蒸晒作茶，尤佳。"

黄楝樹

《救荒本草》："黄楝樹，生鄭州南山野中。葉似初生椿樹葉而極小，又似楝葉，色微帶黄。開花紫赤色，結子如豌豆大，生青，熟亦紫赤色。葉味苦，採嫩芽葉煠熟，换水浸去苦味，油鹽調食。蒸芽曝乾，亦可作茶煮飲。"

𣗳芽樹

《救荒本草》："𣗳（róng）芽樹，生輝縣山野中。科條似槐條。葉似冬青葉，微長。開白花。結青白子。其葉味甜。採嫩葉煠熟，水淘淨，油鹽調食。"

月芽樹

《救荒本草》：「月芽樹，又名『芀芽』，生田野中。莖似槐條，葉似歪頭菜葉，微短稍硬；又似穊芽葉，頗長艄。其葉兩兩對生，味甘微苦。採嫩葉煠熟，水浸淘淨，油鹽調食。」

回回醋

《救荒本草》：「回回醋，一名『淋樸樕』，生密縣韶華山山野中。樹高丈餘，葉似兜櫨樹葉而厚大，邊有大鋸齒；又似厚椿葉而亦大。或三葉，或五葉，排生一莖。開白花，結子大如豌豆，熟則紅紫色，味酸。葉味微酸。採葉煠熟，水浸去酸味，淘淨，油鹽調食。其子調和湯味如醋。」

白槿樹

《救荒本草》：「白槿樹，生密縣梁家衝山谷中。樹高五七尺，葉似茶葉，而其闊大光潤又似初生青岡葉，而無花叉；又似山格剌樹葉，亦大。開白花。其葉味苦。採葉煠熟，水浸淘淨，油鹽調食。」

槭樹芽

《救荒本草》：「槭（qì）樹芽，生鈞州風谷頂山谷間。木高一二丈，其葉狀類野蘿蔔葉，五花尖叉；亦似棉花葉而薄小；又似絲瓜葉，卻甚小而淡黃綠色。開白花。葉味甜。採葉煠熟，以水浸作成黄色，换水淘淨，油鹽調食。」按：《説文》：「樕，木可作大車輮。」〔一〕蓋即此樹。許叔重，〔二〕汝南人，固應識其土所宜木也。

〔一〕輮：車輪之外圈，古車輪爲木製。

〔二〕許慎，字叔重，《説文解字》作者。

老葉兒樹

《救荒本草》：「老葉兒樹，生密縣山野中。樹高六七尺，葉似茶葉而窄瘦尖艄，又似李子葉而長。其葉味甘微澀。採葉煠熟，水浸去澀味，淘洗，油鹽調食。」

龍柏芽

《救荒本草》：「龍柏芽，出南陽府馬鞍山中。此木久則亦大。葉似初生橡櫟小葉而短。味微苦。採芽葉煠熟，换水浸淘淨，油鹽調食。」

兜爐樹即櫰。

《救荒本草》：「兜櫨樹，生密縣梁家衝山谷中。樹甚高大。其木枯朽極透，可作香焚，俗名『櫰香』。葉似回回醋樹葉而薄窄，又似花楸樹葉卻少花叉。葉皆對生，味苦。採嫩芽葉煠熟，水浸去苦味，淘洗淨，油鹽調食。」按：《本草綱目》：「櫰香，江淮湖嶺山中有之，木大者近丈許，小者多被樵采。葉青而長，有鋸齒，狀如小蘇葉而香，對節生。其根狀如枸杞根而大，煨之甚香。《楞嚴經》云『壇前安一小鑪，以兜婁婆香煎水沐浴』，即此香也。根氣味苦澀，平，無毒，主治頭癤腫毒，碾末麻脂調塗，七日腐落。」

山茶科

《救荒本草》：「山茶科，生中牟土山田野中。科條高四五尺。枝梗灰白色。葉似皁莢葉而團，又似槐葉，亦團。四五葉攢一處。葉甚稠密，味苦。採嫩葉煠熟，水淘洗淨，油鹽調食。」

木葛

《救荒本草》：「木葛，生新鄭縣山野中。樹高丈餘，枝似杏枝。葉似杏葉而團，又似葛根葉而小。味微甜。採葉煠熟，水浸淘淨，油鹽調食。」

花楸樹

《救荒本草》：「花楸(qiū)樹，生密縣山野中。其樹高大。葉似回回醋葉，微薄，又似兜櫨樹葉，邊有鋸齒叉。其葉味苦。採嫩芽葉煠熟，換水浸去苦味，淘洗淨，油鹽調食。」

白辛樹

《救荒本草》：「白辛樹，生滎陽塔兒山岡野間。樹高丈許。葉似青檀樹葉，頗長而薄，色微淡緑，又似月芽樹葉而大，色亦差淡。其葉味甘，微澀。採葉煠熟，水浸淘去澀味，油鹽調食。」

烏棱樹

《救荒本草》：「烏棱樹，生密縣梁家衝山谷中。樹高丈餘。葉似省沽油樹葉而背白，又似老婆布鞊葉，微小而艄。開白花。結子如梧桐子大，生青，熟則烏黑。其葉味苦。採葉煠熟，換水浸去苦味，作過淘洗淨，油鹽調食。」

刺楸樹

《救荒本草》：「刺楸樹，生密縣山谷中。其樹高大，色皮蒼白，上有黄白斑文。枝梗間多有大刺。葉似楸葉而薄，味甘。採嫩芽葉煠熟，水浸淘洗淨，油鹽調食。」

黄絲藤

《救荒本草》：「黄絲藤，生輝縣太行山山谷中。條類葛條。葉似山格刺葉而小；又似婆婆枕頭葉，頗硬，背微白，邊有細鋸齒。味甜。採葉煠熟，水浸淘淨，油鹽調食。」

山格刺樹

《救荒本草》：「山格刺樹，生密縣韶華山山野中。作科條生。葉似白槿樹葉，頗短而尖艄；又似茶樹葉而闊大；及似老婆布鞊葉，亦大。味甘。採葉煠熟，水浸作成黄色，淘洗淨，油鹽調食。」

㯱樹

《救荒本草》：「㯱（hàng）樹，生輝縣太行山山谷中。其樹高丈餘。葉似槐葉而大，卻頗軟薄；又似檀樹葉而薄小。開淡紅色花，結子如菉豆大，熟則黄茶褐色。其葉味甜。採葉煠熟，水浸淘淨，油鹽調食。」

報馬樹

《救荒本草》：「報馬樹，生輝縣太行山山谷間。枝條似桑條色。葉似青檀葉而大，邊有花叉；又似白辛葉，頗大而長硬。葉味甜。採嫩葉煠熟，水淘淨，油鹽調食。硬葉煠熟，水浸作成黄色，淘去涎沫，油鹽調食。」

椵樹

《救荒本草》：「椵樹，生輝縣太行山山谷間。樹甚高大，其木細膩，可爲卓器。枝叉對生。葉似木槿葉，而長大微薄，色頗淡緑，皆作五花椏叉，邊有鋸齒。開黄花，結子如豆粒大，色青白。葉味苦。採嫩葉煠熟，水浸去苦味，淘洗淨，油鹽調食。」《爾雅正義》：「椵，柂」，註：「白椵也。樹似白楊。」《正義》：「椵，一名柂。《檀弓》云『柂棺一』，鄭註云：『所謂椑棺也。凡棺因能濕之物。』又云：『椑謂柂棺。椑，堅著之言也。』鄭君所見《爾雅》本『柂』作『杝』。」註「白椵」至「白楊」。《正義》：「《玉篇》云：『椵木似白楊。』《釋文》引《字林》云：『木似白楊。一名椵。』今白楊木高大，葉圓似梨，面青而背白，肌細性堅，用爲梁栱，久而不橈。椵木與白楊相似也。」

按：椵木質白而少文，微似楊木，風雨燥濕，不易其性。北方以作門扇板壁。其樹枝葉不似白楊。

《説文解字注》：「椵，椵木，可作牀几。牀，鍇本作「伏」，疑誤。《釋木》曰：「櫠，椵。」《本草》陶隱居説人參曰：「高麗人作《人參讚》曰：『三椏五葉，背陽向陰。欲來求我，椵樹相尋。』椵樹，葉似桐，甚大，陰廣。」《圖經》亦言人參春生苗，多於深山背陰近椵漆下潤濕處。是則椵爲大木，故材可牀几。郭云「子大如盂」者，未知是不也。從木，叚聲，讀若賈。」古雅切，五部。〔一〕

〔一〕原本正文及注不分，今改段注爲小字。

臭蕻

《救荒本草》：「臭蕻（hòng），生密縣楊家衝山谷中。科條高四五尺。葉似杵瓜葉而尖艄；又似金銀花葉，亦尖艄。五葉攢生如一葉。開花白色。其葉味甜。採葉煠熟，水浸淘淨，油鹽調食。」

堅莢樹

《救荒本草》：「堅莢樹，生輝縣太行山山谷中。其樹枝幹堅勁，可以作棒。皮色烏黑，對分枝叉，葉亦對生。葉似拐棗葉而大，微薄，其色淡緑；又似土欒樹葉，極大而光潤。開黄花，結小紅子。其葉味苦。採嫩葉煠熟，水浸去苦味，淘淨，油鹽調食。」

臭竹樹

《救荒本草》：「臭竹樹，生輝縣太行山山野中。樹甚高大。葉似楸葉而厚，頗艄，卻少花叉；又似拐棗葉，亦大。其葉面青背白，味甜。採葉煠熟，水浸去邪臭氣味，油鹽調食。」

馬魚兒條

《救荒本草》：「馬魚兒條，俗名『山皁角』，生荒野中。葉似初生刺蘼花葉而小。枝梗色紅，有刺，似棘鍼，微小。葉味甘，微酸。採葉煠熟，水浸淘淨，油鹽調食。」

老婆布鞊

《救荒本草》：「老婆布鞊，生鈞州風谷頂山野間。科條淡蒼黄色。葉似匙頭樣，色嫩緑而光俊；又似山格刺葉卻小。味甘，性平。採葉煠熟，水浸作過淘淨，油鹽調食。」

青舍子條

《救荒本草》：「青舍子條，生密縣山谷間。科條微帶柿黄色。葉似胡枝子葉，而光俊微尖。枝條梢間開淡粉紫花，結子似枸杞子，微小，生則青，而後變紅，熟則紫黑色，味甜。採摘其子紫熟者食之。」

驢駝布袋

《救荒本草》：「驢駝布袋，生鄭州沙岡間。科條高四五尺。枝梗微帶赤黄色。葉似郁李子葉，頗大而光；又似省沽油葉，而尖頗齊。其葉對生。開花色白。結子如菉豆大，兩兩並生，熟則色紅，味甜。採紅熟子食之。」

婆婆枕頭

《救荒本草》：「婆婆枕頭，生鈞州密縣山坡中。科條高三四尺。葉似櫻桃葉而長艄。開黄花。結子如菉豆大，生則青，熟紅色，味甜。採熟紅子食之。」

青檀樹

《救荒本草》：「青檀樹，生中牟南沙崗間。其樹枝條紋細薄。葉形類棗，微尖艄，背白而澀；又似白辛樹葉，微小。開白花。結青子如梧桐子大。葉味酸澀，實味甘酸。採葉煠熟，水浸淘去酸味，油鹽調食。其實成熟，亦可摘食。」

植物名實圖考卷之三十五　木類

楓

楓，《爾雅》：「楓，欇欇。」楓香脂，《唐本草》始著録。楓子如梂。《南方草木狀》謂楓實有神，乃難得之物，恐涉附會。〔一〕江南凡樹葉有叉歧者多呼爲楓，不盡同類。

〔一〕嵇含《南方草木狀》：「楓木歲久則生瘤癭，一夕遇暴雷驟雨，其樹贅暗長三五尺，謂之楓人。越巫取之作術，有通神之驗。取之不以法，則能化去。」未言「難得」。

椿

椿，《唐本草》始著録。即香椿，葉甘可茹。木理紅實，俗名「紅椿」。

樗

樗（chū），《唐本草》始著録。即椿之氣臭者。根、莢皆入藥。木理虚白。生山中者名「栲」。《爾雅》：「栲，山樗。」陸璣《詩疏》：「山樗，〔一〕與下田樗無異。其木稍堅，可作器。」

〔一〕「樗」，原本誤作「栲」，據陸《疏》改。

白楊

白楊，《唐本草》始著録。北地極多，以爲梁棟，俗呼「大葉楊」。《救荒本草》：「嫩葉可煠食。」又《本草拾遺》有「扶移」，即此。

青楊

青楊，《救荒本草》：「葉似白楊葉而狹小，色青，皮亦青，故名『青楊』。葉可煠食，味苦。」今北地呼「小葉楊」。

莢蒾

莢蒾（mí），《唐本草》始著録。陳藏器云：「皮可爲索。」《救荒本草》謂之「孩兒拳頭」：「子紅熟可食。又煮枝汁少加米爲粥，甚美。」

水楊

水楊，《唐本草》始著録。與柳同而葉圓闊，枝條短硬。

胡桐淚

胡桐淚，見《漢書·西域傳》。〔一〕《唐本草》始著録。爲口齒要藥。今阿克蘇之西地名樹窩子，行數日程，尚在林内，皆胡桐也。葉微似桐，樹本流膏如膠。

〔一〕《西域傳》有「胡桐」。

蘇方木

蘇方木，《唐本草》始著録。廣西亦有之。染絳用極廣，亦爲行血要藥。

雩婁農曰：蘇方木，元江州有之。《南方草木狀》謂葉如槐，出九真，〔一〕則昔時所用皆滇産矣。顧滇山路嶇水險，不可舟，致遠費貲，近時率皆來自海舶，逾嶺而順流，達江南、北。滇産不出境，培蒔者亦少。其葉極細，枝亦柔，微類槐耳。諺云：「能行十日舟，不行一日陸。」明時由滇至川，航金沙江中，後塞，屢議疏鑿，無成功。其有一二程可通舟檝者，伏秋江漲，亦絶行旅。故滇産與滇所資，其價皆十倍。民呰窳偷生，〔二〕無商賈之利，山木入市，跬步皆艱，况其他哉！

〔一〕《南方草木狀》原文爲「蘇枋樹類槐，黄花，黑子，出九真」。九真在今越南。

〔二〕呰窳：苟且懶惰。

烏臼木

烏臼木，《唐本草》始著録。俗呼「木子樹」。子榨油，利甚溥。根解水莽毒，效。

欒荆

欒荆，《唐本草》始著録。諸家皆無的解。《救荒本草》有「土欒樹」，姑圖之以備考。

茶

茶，《唐本草》始著録。《爾雅》「檟，苦荼」，注：「早采爲荼，晚爲茗。」陸羽《茶經》源委朗晰，故備載之。〔一〕

〔一〕此言《長編》全録陸羽《茶經》。

椋子木

椋（liáng）子木，《爾雅》「椋，即來」，注：「材中車輞。」〔一〕《唐本草》始著録。《救荒本草》：「椋子木，樹有大者，木則堅重。葉似柹葉而薄小。結子如牛李子，大如豌豆，生青熟黑，味甘鹹。葉味苦，亦可食。」此即江西俗呼「冬青果」也。李時珍併入「松楊木」，《新化縣志》非之。然所謂「椋子木皮澀有刺」，不知係枯枝，非刺也；又云「子如羊矢棗而小」，則亦未識軟棗本形耳。

〔一〕輞：車輪之外圈。

接骨木

接骨木，《唐本草》始著録。花、葉都類蒴藋，但作樹高一二丈，木體輕虚無心，斫枝扦之便生云。

賣子木

賣子木，《唐本草》始著録。生嶺南、邛州。其葉如柿。宋川西渠州歲貢。〔一〕四五月開碎花，百十枝團攢作大朵，焦紅色。子如椒目，在花瓣中，黑而光潔。主折傷血内溜，續絶，補骨髓，止痛，安胎。按：湘中土醫習用「鴉椿子」，形狀頗肖而主治異，别圖之。

〔一〕渠州在今四川渠縣、大竹一帶。

毗梨勒

毗梨勒，《唐本草》始著録。生嶺南交、愛諸州。核似訶梨勒，而圓短無棱。苦寒。主治風虚熱氣，功用同菴摩勒。李時珍以爲餘甘之類。按：滇南有「松橄欖」，與餘甘同而圓，無棱，以治喉痛，與《唐本》合。《海藥》云「同訶梨勒，性温」，疑又一種。

訶梨勒

訶梨勒，《唐本草》始著録。生嶺南，以六路者佳。〔一〕

〔一〕六路：言其實有六棱也。

騏驎竭

騏驎竭，《唐本草》始著録。生南越、廣州，主治血痛，爲和血聖藥。《南越志》以爲紫鉚樹脂，《唐本》以爲與紫鉚大同小異。《舊雲南志》：「樹高數丈，葉類櫻桃。脂流樹中，凝紅如血，爲『木血竭』。又有『白竭』。今俱無。」余訪求之，得如磨姑者數枚，色白質輕，蓋未必真。

阿魏

阿魏，《唐本草》始著録。《酉陽雜俎》作「阿虞」，波斯樹汁凝成。《觚賸》云：「滇中蜂形甚巨，結窩多在絶壁，垂如雨蓋。人於其下掘一深坎，置肥羊於内，令善射者飛騎發矢落其窩，急覆其坎。二物合化，是名阿魏。」按巖蜂在九龍外，螫人至斃，則此物亦非内地所産。

無食子

無食子，《唐本草》始著録。生西戎沙磧地。樹似檉，主治赤白痢、腸滑，生肌肉。一作「没石子」。

大空

大空，《唐本草》始著録。生襄州，所在山谷亦有之。小樹，大葉似桐而不尖。主殺蟲蝨。

木天蓼

木天蓼，《唐本草》始著録。生信陽。花似柘花，子作毬形，似檾麻子。可藏作果食，又可爲燭，釀酒治風。

檀

檀，《本草拾遺》始著録。皮和榆皮爲粉食，可斷穀。《救荒本草》：「葉味苦，芽可煠食。」

梓榆

梓榆，即駮馬，又名「六駮」。皮色青白，多癬駮。詳《詩疏》。〔一〕

〔一〕陸璣《疏》謂梓榆樹皮青白駁犖，遥視似馬，故謂之駁馬。

罌子桐

罌（yīng）子桐，《本草拾遺》始著録。即「油桐」，一名「荏桐」。湖南、江西山中種之取油，其利甚饒，俗呼「木油」。

奴柘

奴柘，《本草拾遺》始著録。似柘有刺，高數尺。江西有之。《湘陰志》：「灰桑樹，葉大，有刺三角，亦桑類。」即此。

櫚木

櫚木，《本草拾遺》始著録。俗呼「花梨木」。《南城縣志》：「東西鄉間有之。不宜爲枕，令人頭痛。」

莎木

莎木，《本草拾遺》始著録。木皮内出黄色麪。生嶺南。具詳《海藥》。字本作「菥」。李時珍據《唐韻》作「莎」，以爲即「檏木」。又以《交州記》「都句樹」出屑如桄榔麪，可作餅餌，恐即此檏木。今瓊州謂之「南榔」。

石刺木

石刺木，一名「勒樹」。葉圓如杏而大，有光澤。枝莖多刺。《本草拾遺》：「生南方林筤間，江西呼爲『勒刺』，亦種爲籬院樹。似棘而大，枝上有逆鉤。」即此。然謂「木上寄生」，〔一〕則未之見。

〔一〕《本草拾遺》謂「此木上寄生」。

盧會

盧會，《本草拾遺》始著録。木脂似黑餳，主治殺蟲、拭癬。舊《雲南志》：「蘆薈出普洱。」

放杖木

放杖木，《本草拾遺》始著録。生温、括、睦、婺諸州。〔一〕主治風血，理腰脚，輕身，故名。浸酒服之。

〔一〕以上皆唐時州郡，括州即今浙江縉雲。

楤木

楤（sǒng）木，《本草拾遺》始著録。生江南山谷。直上無枝，莖上有刺。山人折取頭食之，謂之「吻頭」。主治水癊、蟲牙。

木槿

木槿，《爾雅》：「櫬，木槿。」《日華子》始著録。今惟用皮治癬。江西、湖南種之，以白花者爲蔬，滑美。

無患子

無患子，《開寶本草》始著録。南安多有之。《本草拾遺》、《酉陽雜俎》所述詳明。

樺木

樺木，《開寶本草》始著録。施南山中極多，以木皮爲屋。關東亦饒。皮燒灰入藥。

檉柳

檉（chēng）柳，《開寶本草》始著録。俗呼「觀音柳」，亦云「三春柳」。

鹽麩子

鹽麩（fū）子，《開寶本草》始著録。江西、湖南山坡多有之。俗呼「枯鹽萁」。俚方習用其蟲，謂之「伍倍子」。

密蒙花

密蒙花，《開寶本草》始著録。詳《本草衍義》。湖南山中多有，人皆識之。開花黄白色，茸茸如鬚。

紫荊

紫荊，《開寶本草》始著録。處處有之。又《本草拾遺》有「紫荊子」，圓紫如珠，别是一種，湖南亦呼爲「紫荊」。《夢溪筆談》未能博考，李時珍併爲一條，亦踵誤。

南燭

南燭，《開寶本草》始著録。道家以葉染米爲青飿飯。陶隱居《登真隱訣》已載之。開花如米粒，歷歷下垂，湖南謂之「飽飯花」。四月八日，俚俗寺廟染飯饋問，其風猶古。《夢溪筆談》誤以爲「南天竹」，且謂人少識者，殊欠訪詢。

伏牛花

伏牛花，《開寶本草》始著録。李時珍併入「虎刺」。今虎刺生山中林木下，葉似黄楊，層層如盤，開小白花，結紅實，凌冬不凋。俚醫亦用治風腫。未知即此木否。圖以備考。

烏藥

烏藥，《嘉祐本草》始著録。山中極多。俗以根形如連珠、有車轂紋者爲佳。開花如桂。

黄櫨

黄櫨，《嘉祐本草》始著録。陳藏器云：「葉圓，木黄，可染黄色。」《救荒本草》：「葉味苦，嫩芽可煠食。」

椶櫚

椶（zōng）櫚，《嘉祐本草》始著録。江西、湖南極多，用亦極廣。花苞爲椶魚，可食。子落地即生。燒椶灰爲止血要藥。

柘

柘，《嘉祐本草》始著録。葉可飼蠶，木染黄。《救荒本草》：「葉、實可食。」野生小樹爲「奴柘」，《本草拾遺》載之。

柞木

柞（zuò）木，《嘉祐本草》始著録。江西、湖南皆有之。又有一種，相類而結黑實。

柞樹又一種。

柞樹，江西山坡有之。黑莖長刺，葉長而圓。秋結紫黑實，圓如大豆。俗呼爲柞，以爲藩籬。

金櫻子併入《圖經》棠毬子。

金櫻子，《嘉祐本草》始著録。一名「刺梨」。生黔中者可充果實。饒州呼爲「棠毬子」，字或作「餹」，即《圖經》「滁州棠毬子」也。

枸骨

枸骨，《宋圖經》「女貞」下載之，《本草綱目》始别出。即俗呼「貓兒刺」。

冬青

冬青，《宋圖經》「女貞」下載之，《本草綱目》始别出。葉微團，子紅色。俗以接木樨花者，亦可放蠟。

醋林子

醋林子，《宋圖經》收之。《廣西志》：「似櫻桃而細。」

海紅豆

海紅豆，詳《益部方物記略》及《海藥本草》。爲面藥。

大風子

大風子，《本草補遺》始著録。治大風病，性熱，傷血，攻毒，殺蟲，外塗良。海南有之，狀如椰子而圓，其中有核十數枚，仁色白，久則黄而油。

櫰香

櫰（huái）香，《救荒本草》謂之「兜櫨樹」。葉可煠食。《本草綱目》始收入「香木」。

梧桐

梧桐，《爾雅》：「櫬，梧。」春開細花，結實曰「橐鄂」，以爲果。《本草綱目》始收入「喬木」。俗亦取其初落葉，煎飲催生，又煮葉薰治白帶。

黄楊木

黄楊木，《酉陽雜俎》云：「世重黄楊，以其無火。」《本草綱目》始收入「灌木」。治婦人難産及暑癤。又有一種「水黄楊」，山坡甚多。

扶桑

扶桑，《南方草木狀》載之。《本草綱目》始收入「灌木」。江西贛州亦有之，過吉安則畏寒不能植矣。

木芙蓉

木芙蓉，即「拒霜花」。《桂海虞衡志》載之。《本草綱目》始收入「灌木」。河以南皆有之。皮任織緝，花、葉爲治腫毒良藥。

山茶

山茶，《本草綱目》始著録。《救荒本草》：「葉可食及作茶飲。」其單瓣結實者用以擣油，山地種之。花治血證。

枸橘

枸橘，詳《本草綱目》。園圃種以爲樊，刺硬莖堅，愈於杞柳。其橘氣臭，亦呼「臭橘」，鄉人云有毒，不可食，而市醫或以充枳實。亦治跌打，隱其名曰「鐵籬笆」。初發嫩芽，摘之，浸以沸湯，去其苦味，曝乾爲蔬，曰「橘苗菜」，以肉煨食，清香撲鼻，亦山家清供云。

胡頹子

胡頹子，陶隱居、陳藏器注「山茱萸」，皆著之。《本草綱目》形狀、功用尤爲詳晰。湖北俗呼「甜棒槌」。湖南地暖，秋末著花，葉長而厚，俗呼「半春子」。

蠟梅

蠟梅，《本草綱目》收之。俗傳浸蠟梅花瓶水，飲之能毒人。其實謂之「土巴豆」，有大毒。《救荒本草》云「花可食」，李時珍亦云「花解暑生津」，殊未敢信。

烏木

烏木，《本草綱目》始著録。主解毒、霍亂、吐利，屑研酒服。《博物要覽》：「葉似椶櫚，僞者多是㮯木染成。」《滇海虞衡志》謂「元江州産者是櫨木，真烏木當出海南」。

石瓜

石瓜，詳《益部方物記略》。《本草綱目》始收入「喬木」類，治心痛。

相思子

相思子，即「紅豆」，詩人多詠之。《本草綱目》始收入「喬木」類，爲吐藥。今多以充赤小豆。

竹花

竹花，湖南圃中細竹。秋時矮笋不能成竹，梢頭葉卷成長苞，層層密抱，從葉隙出一長鬚，端有黄點，大如粟米而長，纍纍下垂，每歲爲常。乃知開花之竹，自有一種，非盡老瘁。昔人議竹華、實，所見皆殊。别爲《竹實考》，雜緝各説焉。

植物名實圖考卷之三十六　木類

優曇花

優曇花，生雲南。大樹蒼鬱，幹如木犀。葉似枇杷，光澤無毛，附幹四面錯生。春開花如蓮，有十二瓣，閏月則增一瓣，色白，亦有紅者，一開即斂，故名。〔一〕按：《滇志》所紀大率相同，或有謂花開七瓣者。撫衙東偏有一樹，百餘年物也，枝、葉皆類辛夷，花祇六瓣，似玉蘭而有黄蕊。外有苞，與花俱放如瓣三，色緑，人皆呼「波羅花」。考《白香山集》：「木蓮生巴峽山谷，花如蓮，色香豔膩皆同，獨房蕊異。四月始開，二十日即謝，不結實。」〔二〕其形狀、氣候皆相類，此豈即木蓮耶？滇近西藏，花果名多西方語，紀載從而飾之，遂近夸誕。許纘曾《東還紀程》謂優曇、和山、娑羅皆一物，而云花、葉無異載乘。今此花祇及一歲之半，又園圃分植輒生。鄉間摘葉以爲雨笠，非復靈光巋存，〔三〕豈曇花終非可移，而姑以木蓮冒之耶？抑此花本六瓣，閏月增一爲七，而《紀程》誤耶？〔四〕否則和山等同爲一種，以肥瘠靈俗，而有千層、單瓣耶？又滇花瓣數，一樹之上，多寡常殊，應月之瓣，或偶值之耶？余以所見繪之圖，而録《東還紀程》

於後以備考，其餘耳食之談皆不具。

《東還紀程》：「大理府山爲靈鷲，水爲西洱。靈鷲之旁爲和山。樹生和山之麓，高六七丈，其幹似桂，其花白，每花十二瓣，遇閏則多一瓣。佛日盛開，異香芬馥，非凡臭味。中出一蕊如稗穗，俗以爲仙人遺種。主僧惡人剥啄，〔五〕佯置火樹下，成灰燼。《雲南府志》：『優曇花，在城中土主廟内，高二十丈，枝葉扶茂。每歲四月，花開如蓮，有十二瓣，閏歲則多一瓣，亦名娑羅樹。昔蒙氏樂誠魁時，有神僧菩提巴波自天竺至，以所攜念珠分其一，手植之，久没兵燹中。』謝肇淛《滇略》：『安寧過泉西岸，有寺曰曹溪，其中有曇花樹一株，相傳自西域來者。緑葉白花，移蘖他種，終不復活。』余謂安寧之優曇，大理之和山土主廟之娑羅，其花同，其色同，其枝幹亦同，特異地而異名耳。壬子夏，曇花盛開，州守馳使折一枝以贈。其花、葉、枝、幹，合之載乘，果無異也。太守乃採柔條，徧插於大樹之旁，三月後報曰：一枝已萌蘖矣。余喜甚，乃移置盆盎。碧葉爛然，一根五幹，土人驚詡，以爲奇瑞。」

又《雲南通志稿》載郎中阮福《木蓮花説》，與鄙見合。惟雲南督署舊有紅優曇，《説》中以爲皆是白花，余訪之信。偶買花擔上折枝，得紫苞者，疑爲紅花也。及苞坼，則緑白瓣，無少異，豈制府中之殷紅者亦此類耶？李時珍以木蓮初作紫苞似辛夷，尤相脗合，而又以真木蘭即此。然則虬幹婆娑者，其即征帆送遠之花身耶？〔六〕阮説尚未之及。昔人有謂木蘭與桂爲一種者。

此樹葉皮味皆辛，微似桂。

〔一〕似「曇花」也。

〔二〕見卷三十三「木蘭」條注〔一〕。

〔三〕王延壽《魯靈光殿賦》序：「遭漢中微，盜賊奔突，自西京未央、建章之殿皆見隳壞，而靈光巋然獨存。」

〔四〕「紀程」，原本作「紀乘」，據文意改。

〔五〕剥啄：敲門聲。此言訪客騷擾。

〔六〕見卷三十三「木蘭」條注〔二〕。

緬樹

緬樹，生昆明人家。樹高逾人。春時發葉，先茁紅苞長數寸，苞坼葉見，俱似優曇。苞不遽脱，裊裊紛披，如曳丹羽，遥望者皆誤認朱英倒垂也。此樹未訪得真名，滇人以物之罕尠者皆呼曰「緬」，言其來從異域耳。有採藥者曰：「此紅優曇也。花紅瓣多，居人畏攀折，故匿其名，省城亦止此一樹。」按《滇志》：督署有紅優曇一株，形諸紀詠，然第苞紅耳，花固白色。市中折以售，不爲異也。此花既未早知名，瓜期已届，怱怱不復索觀，略記數語，以示東土好事者，不免爲優曇添一重疑案。

龍女花

《雲南志》：「龍女花，太和縣感通寺一株，樹高數丈。花類白茶，相傳爲龍女所種。」余訪得繪本，其花正白八出，黄蕊中有緑心一縷，俗謂「緑如意」。花謝時收弆，可以催生云。又《徐霞客遊記》：「感通寺龍女花樹，從根分挺三四大株，各高三四丈，葉長二寸半，闊半之，緑潤有光。花白，大於玉蘭。亦木蓮之類而異其名。」

山梅花

山梅花，生昆明山中。樹高丈餘。葉如梅而長，横紋排生，微似麻葉。夏開四團瓣白花，極肖梨花而香。昔人謂梨花溶溶，〔一〕無香爲憾，此花兼之矣。

〔一〕晏殊句：「梨花院落溶溶月，柳絮池塘淡淡風。」

蝴蝶戲珠花

蝴蝶戲珠，即繡毬之别種。桂馥《札璞》：「繡毬花，周圍先開，其瓣五出，酷似小白蝶，俗呼『蝴蝶花』。中心别有數十蕊，小如粟米。」按：此花五瓣，三大兩小，形微似蝶。中心緑蓓蕾圓如碧珠，開不成瓣，白英點點，非蕊也。

雪柳

昆明縣採訪，會城城隍廟雪柳，已數百年物。按：樹已半枯，葉如冬青，大小疏密無定。

春深開花，一枝數朵，長筒長瓣，似素興而色白，雪柳之名或以此。插枝就接，皆不生。

大毛毛花

大毛毛花，即「夜合樹」。有二種，一種葉大，花如馬纓，初開色白，漸黄；一種葉小，花如毬，色淡緑，有微香近甜。滇俗：四月八日，婦女無不插簪盈髻，以花似佛髻云。陳鼎《滇黔紀遊》：「夜合樹高廣數十畝，枝幹扶疏曲折，開花如小山覆錦被，絶非江浙馬纓之比，宜其攀折不盡，足供荼雲壓鬢顫釵矣。」〔一〕

〔一〕荼雲：此指出游之婦女。《詩·鄭風·出其東門》「有女如雲」、「有女如荼」。

皮袋香

皮袋香，一名山枝子。生雲南山中。樹高數尺，葉長半寸許。本小末奓，〔一〕深緑厚硬。春發紫苞，苞坼，膏葖潔白如玉，微似玉蘭而小。開花五出，細膩有光。黄蕊茸茸，中吐緑鬚一縷。質既縞潔，香尤清馝。〔二〕薝蔔對此，色香俱粗。山人擔以入市，以爲瓶供。俗以花苞久含，故有「皮袋」之目。檀萃《滇海虞衡志》：「含笑花，俗名『羊皮袋』。花如山梔子，開時滿樹，香滿一院。」即此。但含笑以花不甚開放故名，此花瓣少全坼，非大小含笑也。

〔一〕奓：張大。

〔二〕馝：濃香。

珍珠花

珍珠花，一名「米飯花」。生雲南山坡。叢生，高三二尺。長葉攢莖勁垂，無偏反之態。春初梢端白箭子花，本大末收，一一下懸，儼如貫珠，又似糯米。一條百數，映日生光，土人折賣，擔頭千琲，〔一〕可稱富潔。此樹大致如南燭，而花極繁，葉少光潤。土人云未見結實，未審一種否。

〔一〕琲：珠串。

滇桂

滇桂，生雲南人家。樹高近丈，赭幹綠枝。春生葉，如初發小橘葉，葉間對茁長柄青莢，圓如菉豆。開四團瓣白綠花，瓣厚多縐，中央綠蔕大如小錢，有蕊五點，外瓣附之，如排棋子，狀頗俶詭。

野李花

野李花，一名「山末利」。生雲南山中。樹高五六尺，赭幹如桃枝。葉本小末團有尖，柔厚不澤，深紋微齒，淡綠色。春開五瓣小白花，如李花而更小，蕊繁如毬，清香淡遠，故有「末利」之目。

昆明山海棠

山海棠，生昆明山中。樹高丈餘。大葉如紫荆而粗紋。夏開五瓣小白花，緑心黄蕊，密簇成攢。旋結實如風車形，與山藥子相類，色嫩紅可愛。山人折以售，爲瓶供。按形頗似湘中水莽，疑非嘉卉。

野櫻桃

野櫻桃，生雲南。樹紋如桃，葉類朱櫻。春開長柄粉紅花，似垂絲海棠，瓣微長，多少無定，内淡外深，附幹攢開，朵朵下垂。田塍籬落，絳霞彌望，園丁種以接櫻桃。《滇志》云：「紅花者謂之苦櫻。」或云此即「山海棠」，阮相國所謂「富民縣多有」者。俗以接櫻桃樹，故名。其苦櫻以小雪節開，諺云「櫻桃花開治年酒」，蓋滇櫻以春初熟也。

山桂花

山桂花，生雲南山坡。樹高丈餘。新柯似桃，膩葉如橘。春作小苞，迸開五出，長柄㚇絲，繁蕊聚縷，色侔金粟，香越木犀。每當散蕚幽崖，擔花春市，翠緑摩肩，鵝黄壓髻，通衢溢馥，比户收香。甚至碎葉斷條，亦且椒芬蘭臭，固非留馨於一山，或亦分宗於八桂。〔一〕但以錦囊缺詠，藥裹失收，聽攀折於他人，任點污於廁溷。姑爲膽瓶之玩，聊代心字之香。

〔一〕廣西稱八桂。

馬銀花

馬銀花，生雲南山坡。枝幹虬拏，樹高丈許。枝端生葉，頗似瑞香，柔厚光潤，背有黄毛。花苞作毬，擎於葉際，宛如泡桐。一苞開花十餘朵，圓筩四瓣或五瓣，長幾盈寸，似單瓣茶花，微小，白鬚褐點，有朱紅、粉紅、深紫、黄、白各種。紅者葉瘦，餘者葉闊。春颸煦景，〔一〕與杜鵑同時盛開，茶火綺繡，彌罩林崖，有色無香，炫晃目睫。其殷紅者灼灼有餤，或誤以爲木棉。鄉人採其花，煠熟食之。檀萃《滇海虞衡志》：「馬纓花，冬春徧山，山氓折而入市，深紅不下山茶。製其根以爲羹匙，堅緻。」又有「白馬纓」，亦可玩，似未全覩。

〔一〕颸：風也。

野香櫞花

野香櫞（yuán）花，一名「小毛毛花」。生雲南五華山麓。樹高近尋，長葉如夾竹桃。葉緑潤柔膩，映日有光。春開四尖瓣白花，間以緑蔕，徑不逾半寸長，蕊茸茸密似馬纓，上綴褐點。花瘦蕊繁，隨風紛靡，頗有姿度，亦具清香。惟玉縷冰絲，離枝易瘁，不堪摧折，難供嗅玩耳。

象牙樹

象牙樹，生元江州。樹高丈餘，竟體黯白，微似紫薇。細枝竦上，葉似烏臼樹葉而薄。木色似象牙而質重。《新平志》「出魯魁山，可代象牙作筯」云。

山海棠

山海棠，生雲南山中，園圃亦植之。樹如山桃，葉似櫻桃而長。冬初開五瓣桃紅花，瓣長而圓，中有一缺。繁蕊中突出緑心一縷，與海棠、櫻桃諸花皆不相類。春結紅實，長圓，大如小指，極酸，不可食。阮儀徵相國有《咏山海棠》詩，序謂「花似海棠，蒂亦垂絲」者，則土人謂爲「山櫻桃」，以其樹可接櫻桃，故名。若以花名，則此當曰「山櫻」，彼當曰「山棠」也。

山海棠又一種。

山海棠，生雲南山中。樹莖、葉俱似海棠。春開尖瓣白花，似桃花而白膩有光。瓣或五或六，長柄緑蒂，裊裊下垂，繁雪壓枝，清香溢谷。花開足則上翹，金粟團簇，玉線一絲。第其姿格，則海棠饒粉，梨雲無香，未可儕也。幽谷自賞，筠籃折贈，偶獲於賣菜之傭，遂以登列瓶之史。〔一〕

〔一〕明袁宏道有《瓶史》。

金絲杜仲

金絲杜仲，一名「石小豆」。生雲南山中。小木，葉長末團。夏抽細柄，開花，旋結實，殼色粉紅，老則四裂，宛似海棠。花内含紅子，大如小豆。朱皮黑質，的皪不隕。

栗寄生

栗寄生，雲南栗樹上有之。長條下垂，扁莖密節，一平一側，參差互生，極類雕刻。每節左右嵌以圓珠。與諸木寄生不同，而狀頗奇巧。

炭栗樹

炭栗樹，生雲南荒山。高七八尺。葉似橘葉而闊短，柔滑嫩潤。春開四長瓣白花，細如翦紙，類紙末花而稀疎。秋時黄葉彌谷。伐薪爲炭，輕而耐火，山農利之。

水東瓜木

水東瓜木，湘中、滇、黔皆有之。緑樹如桐，葉似芙蓉。數莖同生一處，易長而質輭。《順寧府志》以爲即榿木，可以刻字。

野春桂

野春桂花，猓玀持售於市。見其折枝，紅幹獨勁，緑葉未生，擎來圓紫苞，迸出金粟。滇俗佞佛，供養無虚，但有新萼，俱作天花也。

衣白皮

衣白皮，生昆明。矮木。葉如桃葉，小而勁。花亦如桃五瓣，外赤内白，簇簇枝頭。其大者材中弓幹。

棉柘

棉柘，見《救荒本草》。爲柘之一種，滇南有之。葉如桑而厚，實如椹而圓。織機無事，嘉樹空生，自缺婦功，何關地利哉！

樹頭菜

樹頭菜，《滇志》石屏者佳。樹色灰赭。一枝三葉，微似楷木葉。初生如紅椿芽而瘦，味苦。臨安人鹽漬之以爲虀。與黄連茶，即楷樹芽。皆取木葉作蔬，咀其回味，如食「諫果」也。〔一〕

〔一〕宋周密《齊東野語》卷十四以野笋、橄欖爲「諫果」，因其先苦而後甘，如諫者之言也。

昆明烏木

烏木，舊傳出海南、雲南，葉似椶櫚。僞者多是檕木染成。《滇海虞衡志》謂恐是櫨木。今昆明土人所謂烏木，葉似槐而厚勁，大如指頂，極光潤，嫩條色紫，與舊説異，其即檕木或櫨木歟？

簸赭子

簸赭子，生雲南山中。矮叢密葉，無異黄楊。附莖紫實，不光不圓，攢簇無隙，有如篩簸。

馬藤

馬藤，生雲南山中。木本。大葉，面緑，背紫，紅脈交絡，直是秋海棠葉，非特似之。

金剛刺

金剛刺，生雲南山中。木皮緑紫，巨刺對生，㭰鋭如杷，槎枒可怖。疎葉垂垂，似麻葉而尖長，蓋樊圃之良材也。

千張紙

千張紙，生廣西，雲南景東、廣南皆有之。大樹對葉，如枇杷葉，亦有毛，面緑，背微紫。結角長二尺許，挺直有脊如劍，色紫黑。老則迸裂，子薄如榆莢而大，色白，形如豬腰。層疊甚厚，與風飄蕩，無慮萬千。《雲南志》云：「形如扁豆，其中片片如蟬翼，焚爲灰可治心氣痛。」《滇本草》：「此木實似扁豆而大，中實如積紙，薄似蟬翼，片片滿中，故有『兜鈴千張紙』之名。入肺經，定喘消痰；入脾胃經，破蠱積；通行十二經氣血，除血蠱、氣蠱之毒，又能補虚、寬中、進食。夷人呼爲『三百兩銀藥』者，蓋其治蠱得效也。」按：此木實與蔓生之「土青木香」同，有「馬兜鈴」之名，醫家以「三百兩銀藥」屬之「土青木香」下，皆緣未見此品而誤併也。

雪柳

雪柳，生雲南山阜。小木紫幹，全似水柳，而葉小柔韌。黄花作穗，老則爲絮，羃樹浮波，吹風落毿。滇南有柳少花，得此矮柯，但見糝徑鋪氊，不能漫天作雪矣。

滇厚朴

滇厚朴，生雲南山中。大樹粗葉，結實如豆。蓋即川厚朴樹，而特以地道異。滇醫皆用之。

山梔子

滇山梔子，生雲南山中。小木，硬葉。結緑實成串，形似小桃，大如豆，三棱。

老虎刺寄生

老虎刺，生雲南山中。樹高丈許。細葉如夜合而光潤密勁。開花作白緑絨毬。通體針刺。土醫以治瘡毒。寄生，葉長圓，背紅，與他寄生微異，亦治腫毒。

柏寄生

柏寄生，生滇南柏樹上。葉小而厚，主舒筋骨。蓋寄生雖别一種，必因其所寄之木而奪其性。滇多寄生，皆連其本木折取。本木瘁則寄生亦瘁，足知其性體聯屬，如人有癭瘤煩毫，非由外致。倘不知木之性而用之，其誤多矣。

厚皮香

厚皮香，生雲南山中。小樹。滑葉如山梔子。開五瓣白花，團團微缺，攢聚枝間，略有香氣。紅萼似梅，厚瓣如蠟，開於三伏。滇南夏月，肆中有賣蠟梅花者，即此。然滇之「狗牙蠟梅」，已於此時含苞如蠟珠矣。

鐵樹果

鐵樹，滇南十二歲一實。樹端叢葉長七八寸，形如長柄勺，四旁細縷，正如俗畫鳳尾，色黄。果生柄傍，扁圓中凹，有核，滇人呼爲「鳳皇蛋」，蓋《本草綱目》所謂「波斯棗」，然嚼之無味。滇圃但以罕實爲異，不入果品也。

滇山茶葉

滇山茶葉，葉勁滑類茶，味辛。開黄白花作穗。滇山人以其葉爲飲。

滇大葉柳

滇大葉柳，枝葉即柳，惟從幹傍發條，開白花。穗長寸許，亦作絮。

鴉蛋子

鴉蛋子，生雲南。小樹。圓葉。結實三粒相併，中有一棱。土醫云能治痔。

金絲杜仲

金絲杜仲，一名「石小豆」。生雲南。矮木，厚葉。葉長寸許，本瘦末團，面青背黄。結實如棠梨而小。實裂，各銜紅豆不脱。

紅木

紅木，雲南有之。質堅，色紅。開白花五瓣，微赭。

蠟樹

蠟樹，貴州貴定縣種之爲林，放蠟取利，髡其枝葉。叢條萌芽，屢翦益茂，道傍伍列，儼如官柳。葉稍團，秋結細角，似椿莢而薄小，懸於葉際。《癸辛雜識》載放蠟法，「用盆桎樹，葉似茱萸葉」，或即此。

梱樹

梱樹，滇、黔有之，湖南辰沅山中尤多。木性堅重，造船者取以爲柁。葉如檀。秋時梢端結實，如紅姑孃而長。三棱中凹，有縐，色殷紅。內含子數粒如橘核。絳霞燭天，丹纈照岫，先於霜葉，可增秋譜。惟字書無「梱」字。

紫羅花

紫羅花，生雲南。子如枸杞。土醫云產婦煎浴，卻筋骨痛。一名「蛇藤」。

狗椒

狗椒，生雲南。莖、葉俱有細刺，高二三尺。結實如椒，味亦辛烈，殆「㮢椒」之類。

馬椒

馬椒，生雲南。如狗椒，而長條對葉，如初生槐葉，結實作梂。

大黄連

大黄連，生雲南。大樹。枝多長刺，刺必三以爲族。小葉如指甲，亦攢生。結青白實。木心黄如黄柏，味苦。土人云可以代黄連，故名。

寄母

寄母，寄生各樹上。長葉。秋結紅實如珠。鳥食其實，遺於樹上，即生。

刺緑皮

刺緑皮，生雲南。樹高丈餘，長條短枝。枝梢作刺，細葉蒙密。結小青黑實，簇簇滿枝。樹皮緑厚，土人以染緑。

植物名實圖考卷之三十七　木類

椆

《新化縣志》：「椆（chóu），《山經》虎首山多椆。〔一〕《説文》『木也』。《類篇》『寒而不凋』。今俗名『梁山樹』。多枝葉，亭亭如蓋。葉青黑，冬榮。」《邵陽縣志》：「椆有紅、白二種。紅爲上，白次之。質堅而性柔，作器須浸水經歲方堅實，否則移時即裂而翹。」《辰谿縣志》：「檮有紅、白二種。白者呼『蔄荆檮』，紅者爲『巖檮』。性直而堅，可扛輿。大者可作油榨。」按：江西之樟，湖南之椆，所爲什器，幾徧遐邇。然樟木江南多有，惟不逾嶺而南，椆木則湖南而外無聞焉。字或作「檮」，《新化縣志》據《山經》作「椆」，較爲確晰。其木質重而堅，耐久不蛀。葉亦似樟，稍小，亦似山茶。枝幹皮光而灰黑。木紋似栗而斜。《邵陽縣志》謂必浸水經歲而後堅實，不知凡竹木作器，皆宜浸之以水，使其生氣盡而汁液洩，然後可任斧鑿，否則風燥而生蠹，濕蒸而生菌，植物皆然，不獨椆也。

《永順府志》：「土紙，四縣皆出，檮樹皮爲之，佳者稍白，然粗澀不中書。」則檮亦可爲紙。

〔一〕《山海經·中山經》虎首之山、丑陽之山、龜山皆有椆。

黃連木

黃連木，江西、湖廣多有之。大合抱，高數丈。葉似椿而小。春時新芽微紅黃色，人競採取醃食。曝以爲飲，味苦回甘如橄欖，暑月可清熱生津。杭人以甘草、青梅同煮啖之，則五味備矣。故《救荒本草》：「黃楝樹，生鄭州南山野中。葉如初生椿葉而極小，又似楝葉色微黃。開花紫赤色，結子如豌豆大，生青熟紅，亦紫色。葉味苦，採嫩芽葉煠熟，水浸去苦味，油鹽調食。蒸芽曝乾，亦可作茶煮飲。」形狀、功用正同，唯南方未見其花、實爲異。其木理堅實，《廣西通志》：「黃連木，各州縣出，最能經久，即《嶠南瑣記》所謂勝鐵力木者。」唯《湘潭縣志》以爲即楷木，未知所本。楚人呼「連」與「栗」同音，字或作「槤」，或作「鸝」。春時鄉人有摘芽售於城市者，呼爲「黃鸝芽」。《五雜俎》：「曲阜孔林有楷木，相傳子貢手植者。其樹十餘圍，今已枯死，其遺種延生甚蕃。其芽香苦，可烹以代茶，亦可乾而茹之。其木可爲笏、枕及棋枰，云敲之聲甚響而不裂，故宜棋也；枕之無惡夢，故宜枕也。此木聖賢之遺跡，而守土之官日逐採伐，制器以充饋遺，今其所存寥寥，反不及商丘之木以不材終天年，〔一〕不亦可恨之甚哉！」按：所述芽味香苦，似即黃連木，或作《湘潭志》者爲魯人，故識之。

〔一〕「材」，原文作「才」，據文義改。《莊子·人間世》：南伯子綦游於商之丘，見大木焉。仰而視其細枝，則拳曲而不可以爲棟梁；俯而視其大根，則軸解而不可以爲棺椁；咶其葉則口爛；嗅之則使人狂酲。子綦曰：「此果不材之木也，以至于此其大也。嗟乎，神人以此不材！」又《莊子·山木》：莊子行於山中，見大木，枝叶盛茂，伐木者曰：「無所可用。」莊子曰：「此木以不材得終其天年。」

青岡樹

《救荒本草》：「青岡樹，舊不載所出州土，今處處有之。其木大而結橡斗者爲橡櫟，〔一〕小而不結橡斗者爲青岡。其青岡樹枝葉條幹皆類橡櫟，但葉色頗青而少花，又味苦性平，無毒。採嫩葉煠熟，以水浸漬作成黄色，换水淘淨，油鹽調食。」按：青岡樹與橡櫟雜生岡阜，蓋一類而無花、實者。其梢頭往往結一緑毬，細如椶絲，頗硬。貴州土綢即此樹蠶繭也，其利溥矣。桑有葚，橡有栗，皆不宜蠶，一理耳。今以橡譜附於後。湖南俚醫呼爲「白栗毬」，又呼「矮脚栗」，以其絲毬至秋圓白，如去殼之栗，用治紅痢、白濁。

橡繭識語

雩婁農曰：黔山瘠，民草服不給，〔二〕陳府君被以綈綺而有贏焉，俎豆報之，〔三〕宜也。原標「橡繭」，鄭君譜之，易曰「檮」，一字之師，辨矣，然非以通俗。〔四〕夫蟲食樹，吐絲以爲巢，必樹美者絲美。桑葉沃若，繭之上也。柘汁黄，豫之商城，荆之荆門、辰谿，其土絹皆柘汁也。贛之信豐、安遠，以烏臼飼蠶，則絲暗；以蠟樹飼蠶，則絲鮮。嘉應之程鄉，畦樹而蠶，食某葉者爲某繭。瓊之「文章蠶」食山栗，服之不敝，新興繭亦然。楝之絲，湖人以織裹巾；楓之絲，粵人以爲緣，且絃琴瑟；〔五〕樟之絲，湘人以爲釣緡。徐元扈曰「樹皆可蠶」，其信然歟？然槐蠶大如蟻，榆之蛾如蚱蜢，繭皆如蛛網，弗任織；樗之蠖以少絲，糾數木葉爲穴而跧焉，摘而擲之，曳其穴以行，是蠢蠢者烏能爲此臱臱也？橡之樹堅，其色褐，葉勁而澤，其無實者曰青岡，葉愈厚且大，柘之次也，蠶食焉而肖，故絲勁而色亦褐。陸元恪曰「山樗與下田樗無異」，不以爲栲；其釋栲也曰「似櫟」，不以爲樗。若宗陸説，則宜曰「栲」而後可。

〔一〕橡斗：橡木之實，或稱橡栗。其殼如斗，故云。青岡與橡相類，故其實如橡斗。

〔二〕草服：以草爲服。

〔三〕立祠祭祀。

〔四〕通俗：通行於俗，能爲衆人理解。

〔五〕爲琴瑟之絃。

寶樹

寶樹，生廬山佛寺。亭亭直立，葉如松杉而有歧枝。相傳明時開一花如蓮。考《酉陽雜俎》：「巴陵僧房忽生一木，外國僧見曰：此婆羅也。元嘉初開一花如蓮。」或即此類。《華夷花木考》：「婆羅樹每枝生葉七片，有花穗甚長而黄如栗花。秋後結實，如栗可食。」此乃「天師栗」，非婆羅樹。李時珍亦云然。

羅漢松

羅漢松，繁葉長潤，如竹而團，多植盆玩。實如羅漢形，故名。或云實可食。又有以爲即「竹柏」者。考《益部方物記》「竹柏，葉繁長而籜似竹」，如以籜爲落葉，則甚肖；若以爲笋籜，則絶不類，存以俟考。滇南羅漢松實大如拇指，緑首絳跗，形狀端好。跗嫩味甜，飣盤尤雅。俗云食之能益心氣，蓋與松、柏子同功。

何樹

何樹，江西多有之，材中棟梁。《本草拾遺》有「柯樹」，或即此。

雩婁農曰：何樹，巨木也，宫室器具之用，益於民大矣。然志書或曰「柯」，或曰「栶」，或曰「和」。南城以木名其山，而不知於古爲何木。無名之樸，木之不幸歟？以無名，而爲求木者所不及，山徑之蹊，扶疎蔭塗，其視松杉不拱把而尋斧者，又非至幸歟？昔有僧氏何，問其里，亦曰「何國人」，〔一〕然則「何樹」者，其何國之木，而何氏之僧所手植歟？

〔一〕《東坡志林》：「《泗州大聖僧伽傳》云：和尚，何國人也。又云世莫知其所從來，云不知何國人也。近讀《西域傳》，乃有何國。」

榕

榕樹，兩廣極多，不材之木。然其葉可蔭行人，可肥田畝，木歲久則成伽南香，根大如屋。江西南贛皆有之，稍北遇寒即枯，故有「榕不過吉」之諺。〔一〕或以爲即蜀之榿木，但蘇子美蜀人，〔二〕在惠在瓊，無一語及之。李調元《南越筆記》叙榕木甚詳，亦不謂即榿。李亦蜀人也。

〔一〕吉：江西吉州。

〔二〕宋蘇舜欽字子美。

桹木

《寧鄉縣志》：「榔（láng）質堅而綿，作器具良。浸水有膏粘，婦人以沐髮。有沙榔、蝱榔，葉間結包生蚊。」《衡山縣志》：「桹結實如衣扣，破之，有數蚊飛出。」《龍山縣志》：「樠，《左傳正義》『木有榆者，俗呼爲榔榆。蓋爲樠也。』〔一〕有紅、白二種。大樹皮厚寸許者，性膠，可和香料，葉圓而淡黄，俗作『桹』與『榔』者，皆誤。俗有杉樠、郁樠、柏樠、硬殼樠之名，杉樠爲佳。」按：桹（láng）木，湖南、贛南多有之，非珍木也。作志者多以榔榆爲説，其實南方榔榆，秋結莢者亦間有之。陳藏器謂南方有刺榆，無大榆。今榔木無刺無莢，非榔榆也。寧鄉、衡山縣志皆謂有蚊蝱生於實内。余考《北户録》：「蝱母木，即《南越志》所云『古度樹』，一呼『郍子』，南人號曰『柁』。實從木皮中出，如綴珠璫，大如櫻桃，黄即可食，過則實中化蛾飛出，亦有爲蚊子者。」其説與寧鄉、衡山縣志合。則「蝱根」即「蝱母」無疑。又《攸縣志》有一種柁樹，幹甚端偉，四時常青，當即《北户録》所謂「南人號曰柁」矣。此樹葉青黑，比榆樹葉肥澀，搓之亦黏。贛南並其葉合香，不獨皮也。其實初熟時，小兒亦取食之。惟實從皮中出，則未敢信。南方濕熱，凡樹木葉莖間忽結紅緑小實，色甚鮮明，摘置案間，俄即蠕動，或飛或伸，爲蛾爲蠖，土人皆曰「蟲果」。余在廣東，見大樹如椿，枝幹磥砢，隱隱隆起，侵曉則有無數蒼蠅飛出。或蝱母所結之實，老則化蚊，而葉間所結之包，亦即蚊蝱所藴，《北户録》合而爲一歟？又《廣西通志》「蚊子樹，如冬青，實如枇杷，子熟坼裂，有蚊子飛出」，或即此木。但嶺南愈熱，樹木生蝱，恐尚不止一二種。又《格古要論》：「欏木，出湖廣，梌木。」欏、柁聲近，蓋即一木。滇南呼「婆樹」，則語有輕重耳，實榔木之一種也。

〔一〕《正義》原文爲「木有似榆者，俗呼爲朗榆，蓋爲朗也」。

蝱榔

蝱（méng）榔，湖南多有之，説具「榔樹」下。樹與各種榔同，惟結實如小豆，生青熟黄，内有子一粒，極硬。其葉多黑斑，隆起如沙；莖間亦有小苞。土人云：化蚊者即葉上之沙與莖間之苞，非實中化出。蓋其葉上黑斑已微具蚊形，而莖上之苞則遺種所孕，理可信也。俚醫以爲跌打損傷之藥。

蚊榔樹

蚊榔，爲榔樹一種，而蚊榔生蚊，又有從實中生者。其實初青有尖，如毛桃而小如豆，剥開，有蟲如孑孓。老則實黑而枯，蟲化蚊而實成灰矣。葉化蚊者，葉盡而實存；實化蚊者，實盡而葉存，以此别之。

蚊子樹

蚊子樹，生南安，與《廣西志》葉似冬青微相類，而色黄緑，不光潤。余再至南安，時已冬深，未得見其結實如枇杷生蚊。樵薪所餘，嫩葉復萌，土人皆呼爲「門子樹」。蚊、門土音無别，湘南亦然。

八角楓

《簡易草藥》：「八角楓，其葉八角，故名『八角楓』。〔一〕五角即『五角楓』。有花者其根亦名『白龍鬚』，無花者即名『八角楓』。二樹一樣，花葉八角，味温無毒，能治筋骨中諸病。」按：《本草從新》：「八角金盤，苦辛，温，毒烈。治麻痺、風毒、打撲、瘀血、停積，其氣猛悍，能開通壅塞，痛淋立止，虚人慎之。植高二三尺，葉如臭梧桐而八角。秋開白花細簇，取近根皮用。」即此樹也。江西、湖南極多，不經樵採，高至丈餘。其葉角甚多，八角言其大者耳。

〔一〕「楓」，原本誤作「風」。下二處同。

野檀

野檀，生袁州。大樹亭亭，與檀無異。土人云秋時結實如梨，不可食。色黄，可染。檀類多種，其黄檀耶？

小蠟樹

小蠟樹，湖南山阜多有之。高五六尺。莖、葉、花俱似女貞而小。結小青實甚繁。湖南産蠟，有魚蠟、水蠟二種。魚蠟樹小葉細，水蠟樹高葉肥。水蠟樹即女貞。此即魚蠟也。或又謂「水冬青」。葉細嫩，與冬青無大異，可放蠟。此是就人家種蒔之樹與野生者而言，亦强爲分别耳。《宋氏雜部》所云「水冬青，葉細，利於養蠟子」，亦即指此。李時珍謂有水蠟樹，葉微似榆，亦可放蟲生蠟，與此異種。

牛奶子

牛奶子樹，長沙山阜多有之。叢生，褐幹。葉如橘葉，有微齒。夏間結實，狀如衣扣，纍纍下垂。外有青褐皮，裂殼見黑光如龍眼核。殼内青皮白仁，味苦澀，頗似橡栗，可研粉救饑。俚醫取枝莖以爲散血之藥。

牛奶子 又一種。

牛奶子，與陽春子樹葉皆相似。秋結實如棠梨，色紅紫，味微甘而澀，童豎食之。

羊嬭子

羊嬭子，〔一〕湖南山阜多有之。《辰谿縣志》：「羊嬭子，莖有小刺，葉如桂而小，上青下白。開小白花。實如羊嬭，味甘可食。」又「羊春子」，同類異種。　按：《救荒本草》：「白棠子樹，亦名羊嬭子樹。」形狀略同。

〔一〕「嬭」，同「奶」。

羊奶子又一種。

羊奶子，生長沙山岡。　叢樹無刺。　葉如榆葉，光澤而薄。　秋結實如海棠果而小，亦長，經霜色紅，味酸澀。

陽春子

陽春子，湖南處處有之。叢生赭莖，有硬刺。　長葉如橘葉而不尖，面緑，背白。又一種葉稍大，亦寬，土名「面内金」。　俱結紅實。　土醫以治喉熱。

野胡椒

野胡椒，湖南長沙山阜間有之。　樹高丈餘，褐幹密葉。　幹上發小短莖，大小葉排生如簇。葉微似橘葉，面緑，背青灰色，皆有細毛，捫之滑軟。　附莖春開白花，結長柄小圓實如椒，攢簇葉間，青時氣已香馥。　土人研以治氣痛，酒冲服。　又一種枝、幹全同，葉微小，無實，俗呼「見風消」。　按：《唐本草》：「山胡椒，所在有之，似胡椒色黑，顆粒大如黑豆。味辛，大熱，無毒。主心腹冷痛，破滯氣，俗用有效。」《廣西通志》：「山胡椒，夏月全州人以代茗飲，大能清暑益氣。」或以爲即「畢澄茄」。有一種野生不堪食，皆未述其形狀，未審是否一物。長沙別有一種山胡椒，大葉，秋深結實，與此異種。

樹腰子

樹腰子，一名「紅花樹」，長沙山阜多有之。樹高丈餘，黑幹綠枝，對葉排生。葉如橘葉而寬，亦柔，中紋一縷稍偏。夏開尖瓣銀褐花，攢密如穗。秋結紅實，如椒顆而小，三四顆共蒂，老則迸裂。子綴殼上，黑光亦如椒目，長而不圓，形微似豬腰子，故名。味辛温，土人以治心痛滯氣。

菩提樹

菩提樹，産粵東莞縣，只一株。樹身數圍，形狀如桑。葉蓊翳似蓋，色青。採葉，用水浸數日，去青成紗，畫工取之繪佛像。《南越筆記》：「菩提樹子，可作念珠。《廣州志》云：『訶林有菩提樹，梁智藥三藏攜種。樹大十餘圍，根株無數。』《通志》謂『葉似桑，寺僧採之，浸以寒泉，歷四旬浣去渣滓，惟餘細筋如絲，可作燈帷、笠帽』。《瓊州志》又稱『金剛子，産瓊州，圓如彈，堅實不朽，可爲數珠』。按菩提子，每顆面有大圈文如月，周羅細點如星，謂之『星月菩提』。又有『木槵子』，色較黑而質更堅結，亦可爲念珠，大姚諸處俗亦呼爲『菩提子』。」

鳳尾蕉

鳳尾蕉，南方有之，南安尤多。樹如鱗甲，葉如椶櫚，尖硬光澤，經冬不凋。欲萎時，燒鐵釘烙之，則復茂。《本草綱目》併海椶、波斯棗、無漏子爲一種，未敢據信，或同名異物，尚俟訪求。

椶櫚竹

李衎《竹譜》：「椶櫚竹，兩浙、兩廣、安南、七閩皆有之。高七八尺，葉是椶櫚而尖，小如竹葉。自地而生，每一葉脱落即成一節。膚色青青，一如竹枝。《十道志》曰：巴蜀紙惟十色，竹則九種，椶竹其一。椶身而竹葉。宋景文公《益部方物贊》曰：『葉椶身竹，族生不漫，有皮無枝，實中而幹。』註云：『叢產，葉似椶有刺。』陸務觀有《占城椶竹拄杖》詩。」

水楊柳

水楊柳，叢生水瀕。高一二三尺。長葉對生，似柳而細。莖柔可編筐筥。光州謂之「簸箕柳」，水農種之。

蔡木

蔡木，生山西五臺山，志書載之。枝、葉全類槲櫟，疑即橡栗之屬。考段氏《説文解字注》：「蔡，草丰也。丰讀若介。丰字本無，今補。四篇曰：丰，艸蔡也。此曰蔡，艸丰也，是爲轉注。艸生之散亂也。丰、察疊韻。」此木葉密枝杈，或以此得名爲蔡歟？《集韻》有「櫒」字，云「木名，梓屬」。蔡與櫒或音形相近而訛，但此木殊不類梓。又古人作字，或訓爲柞櫟，或祇訓柞木。橡醜實繁，多供薪櫵。柞、蔡一聲之轉，西音呼「蔡」爲「詫」，柞亦爲槎之假借，殆作志者就土音書爲「蔡」，而不知其即柞木耳。《霍州志》：〔一〕「柞，新葉生，故葉落，堅忍之木，可爲車軸。」則柞亦晉材。

〔一〕霍州：今屬山西臨汾。

蘗木

蘗(bò)木，《本經》上品。根名「檀桓」。《别録》謂生漢中永昌山谷。今山西、湖南山中至多。俗以染黄。《説文》：「檗，〔一〕黄木也。」俗加「艸」作「蘗」，誤。

雩婁農曰：小説家有謂投黄蘗水中能毒蛟龍者，温嶠然犀，鬼神惡之，〔二〕但深山中忽遭沸流，〔三〕俗曰「蛟水」，當其衝者，山裂木拔，豈無一蘗木隨流而泛者哉？夫洚水離析，〔四〕害難言矣。近世有栞《伐蛟説》者，其意甚壯，然不聞有試之者。《周禮》：「壺涿氏掌除水蟲。若欲殺其神，則以牡橭午貫象齒沈之，其神死，𣶒爲陵。」〔五〕與後世禁祝何異？然則捍大患、禦大灾而有益於民，雖巫覡小術，亦聖人之所作也。蘗木殺蛟，其説若信，則依淵負崖之氓，家置户蓄，或遇一綫逆湍，爭相迎擲，獨非臨時救恤之一法乎？

〔一〕「檗」，原本誤作「蘗」，據《説文》改。

〔二〕《晉書·温嶠傳》：嶠旋于武昌，至牛渚磯，水深不可測，世云其下多怪物。嶠遂燃犀角而照之，須臾，見水族奇形異狀。嶠夜夢人謂己曰：「與君幽明道别，何意相照也？」意甚惡之。嶠先有齒疾，至是拔之，因中風，未旬而卒。

〔三〕沸流：翻騰如沸的山洪。

〔四〕浲水：洪水。

〔五〕賈公彦《疏》：「橭，榆木。以橭爲幹，穿孔，以象牙從橭貫之爲十字，沈之水中，則其神死。淵爲陵，所謂深谷爲陵是也。」

蕤核

蕤核，《本經》上品。《爾雅》「棫，白桵」，注：「小木叢生，有刺，實如耳璫，紫赤，可食。」注《本草》者以爲即蕤核。《圖經》謂「葉細如枸杞而狹長，花白，子附莖生，紫赤色」，按其形狀，正相肖也。《救荒本草》：「俗名『蕤李子』，果可食。」今山西山坡極多，俗呼「蕤棫」，彌坑堙塹，蓬勃苯蒪，〔一〕詩人芃芃薪槱，〔二〕體物瀏亮，〔三〕亦自述其物宜耳。《霍州志》：「棫，一名桵，即棫樸也。小枝而叢生，中空，州人飲煙者取爲飲具。」〔四〕按陸璣《詩疏》：「棫即柞。其材理全白無赤心者爲白桵。」是棫有赤、白二種。今霍州産者有赤紋如繡，心似通草，以物穿之即空。詩人棫、樸連詠，應是一類二種。《召南》詩「林有樸樕」，毛《傳》：「樸樕，小木也。」《疏》引《爾雅》作「樸樕，心」，則樸樕一名「心」。古人多反語，以「亂」爲「治」，「苦」爲「甘」，此木心柔可中通，故亦名爲「心」歟？陶隱居注云：「蕤核，大如烏豆，形圓而扁，有文理，狀似胡桃。」此種山西亦多，與郭注異，具别圖。小木相似而異者甚繁，大要皆一類也。

〔一〕苯蒪：草叢生貌。

〔二〕《大雅·棫樸》：「芃芃棫樸，薪之槱之。」槱：積薪。

〔三〕陸機《文賦》：「詩緣情而綺靡，賦體物而瀏亮。」李善注：「瀏亮，清明之稱。」

〔四〕飲煙：吸煙。

蕤核又一種。

蕤核，陶隱居注：「形如烏豆，大圓而扁，有文理，狀似胡桃桃核。」此種山西山阜極多，俱如陶説。《圖經》：「蕤核，狀如五味。」此實多皺，中有裂紋如桃李，不正圓。按諸書言「溲疏」，皆云似枸杞有刺，子兩兩相比。此木叢生，葉極似枸杞，而多刺如棘，子必駢生，殆溲疏也。土人既不知其名，而方書無用者。《本經》上品，其爲「逸民」久矣。〔一〕本貫熊耳，〔二〕毗接中條，族姓繁衍，雜處棫樸，圖而識之，俾不堙没。若陶隱居之併入蕤核，蓋知己而非知己也。

〔一〕逸民，不爲朝廷所用也。

〔二〕本生地爲熊耳山。

桋樹

桋（yí）樹，生山西霍州。大樹亭亭，斜紋糾錯，枝柯柔敷。葉如人舌，駢生，長柄裊裊下垂。寺院陰清，與風摇蕩，可謂嘉植。按《詩》「隰有杞桋」，〔一〕陸《疏》：「棟葉如柞，皮薄而白，其木理赤者爲『赤棟』，一名『桋』；白者爲『棟』。其木皆堅韌，今人爲車轂。」《爾雅》「桋，赤棟；白者棟」，郭注：「赤棟樹葉細而歧鋭，皮理錯戾，好叢生山中，中爲車輞。白棟葉圓而歧，爲大木。」按其形狀不甚合，或别一木。

〔一〕見《小雅·四月》。

杄

杄（qiān）木，山西山中極多。樹亭亭直上，葉如栝松而肥軟，又似杉木而葉短柔。山西架木皆用之，與南方杉木同。按「杄」即「櫏」字。「桾櫏」見《吴都賦》，注：「子如瓠形。」今廣東有之，一名「羊矢棗」，非「軟棗」也。此木結實與松實同而小，絶非桾櫏。櫏木，字書不載。考

《說文》「樠」字下云「松心木」。馬融《廣成頌》：「陵喬松，履脩樠。」《漢書》：「烏孫國多松樠。」松、樠並稱，自是一類。小顏注：「樠，木名，其心似松。」今杆木有赤、白二種，土人亦云「松杆」。杆、樠音近，或即樠木也。《水經注》武陵有「樠溪」。俗作朗溪。《廣韻》有「㮰」字。今湘中榔木應作「㮰」，作志者或作「樠」。其樹非松類，誤合樠、㮰爲一字耳。樠溪字亦當作「㮰」，彼處榔木最繁，應即以此名溪也。《左傳正義》：「木有榆者，俗呼榔榆，蓋爲樠也。」以樠爲榔榆，未見所出。郎榆，姑榆，俗或作榔榆。段氏《說文注》謂認「樠」爲「㮰」，未別其字而强説其音也。

樺木

樺木，《開寶本草》始著録。山西各屬山中皆産，關東亦饒。湖北施南山中剥其皮爲屋。古有樺燭，今罕用。考《說文》「樗」或從「蒦」，段氏《注》云：「俗作樺。」《爾雅》「檴落」，郭注：「可以爲杯器素。」《詩經》「無浸檴薪」。〔一〕今五臺人車其木以爲椀盤，色白無紋，且易受采；雁門人斧其枝以爲柴，則「杯器素」及「檴薪」之用，今猶古矣。《詩疏》引陸璣《疏》以爲「榔榆」，云「其葉如榆」。按此木葉圓如杏，密齒，殊不類榆。陸蓋不以「檴」爲「樗」，與《說文》異。《爾雅正義》引《說文》以「檴」爲「樗」之或體，且云：「樗爲散木，雜於薪蘇。」非所見《說文》本異，即是誤記。樗皮及木，其用皆與樺不類。

〔一〕見《小雅·大東》。

黄蘆木

黄蘆木，生山西五臺山。木皮灰褐包，肌理皆黄，多刺，三角如蒺藜。四五葉附枝攢生，長柄，有細齒。俗以染黄，訛曰「黄姑」。按《説文》「枰」字下云：「枰，木也，出橐山。」段氏《注》引《廣韻》「黄枰木可染黄」，疑爲《周禮注》之「橐盧」。又「櫨」字下云：「一曰宅櫨木，出弘農山。」段氏《注》亦疑爲「橐盧」。考枰、櫨二篆，《説文》分廁，異物無疑。《嘉祐本草》有「黄櫨」，云「生商洛」。《救荒本草》圖圓葉如杏，與此木迥别。而商洛接近弘農，則《説文》「宅櫨木」，其即《救荒本草》之「黄櫨」矣。此木亦染黄。西音姑、枰、蘆驟聽無别。《癸辛雜志》謂長城傍得古木，謂名「黄蘆」，蓋昔築城以爲幹者，字正作「蘆」。五臺在長城内，木名黄蘆，其來舊矣。蘆爲葦草，不可通木，盧上加艸，俗書之誤。此木殆即「橐盧」，而《説文》所説「枰木」歟？又《圖經》謂有一種「刺蘗」，多刺可染，不入藥用，或即此木。蓋不知其名，姑以色黄而名曰「蘗」。

欒華

欒華，《本經》下品。《救荒本草》：「木欒，生密縣山谷中。樹高丈餘，葉似楝葉，而寬大稍薄。開淡黄花，結薄殼，中有子如豌豆，烏黑色，人多摘取作數珠。葉味淡甜。採嫩芽煠熟，换水浸淘淨，油鹽調食。」按山西亦多有之，俗訛作「木蘭」。《通志》：〔二〕「木蘭，叢生谷岸，葉可染皁。晉人名『黑葉子』。春初採芽作茹，名木蘭芽。」又《長治縣志》：「楙，即木蘭。」考《集韻》：「楙，木名，可爲笏。」此木皮赭質白，自可作笏，而黑葉子則染肆用之如皁斗。《説文》「欒木似欄」，段氏《注》：「欄，今之楝字。」欒之似楝，其説古矣，西音爲「蘭」，亦古韵也。

〔一〕此《通志》指《山西通志》。

植物名實圖考卷之三十八　木類

野鴉椿

野鴉椿，生長沙山阜。叢生，高可盈丈。緑條對節，節上發小枝。對葉密排，似椿而短，亦圓，似檀而有尖，細齒疎紋。赭根旁出，略有短鬚。俚醫以爲達表之藥。秋結紅實，殼似赭桐花而微硬，迸裂時子著殼邊，如梧桐子，遥望似花瓣上粘黑子。按：《唐本草》「賣子木」形狀極肖，亦云「子如椒目，在花瓣中」，則焦紅者其花耶？附以備考。

化香樹

化香樹，湖南處處有之。高丈餘。葉微似椿，有圓齒，如橡葉而薄柔。結實如松毬，刺扁亦薄，子在刺中，似蜀葵子，破其毬，香氣芬烈。土人取其實以染黑色。按：《本草拾遺》：「必栗香，味辛，温，無毒。主鬼氣。煮服之，并燒爲香，殺蟲魚。葉擣碎置上流水，魚悉暴鰓。一名『化木香』，詹香也。葉如椿。生高山。堪爲書軸，白魚不損書也。」又《海藥本草》：「主鬼疰、心氣，斷一切惡氣。葉落水中，魚當暴死。」核其形狀，頗相彷彿，名亦近是。惟此樹之用在毬，染肆浸曬，盈筐累甕，而《拾遺》不及之，以此爲疑。俚醫以爲順氣、散痰之藥。

土厚朴

土厚朴，生建昌。亦大樹也。葉對生，粗柄，長幾盈尺，面緑，背白，頗脆。枝頭嫩葉，卷如木筆。味辛，氣香。土人以代厚朴，亦效。

酒藥子樹

酒藥子樹，生湖南岡阜。高丈餘。皮紫，微似桃樹。葉如初生油桐葉而有長尖，面青，背白，皆有柔毛。葉心亦白，茸茸如燈心草。五月間梢開小黄白花，如粟粒成穗，長五六寸。葉微香。土人以製酒麴，故名。

苦茶樹

苦茶樹，生長沙岡阜。高丈餘。枝葉蒙密，紫莖細勁，多杈枒。附莖生葉，長寸餘，微似臘梅葉，光艄而皺，面濃緑，背淡青，深紋稀齒。葉間附莖結實，圓長有直紋，大如梧桐子，生青熟黑。葉味苦，回甘生液，土人採以爲茗。

吉利子樹

《救荒本草》：「吉利子樹，一名『急蘼子科』。荒野有之。科條高五六尺。葉似野桑葉而小，又似櫻桃葉，亦小。枝葉間開五瓣小尖花，碧玉色，其心黄色。結子如椒粒大，兩兩並生，熟則紅，味甜。其子熟時採摘食之。」 按：此樹，湖南山阜有之，俗呼「銅箍散」。

萬年青

萬年青，生長沙山中。叢生長條。附莖對葉，葉長三寸餘，似大青葉，有鋸齒，細紋中有赭縷一道。附莖生小實如青珠，數十攢簇。俚醫以截瘧。

繡花鍼

繡花鍼，江西、湖南皆有之。小樹細莖，對發槎杈。葉亦附枝對生，似石榴花葉，微小，面濃緑，背淡青，光潤柔膩，中唯直文一縷。近莖葉小如指甲，枝端葉亦小。距梢寸許無葉，細如鍼刺，春夏時亦柔軟，秋老即硬。江西或呼爲「雀不踏」。俚醫以爲補氣血之藥。《本草綱目》以「楤木」一名「鵲不踏」，不知南方有刺之木與草皆呼爲「雀不踏」，不可爲定名也。

馬棘

《救荒本草》：「馬棘，生滎陽岡阜間。科條高四五尺。葉似夜合樹葉而小，又似蒺藜葉而硬，又似新生皁莢科葉，亦小。梢間開粉紫花，形狀似錦雞兒花，微小，味甜。採花煠熟，水浸淘淨，油鹽調食。」 按：馬棘，江西廣、饒河濱有之，土人無識之者，或呼爲「野槐樹」。其莖亦甜。

賭博賴

賭博賴，江西、湖南水濱多有之。叢生，樹高六七尺，與水柳叢廁。就莖結赭實，熟時小兒食之，味淡多子。葉如柳而勁，無鋸齒，頗似翦成，有毛而光，能粘人衣，故南安土呼「賭博賴」云。

萬年紅

萬年紅，江西處處有之。大可合抱，葉如橘柚。冬時實紅如豆，纍纍滿枝。俗以新年插置瓶中爲吉，故名。

野樟樹

野樟樹，生長沙嶽麓。叢生小木，高尺餘。葉極似樟，面緑，背淡。夏結紅實，纍纍可翫。惟移植即枯，圃盎弗録，僅供樵薪。

赤藥子

赤藥子，生南安。樹高二三丈，赤條聳密，長葉相對。葉似桃葉，色黄緑，淡赭紋，有横縐。冬結實，初如椒而小，攢聚繁碎，熟時長白如糯米，味甜有汁。子細如粟，味辛。土人以餔小兒，云能消積。　按：《唐本草》：「白藥子，葉似苦苣，赤莖。」《宋圖經》：「子如菉豆，至六月變成赤色。」皆微相類，但非蔓生耳。

鬧狗子

鬧狗子，江西南昌多有之。枝、幹與狗骨無異，花、實亦同，惟葉作方棱無刺。臘時折置花尊，紅珠的皪。或云狗食其子即斃。

野漆樹

野漆樹，山中多有之。枝、幹俱如漆。霜後葉紅如烏臼葉，俗亦謂之「染山紅」。結黑實，亦如漆子。按：《爾雅注》樮、樗、栲、漆相似如一，或即樮樹耶？字亦作「杶」作「椿」，野人樵採之。

山桂花

山桂花，長沙嶽麓極多。春時開小黄花如桂，故名。叢生小木，高二尺餘，褐莖勁細。葉微似榆而踈齒，面緑潤，背淡白。土人以治氣脹。按：《宋氏雜部》：「水槿樹，可放蠟。春開黄花。」形頗相類。

見風消

見風消，生長沙山阜。長葉排生，極似櫸柳。高僅二三尺，叢條葱茂。葉面青背白，似野胡椒而窄。俚醫以爲消風、敗毒之藥，故名。

紫荆花

紫荆花，生長沙山阜間。小科長條，高三四尺。莖如荆，色褐。紫葉如柳而長。俚醫以爲敗毒行血之藥。按：《本草拾遺》：「紫珠，味苦，寒，無毒，解諸毒物、癰疽、喉痺、飛尸、蠱毒、毒腫、下瘻、蛇虺蟲螫、狂犬毒，並煮汁服，亦煮汁洗瘡腫，除血，長膚。一名『紫荆』。樹似黄荆，葉小，無椏，非田氏之荆也。〔一〕至秋子熟，正紫，圓如小珠。生江東林澤間。」形狀極肖，治證亦同。

又按：《補筆談》以《拾遺》「紫荆」爲誤，不知其同名異物，原書已云「非田氏之荆」，亦晰矣。

〔一〕見卷三十三「桂寄生」注〔十〕。

檵花

檵（jì）花，一名「紙末花」。江西、湖南山岡多有之。叢生細莖。葉似榆而小，厚澀無齒。春開細白花，長寸餘，如翦素紙，一朵數十條，紛披下垂。凡有映山紅處即有之，紅、白齊炫，如火如荼。其葉嚼爛敷刀刺傷，能止血。《鄱陽縣志》作「檵」，未知所本，土音則作「雞」、「寄」，「紙末」則因形而名。

拘那花

《桂海虞衡志》：「拘那花，葉瘦長，略似楊柳。夏開淡紅花，一朵數十蕚，至秋深猶有之。」

《嶺外代答》：「拘那花，葉瘦長，略似楊柳。夏開淡紅花，一朵數十蕚，繁如紫薇，花瓣有鋸紋如翦金，至秋深猶有之。」

按：此花，江西、湖南山岡多有之。花、葉、莖俱同紫微，唯色淡紅。叢生小科，高不過二三尺。山中小兒取其花苞食之，味淡微苦，有清香，故名「苞飯花」。俚醫以爲敗毒、散淤之藥。

寶碗花

寶碗花樹，生長沙岡阜。高丈許，紫莖，長條柔直似木槿。附莖生葉，如海棠葉，面青，背淡，光潤柔膩。二月間開大紫花。

倒掛金鉤

倒掛金鉤，生長沙山阜。小木黑莖。葉如棠梨葉，光潤無齒。梢端結實圓扁，有青毛。仍從梢傍發枝生葉。

刺楓

刺楓，一名「八角楓」。圓莖密刺，葉生莖端，形如椶櫚。葉如楓而多岐，至七八叉，又似黄蜀葵葉而短肥。江西山坡有之。

丫楓小樹

丫楓小樹，江西處處有之。緑莖有節，密刺如毛，色如虎不挨。長葉微似梧桐葉，或有三叉，横紋糙澀。《進賢縣志》作「鴉楓」。俚醫以治瘋氣，去紅腫。

三角楓

三角楓，一名「三合楓」，生建昌。粗根褐黑，叢生，緑莖。葉如花楮樹葉而小，老者五叉，嫩者三缺，面緑，背淡，筋脈粗澀。土醫以治風損。按：《本草綱目》「有名未用」：「三角楓，一名『三角尖』，生石上者尤良。主風濕、流注、疼痛及癰疽、腫毒。」未述形狀，治證頗同。

三角楓又一種。

三角楓，江西山坡多有之。樹高七八尺。葉似楓，三角而窄，面青，背淡。秋時結子作排，如椿樹，角長，而子在角下。與前一種同名異物。

十大功勞

十大功勞，生廣信。叢生。硬莖直黑。對葉排比，光澤而勁，鋸齒如刺。梢端生長鬚數莖，結小實似魚子蘭。土醫以治吐血，擣根取漿含口中，〔一〕治牙痛。

〔一〕「含」，原本誤作「合」。

十大功勞又一種。

十大功勞，又一種。葉細長，齒短無剌，開花成簇，亦如魚子蘭。

望水檀

望水檀，生廬山。莖直勁，色赤褐。嫩枝赤潤，對發條葉。葉似檀而尖，皆仰翕不平展。枝梢開小黄花，如粟米攢密。按：《唐本草注》謂「檀葉有不生者，忽然葉開，當大水。農人候之，號爲水檀」，語殊未了徹，或即此樹。葉皆翕皺，忽然開展，主水候耶？凡喜陰濕之草木，亢久則葉卷合，遇雨則舒。木根入土深，泉脈動而先知，亦物理之常。

烏口樹

烏口樹，江西坡阜多有之。高丈餘。對節生葉，長柄尖葉，似柳而寬。梢端結實如天竹子大，上有兩叉，如烏之口。土人云葉、實可通筋骨，起勞傷，蓋薪材也。

旱蓮

旱蓮，生南昌西山。赭幹緑枝。葉如楮葉之無花杈者。秋結實作齊頭筩子，百十攢聚如球，〔一〕大如蓮實。

〔一〕「球」，原文誤作「捄」。

水楊梅

水楊梅，生寧都。高丈餘。葉如小桑，赭紋有齒。冬時附莖結實，紫黑匀圓，大如菉豆。土人云果、葉可退熱，根可治遺精。一名「水麻」。

香花樹

香花樹，生饒州平野。叢生，樹高丈餘，枝葉相當。葉似梅而窄長，有細齒。春開四瓣小白花，緑蘂緑萼，背莢圓白如珠，繁密如星。土人呼爲「豆腐樹」。或云可治氣痛。

接骨木

接骨木，江西廣信有之。緑莖圓節，頗似牛膝。葉生節間，長幾二寸，圓齒稀紋，末有尖。以有接骨之效，故名。《唐本草》有「接骨木」，形狀與此異。

野紅花

野紅花，生廬山。赭莖緑枝。對葉紅花，與朱藤相類，唯葉短微團，有微毛，花皆倒垂爲異。春時長條朱蘤，映發叢薄，惟牧豎樵子攀枝賞歎耳。

虎刺樹

虎刺樹，江西南昌西山有之。叢生，黑幹。就莖生枝，作苞如椿樹馬蹄而大，有疎刺。開碎白花，結紫實，圓扁如豆。樹葉如桑葉，微小。凡俗呼「老虎刺」、「虎不挨」，皆以横枝得名。

半邊風

半邊風，一名「鵝掌風」，撫、建山坡有之。硬莖。長葉中寬，本末尖瘦，裊裊下垂。秋結小實如蓮子之半，外褐黄，内白，中吐一鬚。土醫以治風損、散血，煎酒服。

小銀茶匙

小銀茶匙，贛南田塍上多有之。葉本細，末大如勺，土人以其形呼之。供樵蘇。

田螺虎樹

田螺虎樹，小樹生田塍上。葉似金剛葉，上分兩叉。土人薪之。

水蔓子

水蔓子，生湖南山阜。赭莖直細。葉薄如桑而無光澤，密齒赭紋。梢端開五尖瓣小白花，成簇。

白花樹

白花樹，江西山坡有之。樹高七八尺，柔條如蔓。春開四瓣長白花，頗似石斛花，黄蘂數點，緑蒂如豆，彌望滿枝，葉略似榆而寬。